Mémo 4e

L'ESSENTIEL

Maths

Simone Such
Aleth Gallicé
Professeurs de mathématiques

BORDAS

Mémo 4e Maths

Mode d'emploi

Indique le début de chaque chapitre.

Renvoie à une notion déjà traitée.

Renvoie à une notion traitée ultérieurement.

Annonce une remarque.

ENREG. *Résume l'essentiel. Notions à retenir.*

Définition *Précise une définition.*

Méthode *Rappelle un point de méthode.*

INTRODUCTION

Pour réussir en mathématiques, une seule solution : d'abord bien comprendre son cours et faire des exercices.

Partant de ce principe, cet ouvrage vous y aidera en traitant chaque point du programme de 4e en trois temps :

- ce qu'il faut savoir : **synthèse de cours**
  Définitions, propriétés, résultats…
- ce qu'il faut savoir faire : **méthode**
  Conseils de résolution d'un exercice
- ce qu'il faut faire : **exercices types**
  Exercices et problèmes corrigés

Un entraînement efficace pour acquérir les bons réflexes et réussir son année de 4e.

1

LES NOMBRES RELATIFS (1)

COURS

- Addition
- Soustraction
- Suites d'additions et de soustractions
- Multiplication
- Division

MÉTHODE

- Réduire des fractions au même dénominateur
- Effectuer des additions et des soustractions de fractions
- Calculer une somme algébrique
- Calculer un produit en écriture fractionnaire
- Effectuer une suite d'opérations

EXERCICES

- Addition et soustraction
- Suite d'additions et soustractions
- Problèmes de fractions (additions et soustractions)
- Multiplication
- Division
- Suite d'opérations
- Problèmes de fractions
- Corrigés

1 LES NOMBRES RELATIFS (1)

En 5e on a appris à effectuer des additions et des soustractions de nombres relatifs en écriture décimale ; pour les nombres en écriture fractionnaire, on a effectué ces opérations seulement avec des nombres positifs de même dénominateur.
En 4e on généralise addition et soustraction aux nombres relatifs en écriture fractionnaire.

Addition

Définition

L'**addition** est l'opération qui, à deux nombres relatifs a et b, associe leur **somme** $a + b$. Les nombres a et b sont les **termes** de la somme.

Calcul de la somme de deux nombres

Exemples :
– En écriture décimale

(+4,5) + (+9) = (+13,5). Les deux nombres sont positifs, leur somme est positive elle aussi. *Écriture simplifiée :* 4,5 + 9 = 13,5	**(−7,1) + (−2,5) = (−9,6).** Les deux nombres sont négatifs, leur somme est négative elle aussi. *Écriture simplifiée :* −7,1 − 2,5 = −9,6
(+12,8) + (−5,7) = (+7,1). Les deux nombres sont de signes différents ; 12,8 > 5,7, la somme est positive comme (+12,8). *Écriture simplifiée :* 12,8 − 5,7 = 7,1	**(+5,9) + (−10) = (− 4,1).** Les deux nombres sont de signes différents ; 10 > 5,9, la somme est négative comme (−10). *Écriture simplifiée :* 5,9 − 10 = −4,1.

– En écritures fractionnaires de même dénominateur

$\left(+\frac{4}{7}\right)+\left(+\frac{9}{7}\right)=\left(+\frac{13}{7}\right)$ *Écriture simplifiée :* $\frac{4}{7}+\frac{9}{7}=\frac{13}{7}$	$\left(-\frac{4}{7}\right)+\left(-\frac{9}{7}\right)=\left(-\frac{13}{7}\right)$ *Écriture simplifiée :* $-\frac{4}{7}-\frac{9}{7}=-\frac{13}{7}$
$\left(+\frac{4}{7}\right)+\left(-\frac{9}{7}\right)=\left(-\frac{5}{7}\right)$ *Écriture simplifiée :* $\frac{4}{7}-\frac{9}{7}=-\frac{5}{7}$	$\left(-\frac{4}{7}\right)+\left(+\frac{9}{7}\right)=\left(+\frac{5}{7}\right)$ *Écriture simplifiée :* $-\frac{4}{7}+\frac{9}{7}=\frac{5}{7}$

– Si les écritures fractionnaires n'ont pas le même dénominateur, on les réduit au même dénominateur ; voir la méthode page 11.

Nombres opposés

(–7,8) et (+7,8) sont opposés ; (–7,8) + (+7,8) = 0.
La somme de deux nombres opposés est nulle.

Propriété

Dans une somme de plusieurs termes, on peut changer l'ordre des termes. On peut aussi remplacer plusieurs termes par leur somme effectuée.

Soustraction

Définition

La **soustraction** est l'opération qui, à deux nombres relatifs a et b, associe leur **différence** $a - b$. Les nombres a et b sont les **termes** de la différence.

Règle

$$a - b = a + \text{opp } b.$$

Pour retrancher un nombre, on ajoute son opposé.

Exemples :

(+6) – (+2,5) = (+6) + (–2,5) = (+3,5) ; *écriture simplifiée :* 6 – 2,5 = 3,5.

$\left(-\frac{8}{11}\right)-\left(-\frac{5}{11}\right)=\left(-\frac{8}{11}\right)+\left(+\frac{5}{11}\right)=\left(-\frac{3}{11}\right)$;

écriture simplifiée : $-\frac{8}{11}+\frac{5}{11}=-\frac{3}{11}$.

Suites d'additions et de soustractions

On les appelle aussi **sommes algébriques.**

Exemples :

$A = 8 - 45 + 2{,}9 - 6 - 12$; $B = (-3 - 5{,}2) + (3 - 6{,}4 + 1)$.

Les sommes algébriques ne sont pas toujours données sous la forme simplifiée.

Exemple : $C = (-7) + (-9) - (-5) + (+1) - (+2)$.

La méthode pour simplifier l'écriture a été vue en 5e ; en cas de difficulté, voir le rappel de la méthode (page 15).

Calcul d'une somme algébrique

Voir la méthode page 12.

Multiplication

Définition

La **multiplication** est l'opération qui, à deux nombres relatifs a et b, associe leur **produit**. Ce produit s'écrit $a \times b$ ou ab.
Les deux nombres a et b sont les **facteurs** du produit.

On sait calculer le produit de deux nombres en écriture décimale ou fractionnaire, sans tenir compte des signes, c'est-à-dire le produit de deux nombres positifs.

Règle des signes

ENREG.

Si deux nombres ont le même signe, leur produit est positif.
Si deux nombres sont de signes différents, leur produit est négatif.

Exemples :

- On sait que $4 \times 3{,}2 = 12{,}8$; en appliquant la règle des signes :
  $(+4) \times (+3{,}2) = (+12{,}8)$ ou encore $4 \times 3{,}2 = 12{,}8$;
  $(-4) \times (-3{,}2) = (+12{,}8)$ ou encore $-4 \times (-3{,}2) = 12{,}8$;
  $(+4) \times (-3{,}2) = (-12{,}8)$ ou encore $4 \times (-3{,}2) = -12{,}8$;
  $(-4) \times (+3{,}2) = (-12{,}8)$ ou encore $-4 \times 3{,}2 = -12{,}8$.
- On sait que $\frac{3}{5} \times \frac{7}{13} = \frac{3 \times 7}{5 \times 13} = \frac{21}{65}$; en appliquant la règle des signes :
  $\left(-\frac{3}{5}\right) \times \left(-\frac{7}{13}\right) = \left(+\frac{3 \times 7}{5 \times 13}\right) = \left(+\frac{21}{65}\right) = \frac{21}{65}$;

$\left(+\frac{3}{5}\right)\times\left(-\frac{7}{13}\right)=\left(-\frac{3\times 7}{5\times 13}\right)=\left(-\frac{21}{65}\right)=-\frac{21}{65}$;

Dans le cas d'écritures fractionnaires, on essaie souvent de simplifier le résultat (voir méthode page 14).

Produit de plusieurs facteurs

Dans un produit de plusieurs facteurs, on peut changer l'ordre des facteurs.
On peut aussi remplacer plusieurs facteurs par leur produit.
S'il y a un nombre pair de facteurs négatifs, le produit est positif ;
s'il y a un nombre impair de facteurs négatifs, le produit est négatif.

Exemples :
$A = (-5)\times(+7{,}3)\times(-3)\times(-2)$.
Il y a 3 facteurs négatifs ; A est négatif.
Pour effectuer, on peut regrouper les facteurs deux à deux.
$A = -(5\times 2)\times(7{,}3\times 3) = -10\times 21{,}9 = -219$.

Inverse d'un nombre non nul

L'inverse d'un nombre a, non nul, est le nombre $\frac{1}{a}$ et celui de $\frac{1}{a}$ est a.
L'inverse d'un nombre $\frac{a}{b}$, ($a \neq 0$ et $b \neq 0$) est le nombre $\frac{b}{a}$ et celui de $\frac{b}{a}$ est $\frac{a}{b}$.
Les nombres a et $\frac{1}{a}$, $\frac{a}{b}$ et $\frac{b}{a}$ sont inverses l'un de l'autre.
Le produit d'un nombre et de son inverse est égal à 1.
Un nombre et son inverse ont le même signe.

Exemples :
L'inverse de –7 est $-\frac{1}{7}$; l'inverse de $\frac{2}{3}$ est $\frac{3}{2}$.

Division

Définition

La **division** est l'opération qui, à deux nombres relatifs a et b ($b \neq 0$), associe leur **quotient**.
Le quotient de a par b est le nombre q tel que $a = bq$.
Le quotient de deux nombres s'écrit $a : b$ ou $\frac{a}{b}$.

Règles des signes

ENREG.

Si deux nombres ont le même signe, leur quotient est positif.
Si deux nombres sont de signes différents, leur quotient est négatif.

Quotient en écriture décimale

On sait calculer le quotient de deux nombres en écriture décimale, sans tenir compte des signes, c'est-à-dire le quotient de deux nombres positifs.

Exemples :

On sait que $14 : 4 = \frac{14}{4} = 3{,}5$; en appliquant la règle des signes :

$(+14) : (+4) = (+3{,}5)$ ou aussi $14 : 4 = \frac{14}{4} = 3{,}5$;

$(-14) : (-4) = (+3{,}5)$ ou aussi $-14 : (-4) = \frac{14}{4} = 3{,}5$;

$(+14) : (-4) = (-3{,}5)$ ou aussi $14 : (-4) = -\frac{14}{4} = -3{,}5$;

$(-14) : (+4) = (-3{,}5)$ ou aussi $-14 : 4 = -\frac{14}{4} = -3{,}5$.

Quotient en écriture fractionnaire

Règle

ENREG.

Pour $a \neq 0$ et $b \neq 0$.
Diviser par $\frac{a}{b}$, c'est multiplier par $\frac{b}{a}$ c'est-à-dire par l'inverse de $\frac{a}{b}$.

Exemples :

$\frac{2}{5} : \frac{7}{9} = \frac{2}{5} \times \frac{9}{7} = \frac{18}{35}$; $\frac{4}{11} : \left(-\frac{1}{3}\right) = \frac{4}{11} \times (-3) = -\frac{12}{11}$;

$-\frac{3}{4} : (-5) = -\frac{3}{4} \times \left(-\frac{1}{5}\right) = \frac{3}{20}$; $(-4) : \frac{3}{5} = -4 \times \frac{5}{3} = -\frac{20}{3}$.

Réduire des fractions au même dénominateur

Il est nécessaire de réduire des fractions au même dénominateur pour effectuer des additions et des soustractions ; c'est souvent utile pour les comparer (chapitre 2, page 45).

Énoncé

Écrire avec le même dénominateur : a) $\frac{5}{4}$ et $\frac{7}{8}$; b) $\frac{5}{6}$ et $\frac{6}{27}$.

Méthode

- On simplifie, si c'est possible, les fractions données.
- Si l'un des dénominateurs est multiple de l'autre, on le choisit comme dénominateur commun.
- Sinon, on cherche un multiple commun aux dénominateurs. Pour cela :
  – on peut dresser, mentalement ou par écrit, la liste des multiples de chaque dénominateur ; le premier multiple commun non nul est le dénominateur commun à choisir.
  – on peut aussi décomposer les dénominateurs en produits et en déduire un multiple commun. (Voir conseil de résolution page 27.)
- On remplace chaque fraction par la fraction équivalente qui a pour dénominateur le dénominateur choisi.

Résolution

a) 8 est multiple de 4 ; le dénominateur commun est 8.

$\frac{5}{4} = \frac{5 \times 2}{4 \times 2} = \frac{10}{8}$; les fractions sont $\frac{10}{8}$ et $\frac{7}{8}$.

b) $\frac{6}{27}$ est simplifiable par 3 ; $\frac{6}{27} = \frac{6 : 3}{27 : 3} = \frac{2}{9}$.

Les fractions sont alors $\frac{5}{6}$ et $\frac{2}{9}$.

Multiples de 6 : 0, 6, 12, **18** … ; multiples de 9 : 0, 9, **18** …
Le dénominateur commun est 18.

$\frac{5}{6} = \frac{5 \times 3}{6 \times 3} = \mathbf{\frac{15}{18}}$; $\frac{2}{9} = \frac{2 \times 2}{9 \times 2} = \mathbf{\frac{4}{18}}$; les fractions sont $\frac{15}{18}$ et $\frac{4}{18}$.

Effectuer des additions et des soustractions de fractions

Énoncé

Calculer : a) $-\frac{6}{27}+\frac{5}{6}$; b) $-5-\frac{2}{3}+\frac{1}{6}$.

Méthode

- On simplifie, si c'est possible, les fractions données.
- On les réduit au même dénominateur.
- On effectue les additions ou soustractions sur les numérateurs et on garde le dénominateur commun.
- On simplifie le résultat si c'est possible.

Résolution

a) On réduit au même dénominateur (voir méthode précédente).

$-\frac{6}{27}+\frac{5}{6}=-\frac{2}{9}+\frac{5}{6}=-\frac{4}{18}+\frac{15}{18}=\mathbf{\frac{11}{18}}$.

b) On écrit 5 sous la forme d'une fraction de dénominateur 6 ; $5=\frac{30}{6}$.

$-5-\frac{2}{3}+\frac{1}{6}=-\frac{30}{6}-\frac{4}{6}+\frac{1}{6}=-\frac{33}{6}$;

le résultat est simplifiable, on obtient $-\frac{11}{2}$.

Calculer une somme algébrique

1er énoncé

Calculer $A=-7-9+5+1-2$.

Méthode

- On simplifie si possible l'écriture.
- Plusieurs méthodes sont possibles pour effectuer :

1. On effectue dans l'ordre.
2. On ajoute les nombres précédés du signe + d'une part, les nombres précédés du signe – d'autre part, puis on effectue.
3. On utilise des regroupements de termes en faisant très attention aux signes.

Résolution

1re méthode :

$A = -7 - 9 + 5 + 1 - 2 = -16 + 5 + 1 - 2 = -11 + 1 - 2 = -10 - 2 = -12.$

2e méthode :

$A = -7 - 9 + 5 + 1 - 2 = (5 + 1) - (7 + 9 + 2) = 6 - 18 = -12.$

2e énoncé

$B = (3 - 4{,}5) - [7{,}2 + (-9 - 0{,}2)].$

Il y a des parenthèses indiquant des priorités opératoires ; deux méthodes sont possibles.

Méthodes

1. On effectue en premier les calculs entre parenthèses, en commençant par les parenthèses les plus intérieures.
2. On supprime les parenthèses précédées :
- du signe + sans changer les signes à l'intérieur des parenthèses ;
- du signe – à condition de changer tous les signes à l'intérieur des parenthèses.

On supprime aussi le signe + ou – qui précédait les parenthèses.

Résolution

1re méthode :

$B = (3 - 4{,}5) - [7{,}2 + (-9 - 0{,}2)]$
$B = -1{,}5 - [7{,}2 - 9{,}2]$
$B = -1{,}5 - (-2)$
$B = -1{,}5 + 2$
$B = 0{,}5.$

2e méthode :

$B = (3 - 4{,}5) - [7{,}2 + (-9 - 0{,}2)]$
→ on supprime les parenthèses précédées du signe +.
$B = 3 - 4{,}5 - [7{,}2 - 9 - 0{,}2]$
→ on supprime les crochets précédés du signe – en changeant les signes des trois nombres.
$B = 3 - 4{,}5 - 7{,}2 + 9 + 0{,}2$
$B = 12{,}2 - 11{,}7$
$B = 0{,}5.$

Calculer un produit en écriture fractionnaire

Énoncé

Calculer a) $\frac{7}{2} \times \left(-\frac{6}{49}\right)$; b) $-9 \times \left(-\frac{5}{6}\right)$.

Méthode

- On détermine d'abord le signe du produit.
- On écrit le produit des numérateurs et celui des dénominateurs sans effecteur.
  Si l'un des facteurs est un entier a, on le considère comme la fraction $\frac{a}{1}$. Ce qui revient à multiplier les numérateurs seulement par a.
- On recherche toutes les simplifications possibles ; on effectue ensuite.

Résolution

a) $\frac{7}{2} \times \left(-\frac{6}{49}\right) = -\frac{7 \times 6}{2 \times 49} = -\frac{7 \times 3 \times 2}{2 \times 7 \times 7} = \mathbf{-\frac{3}{7}}$.

b) $-9 \times \left(-\frac{5}{6}\right) = 9 \times \frac{5}{6} = \frac{9 \times 5}{6} = \frac{3 \times 3 \times 5}{3 \times 2} = \mathbf{\frac{15}{2}}$.

On obtient ainsi directement le résultat simplifié.

Effectuer une suite d'opérations

Énoncé

Calculer : a) $(5,2 - 7)(-3 + 2,5)$; b) $-9 + 7 \times 0,5 + 5 : (-2)$.

Méthode

- On effectue d'abord les calculs dans les parenthèses s'il y en a.
- S'il n'y a pas de parenthèses, on effectue d'abord les multiplications et les divisions.

Les règles de priorité avec les nombres relatifs sont les mêmes que celles vues en 5e avec les nombres positifs.

Résolution

a) $(5,2 - 7)(-3 + 2,5) = -1,8 \times (-0,5) = \mathbf{0,9}$.

b) On effectue d'abord le produit $7 \times 0,5$ et le quotient $5 : (-2)$;
$-9 + 7 \times 0,5 + 5 : (-2) = -9 + 3,5 - 2,5 = \mathbf{-8}$.

Addition et soustraction

En écriture décimale ou fractionnaire de même dénominateur

Exercices 1 à 6 : calculer.

1 – (+5) + (+4) ; (+7) + (– 4); (– 8) + (+3) ; (–15) + (–2).

2 – (+3,6) + (+6,2) ; (+5,7) + (–3,8); (– 9,5) + (+3,7) ; (–18,3) + (– 4,9).

3 – $\left(+\frac{3}{7}\right)+\left(+\frac{5}{7}\right)$; $\left(-\frac{8}{17}\right)+\left(+\frac{3}{17}\right)$; $\left(+\frac{8}{11}\right)+\left(-\frac{4}{11}\right)$; $\left(-\frac{15}{23}\right)+\left(-\frac{3}{23}\right)$; $\left(-\frac{9}{7}\right)+\left(-\frac{5}{7}\right)$; $\left(-\frac{9}{4}\right)+\left(+\frac{3}{4}\right)$.

4 – (+8) – (+3) ; (–15) – (–2) ; (– 9) – (–7) ; (+13) – (– 6) ; (+4) – (+9) ; (–7) – (+7) ; (–7) – (+2) ; (–7) – (–12).

5 – (+8,9) – (+3,1) ; (– 6,7) – (– 3) ; (– 4) – (–5,2) ; (– 6,1) – (–13,9) ; (+2,5) – (–2,5) ; (+2,3) – (+5,2) ; (– 8) – (+2,4) ; (– 5,9) – (–3,9).

6 – $\left(-\frac{3}{13}\right)-\left(-\frac{4}{13}\right)$; $\left(-\frac{8}{7}\right)-\left(+\frac{2}{7}\right)$; $\left(+\frac{4}{21}\right)-\left(-\frac{8}{21}\right)$; $\left(+\frac{13}{37}\right)-\left(+\frac{24}{37}\right)$; $\left(+\frac{5}{12}\right)-\left(+\frac{7}{12}\right)$; $\left(-\frac{4}{9}\right)-\left(+\frac{4}{9}\right)$.

(corrigés p. 24)

Écriture simplifiée

Rappel de la méthode (vue en 5e) :
On transforme les sommes et les différences pour ne faire apparaître que des termes positifs, en utilisant la règle $a - b = a + \text{opp}b$.

Exemple :
(+7) + (–9) = (+7) – (+9) ; (+7) et (+9) s'écrivent 7 et 9 ; on obtient 7 – 9.
Si le premier terme est négatif, on conserve le signe –.

Exemple : (–2) – (+8) = –2 – 8.

Exercices 7 et 8 : simplifier l'écriture des sommes ou différences.

7 – $(+4)+(+8{,}2)$; $(-7)-(+4)$; $(+8{,}1)+(-4{,}5)$; $(-4{,}8)+(-4{,}8)$; $(-5)-(-5)$.

8 – $(+9{,}5)-(+4{,}3)$; $\left(-\frac{5}{3}\right)+\left(+\frac{9}{2}\right)$; $\left(-\frac{7}{3}\right)+\left(-\frac{7}{3}\right)$;

$(+9)-(-9)$; $\left(-\frac{9}{2}\right)-(-4)$.

(corrigés p. 24)

Exercices 9 à 11 : effectuer les opérations indiquées.

9 – $7-12$; $-8-4$; $-5+11$; $-9+4$; $-7+7$.

10 – $3{,}6-4{,}2$; $2{,}7+3{,}41$; $-5{,}2+7$; $-3{,}1-4{,}9$; $-0{,}6-0{,}6$.

11 – $-\frac{5}{7}+\frac{8}{7}$; $\frac{3}{8}-\frac{1}{8}$; $\frac{5}{13}-\frac{8}{13}$; $\frac{62}{17}-\frac{11}{17}$; $-\frac{15}{19}-\frac{4}{19}$.

(corrigés p. 24)

Écritures fractionnaires de dénominateurs différents

12 – Écrire la liste des huit premiers multiples de 12 et celle des huit premiers multiples de 18.
Excepté 0, quel est le plus petit multiple commun aux deux listes ?
Citer trois multiples communs aux deux nombres 12 et 18.

13 – Compléter le tableau suivant :

a	*b*	*Plus petit multiple commun non nul à a et b*
7	10	
10	15	
21	6	
12	21	

14 – Réduire au même dénominateur les fractions suivantes :

$\frac{2}{7}$ et $\frac{3}{10}$; $\frac{7}{10}$ et $\frac{2}{15}$; $\frac{16}{21}$ et $\frac{15}{18}$; $\frac{17}{12}$ et $\frac{50}{21}$.

(corrigés p. 25)

Exercices 15 à 21 : calculer.

15 – $\frac{2}{3}+\frac{5}{2}$; $\frac{4}{3}-\frac{6}{5}$; $\frac{3}{7}-\frac{5}{6}$; $-\frac{3}{7}-\frac{2}{5}$; $\frac{1}{2}-\frac{1}{3}$.

16 – $\frac{3}{4}-\frac{5}{8}$; $\frac{3}{11}+\frac{5}{22}$; $-\frac{4}{15}+\frac{3}{5}$; $-\frac{7}{13}-\frac{5}{39}$; $\frac{1}{13}-\frac{14}{65}$.

17 – $\frac{3}{4}-\frac{5}{6}$; $\frac{4}{15}+\frac{7}{10}$; $-\frac{3}{8}+\frac{5}{12}$; $-\frac{9}{14}-\frac{13}{21}$; $-\frac{5}{6}+\frac{4}{9}$.

18 – $\frac{3}{4}+1$; $\frac{3}{4}+2$; $\frac{5}{2}-3$; $\frac{5}{2}+4$; $\frac{1}{5}-5$.

19 – $3+\frac{4}{5}$; $-3+\frac{4}{5}$; $-3-\frac{4}{5}$; $3-\frac{4}{5}$; $-3+\frac{3}{5}$.

20 – $\frac{15}{17}-\frac{38}{34}$; $-\frac{7}{21}-\frac{2}{3}$; $-\frac{8}{15}+\frac{6}{30}$; $\frac{15}{105}+\frac{9}{14}$; $\frac{7}{28}-\frac{1}{4}$.

21 – $\frac{2}{33}+\frac{5}{21}$; $\frac{41}{18}-\frac{7}{27}$; $-\frac{31}{21}+\frac{20}{15}$; $-\frac{7}{25}-\frac{6}{15}$; ; $\frac{5}{36}-\frac{5}{24}$.

(corrigés p. 25)

Suites d'additions et soustractions

Exercices 22 et 23 : calculer.

22 – $a = 7 - 10 + 9 - 4 - 1$; $b = -2 + 8 - 5 + 2 - 3$;
$c = -3{,}4 + 2{,}6 - 9 - 4{,}2$.

23 – $a = -7{,}75 + 0{,}5 - 4{,}5 + 4$; $b = -3{,}5 - 2{,}3 + 6 - 0{,}2$;
$c = 12 - 8{,}01 + 4{,}1 - 8$.

(corrigés p. 27)

24 – Compléter le tableau suivant :

a	*b*	*c*	*Plus petit multiple commun non nul à a, b et c*
9	7	63	
10	15	20	
8	4	6	
2	3	5	
35	14	21	

Exercices 25 à 29 : calculer.

25 – $\frac{2}{3}-\frac{3}{4}+\frac{1}{12}$; $\frac{3}{7}-\frac{1}{4}+\frac{5}{14}$; $\frac{4}{11}-\frac{7}{22}-\frac{3}{2}$.

26 – $\frac{4}{15}-\frac{2}{3}+\frac{1}{5}$; $-\frac{6}{7}+\frac{3}{14}-\frac{5}{2}$; $-\frac{4}{9}-\frac{1}{3}+\frac{5}{6}$.

27 – $-\frac{13}{39}+\frac{4}{15}-\frac{2}{5}$; $\frac{4}{55}-\frac{3}{22}-\frac{7}{10}$; $\frac{51}{35}+\frac{8}{14}-\frac{3}{15}$.

28 – $7+\frac{1}{4}-\frac{3}{5}$; $3-\frac{5}{12}-\frac{1}{3}$; $-\frac{4}{9}-11+\frac{18}{7}$.

29 – $\frac{3}{4}-8+\frac{2}{5}-\frac{7}{35}$; $\frac{18}{15}-\frac{7}{8}-\frac{1}{8}-\frac{1}{5}$; $-\frac{5}{6}+1-\frac{1}{2}+\frac{10}{3}$.

(corrigés p. 28)

30 – Supprimer les parenthèses puis calculer.

$A = 7 + (-9 + 5)$; $B = -4 - (3 + 9 - 8)$;

$C = -2 + (12 - 3)$; $D = 8 - (-4 + 2 - 1)$.

31 – $A = (-4 + 3) - [(7 - 4) + (9 - 2)]$;

$B = [7 - (-2 + 8)] - [4 - (8 - 5)]$.

Exercices 32 à 36 : effectuer de deux manières.

32 – $A = (-3 + 5) + (-10 - 2) - (-7 + 5)$;

$B = 19 - (100 - 92 + 4) + (80 - 1 - 100)$.

33 – $A = (4 - 2{,}7) - (12{,}5 - 3) + (1 - 9{,}2)$;
$B = 7{,}4 - (-2{,}9 + 0{,}8) + (-5{,}1 + 9{,}4)$.

34 – $A = \frac{4}{15} - \left(\frac{3}{7} + \frac{5}{21}\right) - \frac{8}{35}$; $B = -\frac{15}{18} + \left(\frac{14}{42} - 5\right) - \frac{7}{2}$.

35 – $A = \frac{28}{15} - \left(\frac{3}{8} + \frac{2}{5}\right) - \left(\frac{8}{15} - \frac{7}{5}\right)$; $B = \frac{6}{7} - \left(\frac{3}{4} - \frac{5}{14}\right) - \left(\frac{3}{14} - \frac{3}{4}\right)$.

36 – $A = -5{,}6 - (-3{,}2 + 4{,}1) - [-5{,}6 + (3{,}9 - 4{,}8)]$.

37 – Calculer après avoir supprimé les crochets puis les parenthèses.
$A = \left(\frac{3}{4} - \frac{1}{5} + 3\right) - \left[\frac{4}{5} - \left(\frac{2}{3} - \frac{5}{2} + \frac{1}{3}\right)\right] + \left(\frac{1}{4} - 2\right)$.

(corrigés p. 29)

Problèmes de fractions (additions et soustractions)

38 – Trois enfants se cotisent pour offrir un cadeau à leur ami. Le premier en paie les deux cinquièmes, le deuxième en paie le tiers.
Quelle fraction du prix du cadeau donne le troisième ?

39 – La moitié d'un jardin potager est occupée par des pommes de terre et des carottes, le tiers par des haricots, et un vingt-quatrième par des choux ; le reste est occupé par des légumes divers.
Quelle fraction du jardin est occupée par ces légumes divers ?

40 – Maxime dispose d'une somme de 240 euros.
1. Il utilise les 20 % de cette somme pour acheter des livres et des disques.
Quelle fraction des 240 € a-t-il utilisée ?
2. Il dépense 60 € pour acheter des vêtements.
Quelle fraction des 240 € a-t-il dépensée pour ces vêtements ?
3. Il place le reste sur un livret d'épargne.
Quel pourcentage de la somme initiale représente ce reste ?

(corrigés p. 31)

Multiplication

Exercices 41 à 51 : calculer les produits.

41 – a) $(+3) \times (+5)$; b) $(-7) \times (+12)$;
c) $(-9) \times (-3)$; d) $(+4) \times (-10)$.

42 – a) $(+4) \times (-4)$; b) $(-4) \times (-4)$;
c) $(+9) \times (-1)$; d) $(+1) \times (+9)$.

43 – a) $(+5{,}6) \times (+2{,}5)$; b) $(-3{,}8) \times (+5{,}5)$; c) $(+3{,}4) \times (-9{,}5)$.

44 – a) $(+7{,}8) \times (-5{,}2)$; b) $(-15{,}6) \times (-2{,}5)$; c) $(-8{,}2) \times (+5)$.

45 – a) $\left(+\frac{3}{2}\right) \times \left(+\frac{5}{7}\right)$; b) $\left(-\frac{5}{4}\right) \times \left(-\frac{7}{5}\right)$;
c) $\left(-\frac{1}{8}\right) \times \left(+\frac{8}{9}\right)$; d) $\left(+\frac{1}{2}\right) \times \left(-\frac{1}{2}\right)$.

46 – a) $\left(-\frac{6}{5}\right) \times \left(+\frac{7}{11}\right)$; b) $\left(+\frac{2}{5}\right) \times \left(+\frac{5}{7}\right)$;
c) $\left(-\frac{3}{4}\right) \times \left(-\frac{3}{4}\right)$; d) $\left(+\frac{7}{8}\right) \times \left(-\frac{5}{7}\right)$.

47 – a) $\left(-\frac{12}{5}\right) \times \left(+\frac{3}{2}\right)$; b) $\left(+\frac{1}{10}\right) \times \left(+\frac{5}{3}\right)$;
c) $\left(+\frac{3}{5}\right) \times \left(-\frac{7}{6}\right)$; d) $\left(-\frac{4}{15}\right) \times \left(-\frac{5}{14}\right)$.

48 – a) $\left(+\frac{9}{2}\right) \times \left(-\frac{4}{3}\right)$; b) $\left(-\frac{14}{5}\right) \times \left(-\frac{10}{7}\right)$;
c) $\left(-\frac{5}{7}\right) \times \left(+\frac{7}{5}\right)$; d) $\left(+\frac{4}{5}\right) \times \left(+\frac{5}{2}\right)$.

49 – a) $\left(-\frac{3}{4}\right) \times \left(+\frac{2}{15}\right)$; b) $\left(+\frac{7}{9}\right) \times \left(-\frac{3}{35}\right)$;
c) $\left(+\frac{5}{3}\right) \times \left(+\frac{3}{20}\right)$; d) $\left(-\frac{11}{6}\right) \times \left(-\frac{3}{11}\right)$.

50 – a) $(-13)\times\left(-\frac{4}{39}\right)$; b) $(-3{,}8)\times\left(+\frac{5}{19}\right)$;

c) $(-30)\times\left(-\frac{4}{9}\right)$; d) $\left(-\frac{1}{6}\right)\times\left(-\frac{6}{5}\right)$.

51 – a) $\left(-\frac{3{,}5}{7}\right)\times\frac{21}{1{,}5}$; b) $\frac{2}{0{,}1}\times\left(-\frac{0{,}3}{4}\right)$;

c) $-2{,}4\times\left(-\frac{1}{0{,}6}\right)$.

(corrigés p. 31)

Exercices 52 à 56 : calculer les produits.

52 – a) $(-2)\times(+3)\times(-9)$; b) $(+8)\times(-2)\times 5$;
c) $(-4)\times(-35)\times(-25)$; d) $(-10)\times 3\times 0{,}4$.

53 – a) $(+2)\times(-1)\times(-4)\times(+1)$; b) $(-4)\times 3\times 0\times(-2)$;
c) $(-1)\times(-1)\times(-1)\times(-1)$; d) $(+5)\times 4\times(-5)\times 2$.

54 – a) $(-1{,}3)\times(-7)\times(+1{,}5)$; b) $(-2{,}5)\times(-1{,}1)\times(-4{,}4)$;
c) $(+0{,}1)\times(+10)\times(-0{,}2)$; d) $0{,}2\times 5{,}3\times(-1{,}5)\times 2$.

55 – a) $\frac{3}{4}\times\left(-\frac{1}{2}\right)\times\left(-\frac{5}{2}\right)$; b) $\left(-\frac{4}{9}\right)\times\left(-\frac{9}{7}\right)\times\left(-\frac{5}{4}\right)$;

c) $\frac{5}{4}\times\left(-\frac{3}{5}\right)\times\frac{4}{3}$; d) $\left(-\frac{4}{3}\right)\times\frac{5}{4}\times\left(-\frac{1}{3}\right)$.

56 – a) $\left(-\frac{9}{7}\right)\times\left(-\frac{14}{27}\right)\times\left(-\frac{15}{11}\right)$; b) $(-25)\times\left(-\frac{18}{35}\right)\times\frac{7}{12}$;

c) $\frac{3}{4}\times\left(-\frac{4{,}5}{0{,}3}\right)\times 8\times\frac{1}{15}$; d) $0{,}01\times\left(-\frac{1}{10}\right)\times\left(-\frac{100}{3}\right)\times 0{,}03$.

(corrigés p. 33)

Division

Exercices 57 à 61 : calculer

57 – a) $(-9):(+3)$; b) $(+18):(+12)$;
c) $(+6):(-48)$; d) $(-65):(-13)$.

58 – a) $21{,}83 : (-3{,}7)$; b) $(-38{,}5) : (-7)$;
c) $(-48{,}6) : (-12)$; d) $(-13{,}5) : 2{,}7$.

59 – a) $\frac{3}{4} : \frac{5}{7}$; b) $\frac{8}{9} : \frac{5}{9}$; c) $\frac{1}{5} : 4$; d) $7 : \frac{4}{3}$.

60 – a) $\frac{5}{7} : \left(-\frac{9}{2}\right)$; b) $\left(-\frac{17}{4}\right) : \left(-\frac{5}{2}\right)$;
c) $\left(-\frac{51}{35}\right) : \frac{17}{5}$; d) $-5 : \left(-\frac{3}{4}\right)$.

61 – a) $\frac{9}{7} : \left(-\frac{3}{14}\right)$; b) $\left(-\frac{1}{15}\right) : \frac{1}{5}$;
c) $13 : \left(-\frac{65}{4}\right)$; d) $\left(-\frac{21}{5}\right) : (-7)$.

(corrigés p. 34)

Suites d'opérations

Exercices 62 à 70 : calculer A, B et C.

62 – $A = 15 - 9 \times 4 + 12$; $B = -9 + 9 \times 5 - 3 \times 2$.

63 – $A = 2{,}1 \times (-5) + 0{,}3 \times 2$; $B = -3 \times (5{,}2 - 9) + 2 \times (-4{,}3)$.

64 – $A = \frac{5}{2} \times 3 - 4$; $B = 4 - 3 \times \frac{7}{2}$; $C = \frac{7}{2} - \frac{5}{2} \times \frac{2}{3}$.

65 – $A = -\frac{3}{7} \times \frac{5}{6} + \frac{1}{5} \times \frac{15}{2}$; $B = \frac{4}{9} \times (-5) + 5 - 2 \times \left(-\frac{1}{9}\right)$.

66 – $A = 2{,}7 + 0{,}3\left(\frac{10}{3} - \frac{5}{0{,}3}\right)$; $B = \left(1 - \frac{4}{10}\right) \times \left(1 + \frac{1}{10}\right)$.

67 – $A = \left(-\frac{3}{4} + \frac{5}{6}\right) : \left(-\frac{2}{5}\right)$; $B = \left(\frac{3}{7} - \frac{4}{5}\right) : \left(2 - \frac{1}{7}\right)$.

68 – $A = 9 - \frac{9}{4}\left(\frac{2}{15} + 2\right) - \frac{2}{35}$; $B = \left(\frac{2}{5} \times 4 + 2\right) : \left(7 - 5 \times \frac{4}{5}\right)$.

69 – $A = \dfrac{\dfrac{3}{4} + \dfrac{1}{3}}{2 - \dfrac{7}{3}}$; $B = \dfrac{\dfrac{3}{4}(-8) + \dfrac{7}{2}}{\dfrac{25}{3} - 2\left(1 - \dfrac{1}{3}\right)}$.

(corrigés p. 34)

Problèmes de fractions

70 – Une personne a dépensé les $\frac{3}{5}$ de son salaire. Il lui reste 938 €. Quelle était le montant de son salaire ?

71 – Vanessa participe à une course de cross. Elle a déjà couru 1 600 m, ce qui représente les quatre septièmes de la longueur totale du parcours. Calculer la longueur totale du parcours.

72 – Le mois dernier, Laurent a économisé le cinquième de son salaire. Avec les deux tiers de ses économies il achète un vélo qui vaut 172 €. Quel a été le salaire de Laurent le mois dernier ?

73 – Lors d'un contrôle commun à deux classes de 4ᵉ, un septième des élèves a eu moins de 8 sur 20, la moitié des élèves a eu une note comprise entre 8 et 14 et un quart une note comprise entre 14 et 17, trois élèves ont eu plus de 17.
Combien d'élèves ont fait le contrôle ?

74 – Un cycliste se rend de Besançon à Colmar en 3 étapes. Le premier jour il parcourt un tiers du trajet, le deuxième jour les trois cinquièmes du reste ; il a alors parcouru 132 km.

1. Comparer les distances parcourues les deux premiers jours.
2. Quelle distance lui reste-t-il à parcourir ?

(corrigés p. 36)

CORRIGÉS

Addition et soustraction

En écriture décimale ou fractionnaire de même dénominateur

1 — $(+5)+(+4)=(+9)$; $(+7)+(-4)=(+3)$.
$(-8)+(+3)=(-5)$; $(-15)+(-2)=(-17)$.

2 — $(+9{,}8)$; $(+1{,}9)$; $(-5{,}8)$; $(-23{,}2)$.

3 — **Les fractions ont toutes le même dénominateur. Les deux derniers résultats se simplifient.**

$\left(+\frac{8}{7}\right)$; $\left(-\frac{5}{17}\right)$; $\left(+\frac{4}{11}\right)$; $\left(-\frac{18}{23}\right)$; (-2) ; $\left(-\frac{3}{2}\right)$.

4 — $(+8)-(+3)=(+8)+(-3)=(+5)$.
$(-15)-(-2)=(-15)+(+2)=(-13)$.
$(-9)-(-7)=(-9)+(+7)=(-2)$.
$(+13)-(-6)=(+13)+(+6)=(+19)$.
$(+4)-(+9)=(+4)+(-9)=(-5)$.
$(-7)-(+7)=(-7)+(-7)=(-14)$.
$(-7)-(+2)=(-7)+(-2)=(-9)$.
$(-7)-(-12)=(-7)+(+12)=(+5)$.

5 — $(+5{,}8)$; $(-3{,}7)$; $(+1{,}2)$; $(+7{,}8)$; $(+5)$; $(-2{,}9)$; $(-10{,}4)$; (-2).

6 — Les fractions ont même dénominateur.

$\left(+\frac{1}{13}\right)$; $\left(-\frac{10}{7}\right)$; $\left(+\frac{12}{21}\right)=\left(+\frac{4}{7}\right)$

$\left(-\frac{11}{37}\right)$; $\left(-\frac{2}{12}\right)=\left(-\frac{1}{6}\right)$; $\left(-\frac{8}{9}\right)$.

Écriture simplifiée

7 — $4+8{,}2$; $-7-4$; $8{,}1-4{,}5$; $-4{,}8-4{,}8$; $-5+5$.

8 — $9{,}5-4{,}3$; $-\frac{5}{3}+\frac{9}{2}$; $-\frac{7}{3}-\frac{7}{3}$; $9+9$; $-\frac{9}{2}+4$.

9 — -5 ; -12 ; 6 ; -5 ; 0.

O

P

Q

R

S

T

V

TABLE DES MATIÈRES

N° de projet : 10130884 - Alpha-Edit - Dépôt légal : janvier 2006
Imprimé en France par I.M.E. - 25110 Baume-les-Dames

10 – $-0{,}6$; $6{,}11$; $1{,}8$; -8 ; $-1{,}2$.

11 – $\frac{3}{7}$; $\frac{2}{8}=\frac{1}{4}$; $-\frac{3}{13}$; $\frac{51}{17}=3$; $-\frac{19}{19}=-1$.

Écritures fractionnaires de dénominateurs différents

12 – Multiples de 12 : 0, 12, 24, 36, 48, 60, 72, 84, …
Multiples de 18 : 0, 18, 36, 54, 72, 90, 108, 126, …
Le plus petit multiple commun, non nul, à 12 et 18 est 36. Les nombres 72, 108, 144 sont d'autres multiples communs à 12 et 18.

13 –

a	*b*	plus petit multiple commun
7	10	70
10	15	30
21	6	42
12	21	84

14 – Pour choisir les dénominateurs communs, on utilise les résultats de l'exercice 13.

$\frac{2}{7}=\frac{20}{70}$ et $\frac{3}{10}=\frac{21}{70}$; $\frac{7}{10}=\frac{21}{30}$ et $\frac{2}{15}=\frac{4}{30}$;

$\frac{16}{21}=\frac{16\times 2}{21\times 2}=\frac{32}{42}$ et $\frac{15}{18}=\frac{5}{6}=\frac{5\times 7}{6\times 7}=\frac{35}{42}$;

$\frac{17}{12}=\frac{17\times 7}{12\times 7}=\frac{119}{84}$; $\frac{50}{21}=\frac{50\times 4}{21\times 4}=\frac{200}{84}$.

15 – $\frac{2}{3}+\frac{5}{2}=\frac{4}{6}+\frac{15}{6}=\frac{19}{6}$.

$\frac{4}{3}-\frac{6}{5}=\frac{20}{15}-\frac{18}{15}=\frac{2}{15}$.

$\frac{3}{7}-\frac{5}{6}=\frac{18}{42}-\frac{35}{42}=-\frac{17}{42}$.

$-\frac{3}{7}-\frac{2}{5}=-\frac{15}{35}-\frac{14}{35}=-\frac{29}{35}$.

$\frac{1}{2}-\frac{1}{3}=\frac{3}{6}-\frac{2}{6}=\frac{1}{6}$.

16 – $\frac{3}{4}-\frac{5}{8}=\frac{6}{8}-\frac{5}{8}=\frac{1}{8}$.

$\frac{3}{11}+\frac{5}{22}=\frac{6}{22}+\frac{5}{22}=\frac{11}{22}=\frac{1}{2}$.

$-\frac{4}{15}+\frac{3}{5}=-\frac{4}{15}+\frac{9}{15}=\frac{5}{15}=\frac{1}{3}$.

$-\frac{7}{13}-\frac{5}{39}=-\frac{21}{39}-\frac{5}{39}=-\frac{26}{39}=-\frac{2}{3}$.

$\frac{1}{13}-\frac{14}{65}=\frac{5}{65}-\frac{14}{65}=-\frac{9}{65}$.

17 – $\frac{3}{4}-\frac{5}{6}=\frac{9}{12}-\frac{10}{12}=-\frac{1}{12}$.

$\frac{4}{15}+\frac{7}{10}=\frac{4\times 2}{15\times 2}+\frac{7\times 3}{10\times 3}=\frac{29}{30}$.

$-\frac{3}{8}+\frac{5}{12}=-\frac{9}{24}+\frac{10}{24}=\frac{1}{24}$.

$-\frac{9}{14}-\frac{13}{21}=-\frac{27}{14\times 3}-\frac{26}{21\times 2}=-\frac{53}{42}$.

$-\frac{5}{6}+\frac{4}{9}=-\frac{15}{18}+\frac{8}{18}=-\frac{7}{18}$.

18 – $\frac{3}{4}+1=\frac{3}{4}+\frac{4}{4}=\frac{7}{4}$.

$\frac{3}{4}+2=\frac{3}{4}+\frac{8}{4}=\frac{11}{4}$.

$\frac{5}{2}-3=\frac{5}{2}-\frac{6}{2}=-\frac{1}{2}$.

$\frac{5}{2}+4=\frac{5}{2}+\frac{8}{2}=\frac{13}{2}$.

$\frac{1}{5}-5=\frac{1}{5}-\frac{25}{5}=-\frac{24}{5}$.

19 – $\frac{19}{5}$; $-\frac{11}{5}$; $-\frac{19}{5}$; $\frac{11}{5}$; $-\frac{12}{5}$; $\left(3=\frac{15}{5}\right)$.

II **20 – Dans chaque cas, l'une des fractions données est simplifiable.**

$\frac{15}{17}-\frac{38}{34}=\frac{15}{17}-\frac{19}{17}=-\frac{4}{17}$.

$-\frac{7}{21}-\frac{2}{3}=-\frac{1}{3}-\frac{2}{3}=-1$.

$-\frac{8}{15}+\frac{6}{30}=-\frac{8}{15}+\frac{3}{15}=-\frac{5}{15}=-\frac{1}{3}$.

$\frac{15}{105}+\frac{9}{14}=\frac{1}{7}+\frac{9}{14}=\frac{2}{14}+\frac{9}{14}=\frac{11}{14}.$

$\frac{7}{28}-\frac{1}{4}=\frac{1}{4}-\frac{1}{4}=0.$

21 – $\frac{2}{33}+\frac{5}{21}=\frac{14+55}{3\times11\times7}=\frac{69}{3\times11\times7}=\frac{23}{77}.$

Conseil de résolution :

Pour trouver le dénominateur commun on peut aussi décomposer les dénominateurs : $33=3\times11$ et $21=3\times7$; le plus petit multiple commun des deux nombres est $3\times11\times7$; on peut alors voir rapidement que le résultat est simplifiable.

$\frac{41}{18}-\frac{7}{27}=\frac{41\times3}{18\times3}-\frac{7\times2}{27\times2}=\frac{109}{54}.$

$-\frac{31}{21}+\frac{20}{15}=-\frac{31}{21}+\frac{4}{3}=-\frac{31}{21}+\frac{28}{21}=-\frac{3}{21}=-\frac{1}{7}.$

$-\frac{7}{25}-\frac{6}{15}=-\frac{7}{25}-\frac{2}{5}=-\frac{7}{25}-\frac{10}{25}=-\frac{17}{25}.$

$\frac{5}{36}-\frac{5}{24}=\frac{10}{72}-\frac{15}{72}=-\frac{5}{72}.$

Suite d'additions et de soustractions

22 – $a=7-10+9-4-1$

$a=-3+9-4-1$		$a=(7+9)-(10+4+1)$
$a=6-4-1$	ou	$a=16-15$
$a=2-1$		$a=\mathbf{1}.$
$a=\mathbf{1}.$		

$b=-2+8-5+2-3$

$b=6-5+2-3$		$b=(8+2)-(2+5+3)$
$b=1+2-3$	ou	$b=10-10$
$b=3-3$		$b=\mathbf{0}.$
$b=\mathbf{0}.$		

$c=-3{,}4+2{,}6-9-4{,}2$

$c=-0{,}8-9-4{,}2$		$c=2{,}6-(3{,}4+9+4{,}2)$
$c=-9{,}8-4{,}2$	ou	$c=2{,}6-16{,}6$
$c=\mathbf{-14}.$		$c=\mathbf{-14}.$

23 – $a=-7{,}75$; $b=0$; $c=0{,}09.$

24 –

a	*b*	*c*	plus petit multiple commun
9	7	63	63
10	15	20	60
8	4	6	24
2	3	5	30
35	14	21	210

25 – $\frac{2}{3} - \frac{3}{4} + \frac{1}{12} = \frac{8 - 9 + 1}{12} = 0.$

$\frac{3}{7} - \frac{1}{4} + \frac{5}{14} = \frac{12 - 7 + 10}{28} = \frac{15}{28}.$

$\frac{4}{11} - \frac{7}{22} - \frac{3}{2} = \frac{8 - 7 - 33}{11 \times 2} = -\frac{32}{11 \times 2} = -\frac{16}{11}.$

26 – $\frac{4}{15} - \frac{2}{3} + \frac{1}{5} = \frac{4 - 10 + 3}{15} = -\frac{3}{15} = -\frac{1}{5}.$

$-\frac{6}{7} + \frac{3}{14} - \frac{5}{2} = \frac{-12 + 3 - 35}{14} = -\frac{44}{14} = -\frac{22}{7}.$

$-\frac{4}{9} - \frac{1}{3} + \frac{5}{6} = \frac{-8 - 6 + 15}{18} = \frac{1}{18}.$

27 – $-\frac{13}{39} + \frac{4}{15} - \frac{2}{5} = -\frac{1}{3} + \frac{4}{15} - \frac{2}{5} = \frac{-5 + 4 - 6}{15} = -\frac{7}{15}.$

$\frac{4}{55} - \frac{3}{22} - \frac{7}{10} = \frac{8 - 15 - 77}{11 \times 2 \times 5} = -\frac{84}{11 \times 2 \times 5} = -\frac{42}{55}.$

$\frac{51}{35} + \frac{8}{14} - \frac{3}{15} = \frac{51}{35} + \frac{4}{7} - \frac{1}{5} = \frac{51 + 20 - 7}{35} = \frac{64}{35}.$

28 – $7 + \frac{1}{4} - \frac{3}{5} = \frac{140 + 5 - 12}{20} = \frac{133}{20}.$

$3 - \frac{5}{12} - \frac{1}{3} = \frac{36 - 5 - 4}{12} = \frac{27}{12} = \frac{9}{4}.$

$-\frac{4}{9} - 11 + \frac{18}{7} = \frac{-28 - 693 + 162}{63} = -\frac{559}{63}.$

29 – Si des termes ont le même dénominateur, on les regroupe et on effectue.

$\frac{3}{4} - 8 + \frac{2}{5} - \frac{7}{35} = \frac{3}{4} - 8 + \frac{2}{5} - \frac{1}{5} = \frac{3}{4} - 8 + \frac{1}{5} = \frac{15 - 160 + 4}{20} = -\frac{141}{20}.$

$$\frac{18}{15}-\frac{7}{8}-\frac{1}{8}-\frac{1}{5}=\frac{6}{5}-\frac{8}{8}-\frac{1}{5}=\frac{5}{5}-\frac{8}{8}=1-1=0.$$

$$-\frac{5}{6}+1-\frac{1}{2}+\frac{10}{3}=\frac{-5+6-3+20}{6}=\frac{18}{6}=3.$$

30 – $A = 7 - 9 + 5 = 3$ $\quad B = -4 - 3 - 9 + 8 = -8$
$C = -2 + 12 - 3 = 7$ $\quad D = 8 + 4 - 2 + 1 = 11.$

31 – $A = -4 + 3 - [7 - 4 + 9 - 2] = -4 + 3 - 7 + 4 - 9 + 2 = -11$
$B = [7 + 2 - 8] - [4 - 8 + 5] = 7 + 2 - 8 - 4 + 8 - 5 = 0.$

Rappel de la méthode : (pour les exercices 32 à 36)

1re méthode : on effectue d'abord les calculs dans les parenthèses.
2e méthode : on supprime d'abord les parenthèses.

32 – $A = 2 + (-12) - (-2)$ ou $A = -3 + 5 - 10 - 2 + 7 - 5$
$A = 2 - 12 + 2$ $\quad A = -8.$
$A = -8.$

$B = 19 - 12 + (-21)$ ou $B = 19 - 100 + 92 - 4 + 80 - 1 - 100$
$B = 19 - 12 - 21$ $\quad B = 191 - 205$
$B = -14.$ $\quad B = -14.$

33 – $A = 1{,}3 - 9{,}5 - 8{,}2$ ou $A = 4 - 2{,}7 - 12{,}5 + 3 + 1 - 9{,}2$
$A = -16{,}4.$ $\quad A = 8 - 24{,}4$
$A = -16{,}4.$

$B = 7{,}4 - (-2{,}1) + 4{,}3$ ou $B = 7{,}4 + 2{,}9 - 0{,}8 - 5{,}1 + 9{,}4$
$B = 7{,}4 + 2{,}1 + 4{,}3$ $\quad B = 19{,}7 - 5{,}9$
$B = 13{,}8.$ $\quad B = 13{,}8.$

34 – $A = \frac{4}{15} - \left(\frac{9}{21} + \frac{5}{21}\right) - \frac{8}{35}$ ou $A = \frac{4}{15} - \frac{3}{7} - \frac{5}{21} - \frac{8}{35}$

$A = \frac{4}{15} - \frac{14}{21} - \frac{8}{35}$ $\quad A = \frac{28 - 45 - 25 - 24}{3 \times 7 \times 5}$

$A = \frac{4}{15} - \frac{2}{3} - \frac{8}{35}$ $\quad A = -\frac{66}{3 \times 7 \times 5}$

$A = \frac{28 - 70 - 24}{3 \times 5 \times 7}$ $\quad A = -\frac{22}{35}.$

$A = -\frac{66}{3 \times 5 \times 7}$

$A = -\frac{22}{35}.$

$B = -\frac{5}{6} + \left(\frac{1}{3} - 5\right) - \frac{7}{2}$ ou $B = -\frac{5}{6} + \left(\frac{1}{3} - 5\right) - \frac{7}{2}$

$B = -\frac{5}{6} + \left(\frac{1}{3} - \frac{15}{3}\right) - \frac{7}{2}$

$B = -\frac{5}{6} - \frac{14}{3} - \frac{7}{2}$

$B = \frac{-5 - 28 - 21}{6}$

$B = -\frac{54}{6}$

$B = -9.$

$B = -\frac{5}{6} + \frac{1}{3} - 5 - \frac{7}{2}$

$B = \frac{-5 + 2 - 30 - 21}{6}$

$B = -\frac{54}{6}$

$B = -9.$

35 – $A = \frac{28}{15} - \left(\frac{15 + 16}{40}\right) - \left(\frac{8 - 21}{15}\right)$ ou $A = \frac{28}{15} - \frac{3}{8} - \frac{2}{5} - \frac{8}{15} + \frac{7}{5}$

$A = \frac{28}{15} - \frac{31}{40} + \frac{13}{15}$

On effectue $\frac{28}{15} + \frac{13}{15}$

$A = \frac{41}{15} - \frac{31}{40}$

$A = \frac{328 - 93}{5 \times 3 \times 8}$

$A = \frac{235}{5 \times 3 \times 8}$

$A = \frac{47}{24}.$

$A = \frac{20}{15} - \frac{3}{8} + \frac{5}{5}$

$A = \frac{4}{3} - \frac{3}{8} + 1$

$A = \frac{32 - 9 + 24}{24}$

$A = \frac{47}{24}.$

$B = \frac{6}{7} - \frac{21 - 10}{28} - \frac{6 - 21}{28}$ ou $B = \frac{6}{7} - \frac{3}{4} + \frac{5}{14} - \frac{3}{14} + \frac{3}{4}$

$B = \frac{6}{7} - \frac{11}{28} + \frac{15}{28}$

$B = \frac{6}{7} + \frac{1}{7}$

$B = 1.$

$B = \frac{6}{7} + \frac{2}{14}$

$B = \frac{6}{7} + \frac{1}{7}$

$B = 1.$

36 – $A = -5{,}6 - 0{,}9 - (-5{,}6 - 0{,}9)$ ou $A = -5{,}6 + 3{,}2 - 4{,}1 - (-5{,}6 + 3{,}9 - 4{,}8)$

$A = -5{,}6 - 0{,}9 - (-6{,}5)$

$A = -5{,}6 - 0{,}9 + 6{,}5$

$A = 0.$

$A = -5{,}6 + 3{,}2 - 4{,}1 + 5{,}6 - 3{,}9 + 4{,}8$

$A = 0.$

37 – $A = \left(\frac{3}{4} - \frac{1}{5} + 3\right) - \frac{4}{5} + \left(\frac{2}{3} - \frac{5}{2} + \frac{1}{3}\right) + \left(\frac{1}{4} - 2\right)$

$A = \frac{3}{4} - \frac{1}{5} + 3 - \frac{4}{5} + \frac{2}{3} - \frac{5}{2} + \frac{1}{3} + \frac{1}{4} - 2$

$A = \frac{3}{4} + \frac{1}{4} - \frac{1}{5} - \frac{4}{5} + \frac{2}{3} + \frac{1}{3} - \frac{5}{2} + 3 - 2$

$A = 1 - 1 + 1 - \frac{5}{2} + 1$

$A = 2 - \frac{5}{2}$

$A = -\frac{1}{2}.$

Problèmes de fractions (additions et soustractions)

38 – $\frac{2}{5} + \frac{1}{3} = \frac{6+5}{15} = \frac{11}{15}$; $1 - \frac{11}{15} = \frac{4}{15}$.

Le troisième donne $\frac{4}{15}$ du prix du cadeau.

39 – $\frac{1}{2} + \frac{1}{3} + \frac{1}{24} = \frac{12+8+1}{24} = \frac{21}{24} = \frac{7}{8}$; $1 - \frac{7}{8} = \frac{1}{8}$.

Les légumes divers occupent $\frac{1}{8}$ du jardin.

40 – **1.** 20 % $= \frac{20}{100} = \frac{1}{5}$; il a utilisé $\frac{1}{5}$ de la somme pour acheter les disques et les livres.

2. $\frac{60}{240} = \frac{1}{4}$; il a dépensé le quart des 240 € pour les vêtements.

3. $\frac{20}{100} + \frac{1}{4} = \frac{20}{100} + \frac{25}{100} = \frac{45}{100}$; il lui reste $\frac{55}{100}$ ou 55 % de la somme initiale.

Multiplication

41 – a) 15 ; b) (– 84) ; c) 27 ; d) (– 40).

42 – a) (–16) ; b) 16 ; c) (–9) ; d) 9.

43 – a) 14 ; b) (–20,9) ; c) (–32,3).

44 – a) (–40,56); b) 39; c) (–41).

45 – On simplifie si c'est possible avant d'effectuer les produits.

a) $\frac{3 \times 5}{2 \times 7} = \frac{15}{14}$; b) $\frac{5 \times 7}{4 \times 5} = \frac{7}{4}$;

c) $-\frac{1 \times 8}{8 \times 9} = -\frac{1}{9}$; d) $-\frac{1 \times 1}{2 \times 2} = -\frac{1}{4}$.

46 – a) $-\frac{6 \times 7}{5 \times 11} = -\frac{42}{55}$; b) $\frac{2 \times 5}{5 \times 7} = \frac{2}{7}$;

c) $\frac{3 \times 3}{4 \times 4} = \frac{9}{16}$; d) $-\frac{7 \times 5}{8 \times 7} = -\frac{5}{8}$.

47 – a) $-\frac{12 \times 3}{5 \times 2} = -\frac{6 \times 2 \times 3}{5 \times 2} = -\frac{18}{5}$;

b) $\frac{1 \times 5}{10 \times 3} = \frac{1 \times 5}{5 \times 2 \times 3} = \frac{1}{6}$;

c) $-\frac{3 \times 7}{5 \times 6} = -\frac{3 \times 7}{5 \times 3 \times 2} = -\frac{7}{10}$;

d) $\frac{4 \times 5}{15 \times 14} = \frac{2 \times 2 \times 5}{5 \times 3 \times 2 \times 7} = \frac{2}{21}$.

48 – a) $-\frac{9 \times 4}{2 \times 3} = -\frac{3 \times 3 \times 2 \times 2}{2 \times 3} = -6$.

b) $\frac{14 \times 10}{5 \times 7} = \frac{7 \times 2 \times 5 \times 2}{5 \times 7} = 4$.

c) $-\frac{5 \times 7}{7 \times 5} = -1$;

d) $\frac{4 \times 5}{5 \times 2} = \frac{2 \times 2 \times 5}{5 \times 2} = 2$.

49 – a) $-\frac{3 \times 2}{4 \times 15} = -\frac{3 \times 2}{2 \times 2 \times 3 \times 5} = -\frac{1}{10}$.

b) $-\frac{7 \times 3}{9 \times 35} = -\frac{7 \times 3}{3 \times 3 \times 7 \times 5} = -\frac{1}{15}$.

c) $\frac{5 \times 3}{3 \times 20} = \frac{5 \times 3}{3 \times 5 \times 4} = \frac{1}{4}$;

d) $\frac{11 \times 3}{6 \times 11} = \frac{11 \times 3}{3 \times 2 \times 11} = \frac{1}{2}$.

50 – a) $\frac{13 \times 4}{39} = \frac{13 \times 4}{13 \times 3} = \frac{4}{3}$.

b) $-\frac{3{,}8 \times 5}{19} = -1$.

c) $\frac{30 \times 4}{9} = \frac{3 \times 10 \times 4}{3 \times 3} = \frac{40}{3}$.

d) $\left(-\frac{1}{6}\right) \times \left(-\frac{6}{5}\right) = +\frac{1 \times 6}{6 \times 5} = \frac{1}{5}$.

51 – a) $-\frac{3{,}5 \times 21}{7 \times 1{,}5} = -\frac{35 \times 21}{7 \times 15} = -\frac{7 \times 5 \times 7 \times 3}{7 \times 3 \times 5} = -7$;

b) $\frac{2}{0{,}1} \times \left(-\frac{0{,}3}{4}\right) = -\frac{3}{2}$;

c) $-2{,}4 \times \left(-\frac{1}{0{,}6}\right) = +\frac{2{,}4}{0{,}6} = 4$.

52 – a) 54 ; b) – 80 ; c) – 3 500 ; d) –12.

Remarque $(-2) \times 5 = -10$; $(-4) \times (-25) = 100$; $(-10) \times 0{,}4 = -4$.

53 – a) 8 ; b) 0 ; c) 1 ; d) – 200.

Si l'un des facteurs est nul, le produit est nul.

54 – a) 13,65 b) – 12,1 ; c) – 0,2 ; d) – 3,18.

55 – a) $\frac{3 \times 1 \times 5}{4 \times 2 \times 2} = \frac{15}{16}$; b) $-\frac{4 \times 9 \times 5}{9 \times 7 \times 4} = -\frac{5}{7}$;

c) $-\frac{5 \times 3 \times 4}{4 \times 5 \times 3} = -1$; d) $\frac{4 \times 5 \times 1}{3 \times 4 \times 3} = \frac{5}{9}$.

56 – a) $-\frac{9 \times 14 \times 15}{7 \times 27 \times 11} = -\frac{9 \times 7 \times 2 \times 3 \times 5}{7 \times 9 \times 3 \times 11} = -\frac{10}{11}$;

b) $\frac{25 \times 18 \times 7}{35 \times 12} = \frac{5 \times 5 \times 2 \times 3 \times 3 \times 7}{7 \times 5 \times 2 \times 2 \times 3} = \frac{15}{2}$;

c) $-\frac{3 \times 45 \times 8 \times 1}{4 \times 3 \times 15} = -\frac{3 \times 3 \times 15 \times 4 \times 2}{4 \times 3 \times 15} = -6$;

d) $\frac{0{,}03}{30} = 0{,}001$.

Division

57 – a) -3 ; b) $\frac{3}{2}$ ou 1,5 ; c) $-\frac{1}{8}$ ou $-0{,}125$; d) 5.

58 – a) $-5{,}9$; b) 5,5 ; c) 4,05 ; d) -5.

59 – a) $\frac{3}{4}\times\frac{7}{5}=\frac{21}{20}$.

b) $\frac{8}{9}\times\frac{9}{5}=\frac{8}{5}$.

c) $\frac{1}{5}\times\frac{1}{4}=\frac{1}{20}$.

d) $7\times\frac{3}{4}=\frac{21}{4}$.

60 – a) $\frac{5}{7}\times\left(-\frac{2}{9}\right)=-\frac{10}{63}$.

b) $\left(-\frac{17}{4}\right)\times\left(-\frac{2}{5}\right)=\frac{17}{10}$.

c) $\left(-\frac{51}{35}\right)\times\frac{5}{17}=-\frac{17\times3\times5}{5\times7\times17}=-\frac{3}{7}$.

d) $(-5)\times\left(-\frac{4}{3}\right)=\frac{20}{3}$.

61 – a) $\frac{9}{7}\times\left(-\frac{14}{3}\right)=-\frac{3\times3\times7\times2}{7\times3}=-6$.

b) $\left(-\frac{1}{15}\right)\times5=-\frac{5}{3\times5}=-\frac{1}{3}$.

c) $13\times\left(-\frac{4}{65}\right)=-\frac{13\times4}{13\times5}=-\frac{4}{5}$.

d) $\left(-\frac{21}{5}\right)\times\left(-\frac{1}{7}\right)=\frac{7\times3}{5\times7}=\frac{3}{5}$.

Suites d'opérations

II **62 –** **On effectue d'abord les multiplications.**

$A=15-36+12$ $\quad$ $B=-9+45-6$

$A=-9.$ $\quad$ $B=30.$

63 – On commence par effectuer les opérations entre parenthèses.

$A = -10{,}5 + 0{,}6 = -9{,}9.$

$B = -3 \times (-3{,}8) + 2 \times (-4{,}3)$

$B = 11{,}4 - 8{,}6$

$B = 2{,}8.$

64 – $A = \frac{15}{2} - 4$ $\quad B = 4 - \frac{21}{2}$ $\quad C = \frac{7}{2} - \frac{5}{3}$

$A = \frac{15}{2} - \frac{8}{2}$ $\quad B = \frac{8}{2} - \frac{21}{2}$ $\quad C = \frac{21}{6} - \frac{10}{6}$

$A = \frac{7}{2}.$ $\quad B = -\frac{13}{2}.$ $\quad C = \frac{11}{6}.$

65 – $A = -\frac{3 \times 5}{7 \times 3 \times 2} + \frac{1 \times 5 \times 3}{5 \times 2}$ $\quad B = -\frac{20}{9} + 5 + \frac{2}{9}$

$A = -\frac{5}{14} + \frac{3}{2}$ $\quad B = -\frac{18}{9} + 5$

$A = -\frac{5}{14} + \frac{21}{14}$ $\quad B = -2 + 5$

$A = \frac{16}{14} = \frac{8}{7}.$ $\quad B = 3.$

66 – $A = 2{,}7 + 0{,}3\left(\frac{10}{3} - \frac{50}{3}\right) = 2{,}7 + 0{,}3 \times \left(-\frac{40}{3}\right) = 2{,}7 - 4 = -1{,}3.$

$B = \frac{6}{10} \times \frac{11}{10} = \frac{33}{50}.$

67 – On effectue d'abord dans les parenthèses.

$A = \left(-\frac{9}{12} + \frac{10}{12}\right) : \left(-\frac{2}{5}\right) = \frac{1}{12} \times \left(-\frac{5}{2}\right) = -\frac{5}{24}.$

$B = \left(\frac{15}{35} - \frac{28}{35}\right) : \left(\frac{14}{7} - \frac{1}{7}\right) = \left(-\frac{13}{35}\right) : \frac{13}{7} = \left(-\frac{13}{35}\right) \times \frac{7}{13} = -\frac{1}{5}.$

68 – $A = 9 - \frac{9}{4} \times \frac{32}{15} - \frac{2}{35} = 9 - \frac{24}{5} - \frac{2}{35} = \frac{315 - 168 - 2}{35} = \frac{145}{35} = \mathbf{\frac{29}{7}}$;

$B = \left(\frac{8}{5} + 2\right) : (7 - 4) = \frac{18}{5} : 3 = \frac{18}{5} \times \frac{1}{3} = \mathbf{\frac{6}{5}}.$

69 – $A = \dfrac{\dfrac{13}{12}}{-\dfrac{1}{3}} = -\dfrac{13}{12} \times 3 = \mathbf{-\dfrac{13}{4}}$;

$$B = \frac{-6 + \dfrac{7}{2}}{\dfrac{25}{3} - 2 \times \dfrac{2}{3}} = \frac{-\dfrac{5}{2}}{\dfrac{25}{3} - \dfrac{4}{3}} = \frac{-\dfrac{5}{2}}{\dfrac{21}{3}} = -\frac{5}{2} : 7 = -\frac{5}{2} \times \frac{1}{7} = \mathbf{-\frac{5}{14}}.$$

Problèmes de fractions

70 – Résolution sans utiliser d'équation

Les 938 euros restants représentent les $\frac{2}{5}$ de son salaire.

$\frac{1}{5}$ représente (938 : 2) euros.

Le salaire, soit $\frac{5}{5}$, représente (938 : 2) × 5.

Ce calcul correspond à $938 : \frac{2}{5}$ ou $938 \times \frac{5}{2}$.

Le salaire est donc de 2 345 euros.

71 – $\frac{4}{7} \times L = 1\,600$; $L = 1\,600 : \frac{4}{7} = 1\,600 \times \frac{7}{4} = 2\,800$.

Longueur du parcours : 2 800 m.

72 – Résolution en utilisant une équation

voir Chapitre 3, page 70.

Laurent a acheté son vélo avec les $\frac{2}{3}$ de ses économies, c'est-à-dire avec les $\frac{2}{3}$ de $\frac{1}{5}$ de son salaire. $\frac{2}{3} \times \frac{1}{5} = \frac{2}{15}$.

Le prix du vélo représente les $\frac{2}{15}$ de son salaire.

Soit x son salaire ; il a payé 172 €, donc on peut écrire :

$\frac{2}{15}x = 172$, d'où $x = 172 : \frac{2}{15}$; $x = 172 \times \frac{15}{2}$; $x = 1\,290$.

Le salaire de Laurent est de 1 290 €.

73 – Résolution sans équation

$\left(\frac{1}{7}+\frac{1}{2}+\frac{1}{4}\right)$ des élèves ayant fait le contrôle ont eu des notes inférieures ou égales à 17. $\left(\frac{1}{7}+\frac{1}{2}+\frac{1}{4}\right)=\frac{4+14+7}{28}=\frac{25}{28}$.

Les 3 autres élèves représentent les $\frac{3}{28}$ des élèves ayant fait le contrôle.

Donc 28 élèves ont fait le contrôle.

74 – Résolution sans équation

1. Le premier jour il parcourt $\frac{1}{3}$ (ou $\frac{5}{15}$) du trajet. Il en reste les $\frac{2}{3}$.

Le deuxième jour il parcourt $\frac{3}{5}$ de $\frac{2}{3}$; $\frac{3}{5}$ de $\frac{2}{3}=\frac{3}{5}\times\frac{2}{3}=\frac{6}{15}=\frac{2}{5}$.

$\frac{6}{15}>\frac{5}{15}$. Le deuxième jour il parcourt $\frac{1}{15}$ du trajet en plus.

$\frac{6}{15}+\frac{5}{15}=\frac{11}{15}$. En deux jours il a parcouru $\frac{11}{15}$ du trajet.

2. Ces $\frac{11}{15}$ représentent 132 km. $132:\frac{11}{15}=132\times\frac{15}{11}=180$.

La longueur du trajet est de 180 km.

Il lui reste $\frac{4}{15}$ du trajet à parcourir. $180\times\frac{4}{15}=48$.

Ou bien, il lui reste (180 – 132) km à parcourir. 180 – 132 = 48.

Il lui reste 48 km à parcourir.

2

LES NOMBRES RELATIFS (2)

COURS

- Puissances d'exposant positif
- Puissances d'exposant négatif
- Puissances de dix
- Opérations sur les puissances
- Comparaison de deux nombres
- Ordre et opérations

MÉTHODE

- Effectuer une suite d'opérations avec des puissances
- Calculer un produit ou un quotient comportant des puissances de dix
- Comparer deux nombres positifs en écriture fractionnaire

EXERCICES

- Calculs de puissances
- Suites d'opérations avec puissances
- Puissances de dix
- Opérations sur les puissances
- Problèmes
- Comparer deux nombres relatifs
- Ordonner des suites de nombres relatifs
- Ordre et opérations
- Problèmes
- Corrigés

2 LES NOMBRES RELATIFS (2)

Puissances d'exposant positif

Définition

Soit a un nombre relatif et n un entier naturel.
On appelle puissance de a, d'exposant n, le nombre a^n tel que :

- si $n \geqslant 2$: $a^n = \underbrace{a \times a \times \ldots \times a}_{n \text{ facteurs}}$.
- si $n = 1$: $a^n = a^1 = a$.
- si $n = 0$ et $a \neq 0$: $a^0 = 1$.

L'écriture 0^0 n'a pas de sens.

Exemples :
$4^4 = 4 \times 4 \times 4 \times 4$; $(-3)^1 = -3$; $(-5)^3 = (-5) \times (-5) \times (-5)$; $(-3)^0 = 1$.
a^n se lit « a exposant n ».
Si $n = 2$, « a^2 se lit a au carré ».
Si $n = 3$, « a^3 se lit a au cube ».

Signe

ENREG.

- Soit a un nombre positif ; a^n est **positif**.
- Soit a un nombre négatif :
  – Si n est pair, alors a^n est **positif**.
  – Si n est impair, alors a^n est **négatif**.

Exemples :
$4^2, 4^3, 4^4, 4^5$ sont positifs.
$(-4)^2$, $(-4)^4$ sont positifs ; $(-4)^3$, $(-4)^5$ sont négatifs.
Attention aux parenthèses ! $(-4)^2 \neq -4^2$; $(-4)^3 = -4^3$.

Puissances d'exposant négatif

Soit a un nombre relatif non nul et n un entier naturel, on écrit :
$\frac{1}{a^n} = a^{-n}$.

a^{-1} **est une écriture de l'inverse de** a.

Exemples :

$\frac{1}{3^2} = 3^{-2}$; $(-4)^{-5} = \frac{1}{(-4)^5}$; $5^{-2} = \frac{1}{5^2} = \frac{1}{25}$;

$\frac{1}{2^{-3}} = 2^3 = 8$; $\frac{1}{(-4)^{-2}} = (-4)^2 = 16$.

Puissances de dix

Soit n un entier naturel.

$$10^n = \underbrace{100\dots0}_{n \text{ zéros}} \qquad 10^{-n} = \frac{1}{10^n} = \underbrace{0{,}\overbrace{000\dots01}^{n \text{ chiffres après la virgule}}}_{n \text{ zéros}}$$

Exemples :

$10^0 = 1$; $10^1 = 10$; $10^2 = 100$.

$10^{-1} = \frac{1}{10} = 0{,}1$; $10^{-2} = \frac{1}{10^2} = \frac{1}{100} = 0{,}01$;

$10^{-3} = \frac{1}{10^3} = \frac{1}{1\,000} = 0{,}001$.

Écriture scientifique et ingénieur

ENREG.

Soit x un nombre positif.
L'écriture (ou notation) scientifique de x est $a \times 10^p$, où a est un nombre compris entre 1 et 10 ($1 \leqslant a < 10$).
L'écriture (ou notation) ingénieur de x est $b \times 10^q$, où b est un nombre compris entre 1 et 1 000 et q un multiple de 3.

Exemples :

En notation scientifique : $125\,300 = 1{,}253 \times 10^5$; $0{,}051 = 5{,}1 \times 10^{-2}$.
En notation ingénieur : $125\,300 = 125{,}3 \times 10^3$; $0{,}051 = 51 \times 10^{-3}$.
Pour certains calculs, il arrive que la calculatrice affiche le résultat en écriture scientifique ; il faut savoir écrire correctement ce résultat.

Par exemple, s'il s'affiche [2,65 08] il s'agit du nombre $2,65 \times 10^8$;
s'il s'affiche [1,385 7 -11] il s'agit du nombre $1,385\,7 \times 10^{-11}$.
Pour entrer dans la calculatrice un nombre donné en écriture scientifique, il faut consulter le mode d'emploi de celle-ci.

Opérations sur les puissances

ENREG.

Quels que soient les nombres relatifs a, b, c et les entiers relatifs m, n, pourvu que les opérations aient un sens, on a :

- $a^m \times a^n = a^{m+n}$ $\quad (a^m \times a = a^m \times a^1 = a^{m+1})$;
- $a^m : a^n = a^{m-n}$ $\quad a^m : a^m = a^0 = 1$ si $a \neq 0$;
- $(a^m)^n = a^{mn}$;
- $(a \times b \times c)^m = a^m \times b^m \times c^m$;
- $\left(\dfrac{a}{b}\right)^m = \dfrac{a^m}{b^m}$.

Exemples :

$(-3)^2 \times (-3)^3 = (-3)^5$; $\quad (2 \times 3 \times 5)^3 = 2^3 \times 3^3 \times 5^3$;

$5^6 : 5^3 = 5^3$; $\quad \left(\dfrac{3}{7}\right)^4 = \dfrac{3^4}{7^4}$; $\quad [(-7)^2]^3 = (-7)^6$.

Comparaison de deux nombres

Deux nombres relatifs sont toujours comparables.
On utilise les signes $<$ $>$ $\leqslant$ $\geqslant$.
$a > b$ se lit « a est supérieur (strictement) à b » ;
$a \leqslant b$ se lit « a est inférieur ou égal à b ».

Règles de comparaison

– Tout nombre positif est supérieur (ou supérieur ou égal) à 0.
Exemple : $3,5 > 0$; $\quad 3,5 \geqslant 0$.

– Tout nombre négatif est inférieur (ou inférieur ou égal) à 0.
Exemple : $-12 < 0$; $\quad -12 \leqslant 0$.

– Tout nombre positif est supérieur (ou supérieur ou égal) à tout nombre négatif.
Exemple : $3,5 > -12$; $\quad 3,5 \geqslant -12$.

– Comparaison de deux nombres positifs
en écriture décimale : $3,45 < 4,12$; $\quad 0,15 > 0,015$.
en écriture fractionnaire : voir la méthode page 45.

– Comparaison de deux nombres négatifs : on compare leurs opposés. Deux nombres négatifs sont dans l'ordre inverse de leurs opposés.
Exemple : $3{,}15 < 4{,}12$; donc $-3{,}15 > -4{,}12$;

Représentation graphique

Sur la droite graduée ci-dessous, on a marqué les points A, B, C et D d'abscisses a, b, c et b ; on a : $c < d < 0 < a < b$.

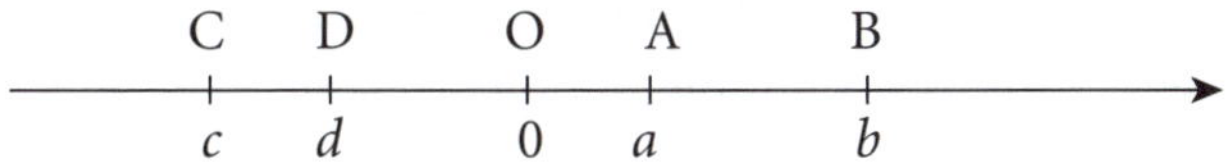

Ordre et opérations

Ordre et addition

ENREG.

Si on ajoute ou retranche un même nombre aux deux membres d'une inégalité, on obtient une nouvelle inégalité de même sens.

Exemples :
– Si on sait que $x - 4 > 8$, en ajoutant 4 aux deux membres de l'inégalité on en déduit que $x > 8 + 4$ ou encore $x > 12$.
– Si on sait que $x + 3 \leqslant 7$, en retranchant 3 aux deux membres de l'inégalité on en déduit que $x \leqslant 7 - 3$ ou encore $x \leqslant 4$.

ENREG.

Si on ajoute membre à membre deux inégalités de même sens, on obtient une nouvelle inégalité de même sens.

Exemples :
– On sait que $x > -4$ et $y > 2$: les inégalités sont de même sens, en les ajoutant membre à membre, on en déduit que $x + y > -4 + 2$ ou encore $x + y > -2$.
– On sait que $x < -3$ et $y < 7$: les inégalités sont de même sens, en les ajoutant membre à membre, on en déduit que $x + y < -3 + 7$ ou encore $x + y < 4$.
– On sait que $4{,}5 < a < 4{,}6$ et $2{,}3 < b < 2{,}4$: ce sont des encadrements de a et b à 0,1 près ; en appliquant deux fois la propriété, on en déduit que :
$4{,}5 + 2{,}3 < a + b < 4{,}6 + 2{,}4$ ou encore $6{,}8 < a + b < 7{,}0$; on remarque qu'on a obtenu un encadrement de $a + b$ à 0,2 près seulement.

Ordre et multiplication

ENREG.

Si on multiplie ou divise les deux membres d'une inégalité par un même nombre positif et différent de zéro, on obtient une nouvelle inégalité de même sens.

Exemples :

Si on sait que $3x \geqslant 12$, en divisant les deux membres par le nombre positif 3 on en déduit que $x \geqslant 12 : 3$ c'est-à-dire $x \geqslant 4$.

Si on sait que $\frac{x}{2} < 5$, en multipliant les deux membres par le nombre positif 2 on en déduit que $x < 5 \times 2$ c'est-à-dire $x < 10$.

MÉTHODE

Effectuer une suite d'opérations avec des puissances

Énoncé

Calculer : a) 2×5^3 ;

b) $-7(1-5)^2$.

Méthode

Quand il n'y a pas de parenthèses, on calcule les puissances avant d'effectuer les multiplications et les divisions.

Résolution

a) On calcule d'abord 5^3 ; $2 \times 5^3 = 2 \times 125 = \mathbf{250}$.

b) On effectue d'abord dans les parenthèses puis on calcule la puissance ; $-7(1-5)^2 = -7(-4)^2 = -7 \times 16 = \mathbf{-112}$.

Calculer un produit ou un quotient comportant des puissances de dix

Énoncé

Calculer : $A = 25 \times 10^{-3} \times 1{,}2 \times 10^{7} \times 3 \times 10$;

$B = \dfrac{7 \times 10^{4} \times 5 \times 10^{-2}}{2 \times 10^{3}}$

(résultat en écriture scientifique pour A, sous forme décimale pour B).

Méthode

- On regroupe les puissances de dix d'une part et les autres nombres d'autre part.
- On effectue les calculs séparément.
- On obtient le produit d'un nombre par une puissance de dix ; éventuellement, si l'énoncé le demande, on le transforme en écriture scientifique ou décimale.

Résolution

$A = (25 \times 1{,}2 \times 3) \times (10^{-3} \times 10^{7} \times 10) = 90 \times 10^{-3+7+1}$

$= 90 \times 10^{5} = 9 \times 10^{6}$.

$B = \dfrac{7 \times 5}{2} \times \dfrac{10^{4} \times 10^{-2}}{10^{3}} = 17{,}5 \times 10^{4-2-3} = 17{,}5 \times 10^{-1} = 1{,}75$.

Comparer deux nombres positifs en écriture fractionnaire

Il y a différentes méthodes selon les cas.

Énoncé

Comparer : a) $\dfrac{5}{11}$ et $\dfrac{3}{11}$; b) $\dfrac{9}{7}$ et $\dfrac{9}{5}$;

c) $\dfrac{9}{16}$ et $\dfrac{7}{12}$; d) $\dfrac{7}{6}$ et $\dfrac{3}{5}$.

Méthode

- Si les fractions ont le même dénominateur, la plus grande est celle qui a le plus grand numérateur.
- Si les fractions ont le même numérateur, la plus grande est celle qui a le plus petit dénominateur.
- Sinon, on les réduit au même dénominateur.
- Dans certains cas, pour comparer deux fractions a et b, on peut rechercher un nombre c tel que, par exemple $a < c$ et $c < b$; on a alors $a < b$.
  Ce nombre c est le plus souvent un entier.

Résolution

a) Les nombres ont le même dénominateur ; $5 > 3$ donc $\frac{5}{11} > \frac{3}{11}$.

b) Les nombres ont le même numérateur ; $7 > 5$ donc $\frac{9}{7} < \frac{9}{5}$.

c) On réduit au même dénominateur 48 ; $\frac{9}{16} = \frac{27}{48}$ et $\frac{7}{12} = \frac{28}{48}$.

$27 < 28$ donc $\frac{27}{48} < \frac{28}{48}$ ou encore $\frac{9}{16} < \frac{7}{12}$.

d) On compare chacun des nombres à 1 :

$7 > 6$ donc $\frac{7}{6} > 1$; $3 < 5$ donc $\frac{3}{5} < 1$;

on a $\frac{7}{6} > 1$ et $1 > \frac{3}{5}$ donc $\frac{7}{6} > \frac{3}{5}$.

!! **Dans tous les cas on peut aussi utiliser des valeurs approchées convenablement choisies en calculant les quotients.**

Exemples :

$\frac{9}{16} \approx 0{,}56$ à 0,1 près par défaut ;

$\frac{7}{12} \approx 0{,}58$ à 0,1 près par défaut ;

$0{,}56 < \frac{9}{16} < 0{,}57$ et $0{,}58 < \frac{7}{12} < 0{,}59$; or $0{,}57 < 0{,}58$

donc $\frac{9}{16} < \frac{7}{12}$.

Calcul de puissances

Puissances d'exposant positif

Exercices 1 à 3 : écrire sous la forme d'une puissance chacun des nombres donnés.

1 – $x = (-2) \times (-2) \times (-2)$; $y = \left(-\frac{3}{7}\right) \times \left(-\frac{3}{7}\right) \times \left(-\frac{3}{7}\right) \times \left(-\frac{3}{7}\right)$.

2 – $x = \frac{3}{4} \times \frac{3}{4} \times \frac{3}{4} \times \frac{3}{4} \times \frac{3}{4}$; $y = \left(-\frac{1}{2}\right) \times \left(-\frac{1}{2}\right) \times \left(-\frac{1}{2}\right)$.

3 – $x = (-2{,}1) \times (-2{,}1) \times (-2{,}1) \times (-2{,}1)$;
$y = 0{,}1 \times 0{,}1 \times 0{,}1 \times 0{,}1 \times 0{,}1$.

(corrigés p. 56)

Exercices 4 à 6 : calculer le carré et le cube de chacun des nombres donnés.

4 – $x = 5$; $y = -3$; $z = -5$.

5 – $x = -2{,}1$; $y = -0{,}2$; $z = 0{,}5$.

6 – $x = -\frac{1}{2}$; $y = -\frac{2}{3}$; $z = -1$.

7 – Calculer : 5^4 ; 2^6 ; $(-3)^4$; $\left(\frac{1}{3}\right)^5$; 1^{12} ; $(-1)^7$.

(corrigés p. 56)

Puissances d'exposant négatif

Exercices 8 à 10 : écrire chacun des nombres suivants sous la forme d'une puissance d'exposant négatif.

8 – $a = \frac{1}{2^3}$; $b = \frac{1}{(-3)^4}$; $c = \frac{1}{4^2}$.

9 – $a = \frac{1}{(-2{,}5)^3}$; $b = \frac{1}{10^7}$; $c = \frac{1}{\left(-\frac{2}{3}\right)^2}$.

10 – $a = -\frac{2}{3}$; $b = \left(-\frac{5}{6}\right)^3$; $c = \left(-\frac{5}{2}\right)^4$.

11 – Calculer : 2^{-3} ; 4^{-2} ; $(-5)^{-2}$; $(0{,}1)^{-3}$; $(-3)^{-3}$; $(-2)^{-5}$.

12 – Calculer :

$\left(\frac{2}{5}\right)^{-1}$; $\left(\frac{2}{5}\right)^{-2}$; $\left(\frac{1}{2}\right)^{-3}$; $\left(-\frac{2}{7}\right)^{-1}$; $\left(-\frac{1}{4}\right)^{-2}$; $\left(-\frac{3}{2}\right)^{-3}$.

(corrigés p. 56)

Suites d'opérations avec puissances

Exercices 13 à 21 : calculer les nombres donnés en respectant les ordres de priorité.

13 – $x = 2 + (-3)^2$; $y = (-8 + 5)^3$; $z = 2 \times 4^2$.

14 – $x = (-3)^3 \times 5$; $y = 6 \times \left(\frac{2}{3}\right)^3$; $z = \frac{8}{(-2)^2}$.

15 – $x = 3^2 - 2^2$; $y = (3 + 2)^2$; $z = (3 - 2)^2$.

16 – $x = (0{,}3)^2 - (0{,}2)^2$; $y = (0{,}3 - 0{,}2)^2$;

$z = (0{,}3 + 0{,}2)^2$; $t = (0{,}3)^2 + (0{,}2)^2$.

17 – $x = \left(\frac{2}{5}\right)^2 + 4$; $y = \left(-\frac{2}{5}\right)^2 + (-2)^2$; $z = \left(-\frac{2}{5} - 2\right)^2$; $t = \left(-\frac{2}{5} + 2\right)^2$.

18 – $x = 2^{-2} + \frac{3}{4}$; $y = 0{,}46 + 5^{-2}$; $z = 3 \times \frac{1}{4^{-2}}$.

19 – $x = 3 \times 6^{-2} + 2^{-2}$; $y = \frac{5}{3^{-2}} + 2^3$; $z = (3 - 1)^{-2}$.

20 – $x = 0{,}25^{-2} - \frac{1}{3^{-2}}$; $y = 7 \times 2^{-4} - \frac{1}{2^3}$; $z = (5 + 4)^{-1}$.

21 – $x = \left(-\frac{3}{4}\right)^{-1} + (3^{-1})$; $y = (5 - 4)^{-2}$; $z = (0{,}3 - 0{,}2)^{-2}$.

(corrigés p. 57)

Puissances de dix

Exercices 22 et 23 : écrire chacun des nombres suivants sous la forme d'une puissance de 10.

22 – $a = 0{,}1$; $b = 100$; $c = 0{,}001$; $d = 10$.

23 – $a = 0{,}01$; $b = 25 \times 40$; $c = 0{,}000\,01$; $d = 100 \times 1\,000$.

(corrigés p. 58)

Exercices 24 et 25 : écrire chacun des nombres suivants sous la forme d'un nombre décimal.

24 – $a = 10^3$; $b = 10^7$; $c = 10^{-4}$; $d = 10^{-6}$

25 – $a = -10^2$; $b = 10^4$; $c = -10^{-5}$; $d = 10^{-1}$.

(corrigés p. 58)

26 – Calculer chacun des nombres suivants (donner l'écriture décimale).
$a = 3 \times 10^3 + 2 \times 10^2$; $b = 51 \times 10^{-2} - 4 \times 10^{-3}$;
$c = 3{,}1 \times 10^2 - 5{,}4 \times 10 + 213 \times 10^{-1}$.

Écritures scientifique et ingénieur

Exercices 27 et 28 : écrire chacun des nombres suivants :
1. sous la forme d'un entier (le plus petit possible) multiplié par une puissance de 10 ;
2. en écriture scientifique ;
3. en écriture ingénieur.

27 – $a = 27\,000$; $b = 540$; $c = 3\,250\,000$;
$d = 1{,}2$; $e = 0{,}007$; $f = 0{,}000\,043$.

28 – $a = 0{,}000\,07$; $b = 40\,000\,000$; $c = 309\,900\,000$;
$d = 0{,}005\,04$; $e = -25\,000$; $f = 0{,}000\,002\,5$.

29 – Donner l'écriture décimale de chacun des nombres suivants :
$a = 3{,}2 \times 10^4$; $b = 7{,}08 \times 10^{-2}$; $c = 9{,}925 \times 10^{-1}$;
$d = 4{,}532 \times 10^2$; $e = -5{,}37 \times 10^3$; $f = -3{,}12 \times 10^{-3}$.

(corrigés p. 58)

Exercices 30 à 32 : calculer chacun des nombres suivants à l'aide d'une calculatrice ; donner l'écriture scientifique et l'écriture ingénieur.

30 – $a = 250^{-1}$; $b = 0{,}000\,41 \times 0{,}08$; $c = (0{,}000\,4)^3$.

31 – $a = 0{,}000\,5 \times 0{,}000\,07$; $b = (0{,}000\,08)^3 \times (0{,}005)^4$.

32 – $m = 300 : (0{,}000\,04)^3$; $n = 3\,000\,000 \times (0{,}05)^{-3}$.

(corrigés p. 59)

Opérations sur les puissances

Exercices 33 à 39 : écrire sous la forme d'une seule puissance d'un nombre chacun des nombres donnés.

33 – $x = 2^3 \times 2^2$; $y = 3^4 \times 3^2$; $z = 5 \times 5^6 \times 5^4$.

34 – $x = (-3)^2 \times (-3)^4$; $y = (-5)^6 \times (-5)$; $z = (-3)^2 \times (-3)^6$.

35 – $a = 3^{-9} \times 3^4$; $b = (-7)^2 \times (-7)^{-2}$;
$c = 5 \times 5^{-4}$; $d = (-4)^7 \times (-4)^{-5}$;
$e = 2{,}6^{-8} \times 2{,}6^{-5}$; $f = 10^{-3} \times 10^{-2}$.

36 – $x = ((-2)^2)^3$; $y = ((-2)^3)^2$; $z = (-2)^3 \times (-2)^2$.

37 – $x = \dfrac{(-3)^6}{(-3)^4}$; $y = \dfrac{(-5)^2}{(-5)^8}$; $z = (-8)^3 : (-8)^5$.

38 – $x = (a^3)^{-2}$; $y = a^5 \times a^{-8}$; $z = a^8 : a^{-3}$; $t = a^{-1} \times a^3 \times a$.

39 – $x = a^4 \times (a^3)^{-1}$; $y = (a^{-3})^{-5}$; $z = a^{-2} : a^{-7}$; $t = a : a^{-1}$.

40 – Calculer chacun des nombres suivants (donner l'écriture décimale).
$a = 3{,}2 \times 10^3 \times 0{,}2 \times 10^{-5}$; $b = 5{,}3 \times 10^{-4} \times 2 \times 10^{12} \times 0{,}5 \times 10^{-7}$;
$c = 12 \times 10^{-6} \times 0{,}3 \times 10^9 \times 5 \times 10^{-3}$.

(corrigés p. 59)

Exercices 41 et 42 : calculer et donner le résultat sous la forme demandée.

41 – $a = \dfrac{16 \times 10^{-5} \times 3 \times 10^4}{24 \times 10^{-3}}$; $b = \dfrac{4{,}5 \times 10^{-4} \times 8 \times 10^6}{3^2 \times 10^2}$
(écritures décimales).

42 – $a = \dfrac{3 \times 10^5 \times 5{,}4 \times 10^{-3}}{0{,}9 \times 10^4}$ (écriture décimale et scientifique) ;

$b = \dfrac{2 \times 10^3 \times 5 \times 10^{-15}}{2 + 18}$ (écriture scientifique) ;

$c = \dfrac{4 \times (10^{-2})^3 \times 10^2}{12 \times 10^{-3}}$ (fraction).

43 – Exercice de conversion

Sachant que un micron (1 µ) vaut un millionième de mètre et que un angström (1 Å) vaut un dix-millième de micron :

a) Exprimer un angström en mètres et un mètre en angströms.

b) Convertir : $3{,}5 \times 10^{-4}$ centimètres en microns,
5×10^{-6} millimètres en angströms.

(corrigés p. 60)

Problèmes

44 – 1. Calculer le volume d'un cube de 3 mm d'arête.

2. Calculer le volume d'un cube de 3 m d'arête.

3. Combien faut-il de cubes de 3 mm d'arête pour remplir un cube de 3 m d'arête ?

45 – En plaçant une somme de 100 € à 4 %, quelle somme obtient-on :

1. Au bout de 3 ans ?
2. Au bout de 5 ans ?
3. Au bout de 10 ans ?

46 – La longueur de l'équateur est environ 40 000 km ; celle d'une fourmi est environ 0,5 cm. Combien de fourmis l'une derrière l'autre faudrait-il pour faire une chaîne autour de l'équateur (donner la réponse en milliards) ?

47 Une année-lumière (1 A.L) vaut environ $9{,}461 \times 10^{12}$ kilomètres et une unité-astronomique (1 U.A) vaut 150×10^{6} kilomètres. Pluton est à 6 milliards de kilomètres du Soleil. Exprimer cette distance en années-lumière et en unités astronomiques.

(corrigés p. 60)

Comparer deux nombres relatifs

Exercices 48 à 56 : comparer les nombres donnés.

48 – a) $-\frac{3}{8}$ et 0 ; b) 0 et –9,6 ; c) $-\frac{3}{7}$ et 4 ; d) $\frac{5}{6}$ et –0,4.

49 – a) –12 et 3 ; b) 15 et –10 ; c) $-\frac{3}{7}$ et 4 ; d) $\frac{5}{6}$ et –0,4.

50 – a) 8,19 et 4,89 ; b) 3,57 et 3,8 ; c) 0,42 et 0,415 ; d) 4,10 et 4,9.

51 – a) –3 et –9 ; b) –7,12 et –4 ; c) –0,04 et –0,1 ; d) –1,6 et –1,59.

52 – a) $\frac{15}{7}$ et $\frac{19}{7}$; b) $\frac{9}{17}$ et $\frac{5}{17}$; c) $-\frac{15}{7}$ et $-\frac{19}{7}$; d) $-\frac{9}{17}$ et $-\frac{5}{17}$.

53 – a) $\frac{6}{17}$ et $\frac{6}{13}$; b) $\frac{13}{15}$ et $\frac{13}{16}$; c) $-\frac{6}{17}$ et $-\frac{6}{13}$; d) $-\frac{13}{15}$ et $-\frac{13}{16}$.

54 – a) $\frac{2}{7}$ et $-\frac{3}{7}$; b) $\frac{7}{5}$ et $\frac{7}{6}$; c) $-\frac{1}{12}$ et $-\frac{1}{10}$; d) $-\frac{5}{9}$ et $-\frac{7}{9}$.

55 – a) $\frac{15}{77}$ et $\frac{13}{44}$; b) $\frac{19}{21}$ et $\frac{33}{35}$; c) $\frac{3}{14}$ et $\frac{8}{35}$.

56 – a) $-\frac{5}{12}$ et $-\frac{7}{15}$; b) $-\frac{22}{7}$ et –3 ; c) $-\frac{12}{75}$ et $-\frac{20}{100}$.

(corrigés p. 61)

Exercices 57 et 58 : comparer à l'aide d'un nombre entier.

Conseil de résolution

Comparer chacun des nombres à un entier.

57 – a) $\frac{18}{25}$ et $\frac{19}{15}$; b) $\frac{21}{17}$ et $\frac{17}{21}$; c) $-\frac{7}{9}$ et $-\frac{11}{10}$.

58 – a) $\frac{12}{7}$ et $\frac{7}{8}$; b) $\frac{13}{8}$ et $\frac{25}{12}$; c) $-\frac{16}{5}$ et $-\frac{20}{7}$.

(corrigés p. 63)

Ordonner des suites de nombres relatifs

59 – 1. Ranger dans l'ordre croissant les nombres suivants :
0,5 ; 0,49 ; 0,12 ; 0,502 ; 0,499.
2. Ranger dans l'ordre décroissant les nombres suivants :
15,75 ; 15,7 ; 15,8 ; 15,728 ; 15,753.

60 – Ordonner du plus petit au plus grand :

3,85 ; – 2,58 ; 5,38 ; – 8,35 ; 2,85 ; – 3,58.

(corrigés p. 63)

Exercices 61 à 63 : ordonner les nombres suivants.

a) dans l'ordre croissant,

b) dans l'ordre décroissant.

61 – $-\frac{3}{7}$; $\frac{3}{7}$; $-\frac{7}{3}$; $\frac{7}{3}$; 1 ; – 1 ; 2 ; – 2.

62 – $\frac{8}{15}$; $-\frac{2}{15}$; $-\frac{4}{3}$; $\frac{4}{3}$; $-\frac{15}{8}$; $\frac{15}{8}$; $-\frac{8}{15}$; $\frac{3}{4}$; $-\frac{7}{15}$.

63 – $-\frac{17}{35}$; $-\frac{7}{5}$; $\frac{18}{35}$; $\frac{35}{18}$; $-\frac{35}{18}$; 2 ; – 2 ; $-\frac{1}{3}$.

(corrigés p. 63)

Exercices 64 et 65 : encadrer chacun des nombres suivants à 0,1 ou 0,01 près (selon le besoin). En déduire la comparaison des nombres donnés. (On peut utiliser une calculatrice.)

64 – 1. $a = \frac{510}{159}$; $b = \frac{225}{67}$; $c = \frac{295}{93}$.

2. $a = -\frac{225}{67}$; $b = -\frac{510}{159}$; $c = -\frac{295}{93}$.

65 – 1. $a = \frac{22}{7}$; $b = 3{,}14$; $c = \frac{85}{26}$.

2. $a = -\frac{22}{7}$; $b = -3{,}14$; $c = -\frac{85}{26}$.

(corrigés p. 64)

Représentation graphique

Exercices 66 et 67 : sur une droite graduée, colorier la partie de l'axe représentant les nombres x tels que :

66 – a) $x > 5$; b) $x \leqslant -3$; c) $2 \leqslant x \leqslant 4$.

67 – a) $x < \frac{1}{2}$; b) $x \geqslant -\frac{5}{2}$; c) $-3 \leqslant x \leqslant 4{,}5$.

(corrigés p. 64)

Ordre et opérations

Exercices 68 et 69 : comparer les nombres donnés sans les réduire au même dénominateur et sans utiliser de valeur approchée.

Conseil de résolution

Écrire chacun des nombres sous la forme de la somme d'un nombre entier et d'une fraction inférieure à 1.

68 – a) $\frac{9}{8}$ et $\frac{7}{6}$; b) $\frac{15}{7}$ et $\frac{19}{9}$.

69 – a) $\frac{12}{13}$ et $\frac{15}{16}$; b) $\frac{19}{21}$ et $\frac{33}{35}$.

70 – Comparer les nombres suivants :
a) $2{,}5 \times 10^3$ et $2{,}59 \times 10^3$; b) 3×10^7 et $0{,}2 \times 10^8$;
c) $8{,}05 \times 10^{-4}$ et $8{,}1 \times 10^{-4}$.

71 – Que peut-on dire des nombres $x + 2$, $x - 9$, $2x$ et $\frac{x}{5}$ sachant que :
a) $x \leqslant 7$; b) $x > -2$?

72 – Que peut-on dire des nombres x, $x + 4$, $x - 2$, et $\frac{x}{2}$ sachant que :
a) $5x < 20$; b) $4x \geqslant -12$?

73 – Que peut-on dire de $x + y$, $3x$, $5y$ et $3x + 5y$ sachant que :
$x < 7{,}5$ et $y < 2{,}1$?

74 – Donner un encadrement de $x + y$; $2x$; $3y$; $2x + 3y$ sachant que :
a) $4{,}6 < x < 4{,}7$; $5{,}4 < y < 5{,}5$.
b) $3 \times 10^{-2} < x < 4 \times 10^{-2}$; $4{,}1 \times 10^{-2} < y < 4{,}2 \times 10^{-2}$.

75 – En utilisant une calculatrice, donner un encadrement à 10^{-1} près de $q = \frac{352}{1\,035}$. En déduire un encadrement de $q + 1$, de $-q$ et de $-q + 1$.

76 – En utilisant une calculatrice, donner un encadrement à 10^{-2} près de $\sqrt{2}$. En déduire un encadrement de $-\sqrt{2}$, de $3\sqrt{2}$ et de $\sqrt{2}-2$.

(corrigés p. 65)

Problèmes

77 – Pierre et Paul se partagent un terrain.
Pierre en prend les cinq douzièmes et Paul le tiers.
Le reste est occupé par un bois rectangulaire.
Quelle est la plus grande part ? (Celle de Pierre, celle de Paul ou le bois ?)

78 – Une dentellière fait 6 m de dentelles en huit jours ; une autre en fait 7 m en neuf jours. Quelle est la plus rapide ?

79 – À la fin de la classe de troisième, les deux-tiers des élèves du collège de Mathville vont au lycée de Bacville ; 20 % entrent au lycée professionnel de la ville voisine et le reste redouble la troisième.
1. Quel est celui des deux lycées qui accueille le moins d'élèves du collège de Mathville ?
2. Le nombre d'élèves qui redoublent est-il supérieur ou inférieur à celui des élèves qui vont au lycée professionnel ?

80 – La longueur du côté d'une pièce carrée est comprise entre 4,30 m et 4,35 m.
1. Donner un encadrement du périmètre de cette pièce.
2. La hauteur de cette pièce est comprise entre 2,55 m et 2,58 m. Quelle longueur de rouleaux de papier peint de 0,75 m de large doit-on acheter pour pouvoir tapisser cette pièce ? (On ne tient pas compte des ouvertures.)

81 – Soit I un point du côté [EF] d'un triangle DEF.
1. Démontrer que $DI < DE + EI$.
2. Démontrer que $DI < DF + FI$.
3. Démontrer que $DI < \dfrac{DE + EF + FD}{2}$.

(corrigés p. 66)

CORRIGÉS

Calcul de puissances

Puissances d'exposant positif

1 – $x = (-2)^3$; $y = \left(-\frac{3}{7}\right)^4$.

2 – $x = \left(\frac{3}{4}\right)^5$; $y = \left(-\frac{1}{2}\right)^3$.

3 – $x = (-2{,}1)^4$; $y = (0{,}1)^5$.

4 – $x^2 = 25$; $y^2 = 9$; $z^2 = 25$.
$x^3 = 125$; $y^3 = -27$; $z^3 = -125$.

!! **Si x et z sont opposés, ils ont le même carré.**
Si deux nombres ont le même carré, ils sont égaux ou opposés.

5 – $x^2 = 4{,}41$; $y^2 = 0{,}04$; $z^2 = 0{,}25$.
$x^3 = -9{,}261$; $y^3 = -0{,}008$; $z^3 = 0{,}125$.

6 – $x^2 = \frac{1}{4}$; $y^2 = \frac{4}{9}$; $z^2 = 1$;
$x^3 = -\frac{1}{8}$; $y^3 = -\frac{8}{27}$; $z^3 = -1$.

7 – $5^4 = 625$; $2^6 = 64$; $(-3)^4 = 81$; $\left(\frac{1}{3}\right)^5 = \frac{1}{243}$; $1^{12} = 1$; $(-1)^7 = -1$.

Puissances d'exposant négatif

8 – $a = 2^{-3}$; $b = (-3)^{-4}$; $c = 4^{-2}$.

9 – $a = (-2{,}5)^{-3}$; $b = 10^{-7}$; $c = \left(-\frac{2}{3}\right)^{-2}$.

10 – $a = \left(-\frac{3}{2}\right)^{-1}$; $b = \left(-\frac{6}{5}\right)^{-3}$; $c = \left(-\frac{2}{5}\right)^{-4}$.

11 – $2^{-3} = \frac{1}{2^3} = \frac{1}{8}$; $4^{-2} = \frac{1}{4^2} = \frac{1}{16}$; $(-5)^2 = \frac{1}{(-5)^2} = \frac{1}{25}$;

$(0,1)^{-3} = \left(\frac{1}{10}\right)^{-3} = 10^3 = 1\,000$; $(-3)^{-3} = \frac{1}{(-3)^3} = -\frac{1}{27}$; $\frac{1}{(-2)^5} = -\frac{1}{32}$.

12 – $\frac{5}{2}$; $\left(\frac{5}{2}\right)^2 = \frac{25}{4}$; $2^3 = 8$; $-\frac{7}{2}$; $(-4)^2 = 16$; $\left(-\frac{2}{3}\right)^3 = -\frac{8}{27}$.

Suites d'opérations avec puissances

13 – $x = 2 + 9 = 11$; $y = (-3)^3 = -27$; $z = 2 \times 16 = 32$.

14 – $x = -27 \times 5 = -135$; $y = 6 \times \frac{8}{27} = \frac{16}{9}$; $z = \frac{8}{4} = 2$.

15 – $x = 9 - 4 = 5$; $y = 5^2 = 25$; $z = 1^2 = 1$.

16 – $x = 0,09 - 0,04 = 0,05$; $y = 0,1^2 = 0,01$;
$z = (0,5)^2 = 0,25$; $t = 0,09 + 0,04 = 0,13$.

17 – $x = \frac{4}{25} + 4 = \frac{104}{25}$; $y = \frac{4}{25} + 4 = \frac{104}{25}$;
$z = \left(-\frac{12}{5}\right)^2 = \frac{144}{25}$; $t = \left(\frac{8}{5}\right)^2 = \frac{64}{25}$.

18 – $x = \frac{1}{2^2} + \frac{3}{4} = \frac{1}{4} + \frac{3}{4} = \frac{4}{4} = 1$.

$y = 0,46 + \frac{1}{25} = 0,46 + 0,04 = 0,5$.

$z = 3 \times 4^2 = 3 \times 16 = 48$.

19 – $x = 3 \times \frac{1}{6^2} + \frac{1}{2^2} = \frac{3}{36} + \frac{1}{4} = \frac{1}{12} + \frac{3}{12} = \frac{4}{12} = \frac{1}{3}$.

$y = 5 \times 3^2 + 2^3 = 45 + 8 = 53$.

$z = 2^{-2} = \frac{1}{2^2} = \frac{1}{4} = 0,25$.

20 – $x=\left(\frac{1}{4}\right)^{-2}-3^2=4^2-3^2=16-9=7.$

$y=7\times\frac{1}{2^4}-\frac{1}{8}=\frac{7}{16}-\frac{2}{16}=\frac{5}{16}.$

$z=9^{-1}=\frac{1}{9}.$

21 – $x=-\frac{4}{3}+\frac{1}{3}=-\frac{3}{3}=-1.$

$y=1^{-2}=1.$

$z=(0{,}1)^{-2}=\left(\frac{1}{10}\right)^{-2}=10^2=100.$

Puissances de dix

22 – $a=10^{-1}$; $b=10^2$; $c=10^{-3}$; $d=10^1$.

23 – $a=10^{-2}$; $b=10^3$; $c=10^{-5}$; $d=10^5$.

24 – $a=1\,000$; $b=10\,000\,000$; $c=0{,}000\,1$; $d=0{,}000\,001$.

25 – $a=-100$; $b=10\,000$; $c=-0{,}000\,01$; $d=0{,}1$.

26 – $a=3\,000+200=$ **3 200** ; $b=0{,}51-0{,}004=$ **0,506** ;
$c=310-54+21{,}3=$ **277,3**.

Écritures scientifique et ingénieur

27 – 1. $a=27\times10^3$; $b=54\times10^1$; $c=325\times10^4$;
$d=12\times10^{-1}$; $e=7\times10^{-3}$; $f=43\times10^{-6}$.

2. $a=2{,}7\times10^4$; $b=5{,}4\times10^2$; $c=3{,}25\times10^6$;
$d=1{,}2$ ou $d=1{,}2\times10^0$; $e=7\times10^{-3}$; $f=4{,}3\times10^{-5}$.

3. $a=27\times10^3$; $b=540$; $c=3{,}25\times10^6$
$d=1{,}2$; $e=7\times10^{-3}$; $f=43\times10^{-6}$.

28 – 1. $a = 7 \times 10^{-5}$; $b = 4 \times 10^{7}$; $c = 3\,099 \times 10^{5}$;
$d = 504 \times 10^{-5}$; $e = -25 \times 10^{3}$; $f = 25 \times 10^{-7}$.

2. $a = 7 \times 10^{-5}$; $b = 4 \times 10^{7}$; $c = 3{,}099 \times 10^{8}$;
$d = 5{,}04 \times 10^{-3}$; $e = -2{,}5 \times 10^{4}$; $f = 2{,}5 \times 10^{-6}$. ;

3. $a = 70 \times 10^{-6}$; $b = 40 \times 10^{6}$; $c = 309{,}9 \times 10^{6}$;
$d = 5{,}04 \times 10^{-3}$; $e = -25 \times 10^{3}$; $f = 2{,}5 \times 10^{-6}$.

29 – $a = 32\,000$; $b = 0{,}070\,8$; $c = 0{,}992\,5$;
$d = 453{,}2$; $e = -5\,370$; $f = -0{,}003\,12$.

30 – $a = 4 \times 10^{-3}$; $b = 3{,}28 \times 10^{-5} = 32{,}8 \times 10^{-6}$;
$c = 6{,}4 \times 10^{-11} = 64 \times 10^{-12}$.

31 – $a = 3{,}5 \times 10^{-8}$; $a = 35 \times 10^{-9}$;
$b = 3{,}2 \times 10^{-22}$; $b = 320 \times 10^{-24}$.

32 – $m = 4{,}6875 \times 10^{15}$; $n = 2{,}4 \times 10^{10}$; $n = 24 \times 10^{9}$.

Opérations sur les puissances

Exercices 33 à 35 :
Il s'agit de produits de puissances d'un même nombre, donc on ajoute les exposants.

33 – $x = 2^{5}$; $y = 3^{6}$; $z = 5^{11}$.

34 – $x = (-3)^{6}$; $y = (-5)^{7}$; $z = (-3)^{8}$.

35 – $a = 3^{-5}$; $b = (-7)^{0}$; $c = 5^{-3}$
$d = (-4)^{2}$; $e = (2{,}6)^{-13}$; $f = 10^{-5}$.

36 – $x = (-2)^{6}$; $y = (-2)^{6}$; $z = (-2)^{5}$.

Lorsqu'il s'agit d'une puissance de puissance, on multiplie les exposants.

37 – $x = (-3)^2$; $y = (-5)^{-6}$; $z = (-8)^{-2}$.

S'il s'agit de quotients de puissances d'un même nombre, on retranche les exposants.

38 – $x = a^{-6}$; $y = a^{-3}$; $z = a^{11}$; $t = a^3$.

39 – $x = a^1 = a$; $y = a^{15}$; $z = a^5$; $t = a^2$.

40 – $a = (3{,}2 \times 0{,}2) \times (10^3 \times 10^{-5}) = 0{,}64 \times 10^{-2} = \mathbf{0{,}006\,4}$;

$b = (5{,}3 \times 2 \times 0{,}5) \times (10^{-4} \times 10^{12} \times 10^{-7}) = 5{,}3 \times 10^1 = \mathbf{53}$;

$c = (12 \times 0{,}3 \times 5) \times (10^{-6} \times 10^9 \times 10^{-3}) = 18 \times 10^0 = \mathbf{18}$.

41 – $a = \frac{16 \times 3}{24} \times \frac{10^{-5} \times 10^4}{10^{-3}} = 2 \times 10^{-5+4+3} = 2 \times 10^2 = \mathbf{200}$;

$b = \frac{4{,}5 \times 8}{9} \times 10^{-4+6-2} = 4 \times 10^0 = \mathbf{4}$.

42 – $a = \frac{3 \times 5{,}4}{0{,}9} \times 10^{5-3-4} = 18 \times 10^{-2} = \mathbf{0{,}18 = 1{,}8 \times 10^{-1}}$.

$b = \frac{2 \times 5}{20} \times 10^{3-15} = 0{,}5 \times 10^{-12} = \mathbf{5 \times 10^{-13}}$;

$c = \frac{4 \times 10^{-6} \times 10^2}{12 \times 10^{-3}} = \frac{1}{3} \times 10^{-6+2+3} = \frac{1}{3} \times 10^{-1} = \mathbf{\frac{1}{30}}$.

43 – a) 1 Å $= 10^{-4}$ µ ; 1 µ $= 10^{-6}$ m ;

d'où 1 Å $= 10^{-4} \times 10^{-6}$ m ; **1 Å = 10^{-10} m et 1 m = 10^{10} Å.**

b) $3{,}5 \times 10^{-4}$ cm $= 3{,}5 \times 10^{-4} \times 10^{-2}$ m $= 3{,}5 \times 10^{-6}$ m $=$ **3,5 µ**.

5×10^{-6} mm $= 5 \times 10^{-6} \times 10^{-3}$ m $= 5 \times 10^{-9}$ m

$= 5 \times 10^{-9} \times 10^{10}$ Å $=$ **50 Å.**

Problèmes

44 – 1. Volume du cube de 3 mm d'arête : 27 mm^3.

2. Volume du cube de 3 m d'arête : 27 m^3.

3. Nombre de cubes de 3 mm d'arête pour remplir le cube de 3 m d'arête :
$1\ m^3 = (1\,000)^3\ mm^3 = 10^9\ mm^3$,
$27\ m^3 = 10^9 \times 27\ mm^3$.

Il faut 10^9 petits cubes pour remplir le grand.

$10^9 = 1\,000\,000\,000$ c'est-à-dire un milliard.

45 – Soit x le capital pour une année donnée.

Le capital de l'année suivante est $x + x \times \frac{4}{100} = x + 0{,}04x = 1{,}04x$;

chaque année le capital est multiplié par 1,04.

Voir calcul littéral, chapitre 3.

1. Au bout de 3 ans on a : $[(100 \times 1{,}04) \times 1{,}04] \times 1{,}04 = 100 \times 1{,}04^3$; Le nouveau capital est **112,49 €**.

2. $100 \times 1{,}04^5 \approx 121{,}67$; au bout de 5 ans le nouveau capital est **121,67 €**.

3. $100 \times 1{,}04^{10} \approx 148{,}02$; au bout de 10 ans le nouveau capital est **148,02 €**.

46 – $40\,000$ km $= 4 \times 10^4 \times 10^3$ m $= 4 \times 10^7$ m ;

$0{,}5$ cm $= 0{,}005$ m $= 5 \times 10^{-3}$ m ;

$\frac{4 \times 10^7}{5 \times 10^{-3}} = 0{,}8 \times 10^{10} = 8 \times 10^9$; il faudrait **8 milliards de fourmis**.

47 – Distance de Pluton au Soleil :

– en A.L : $\frac{6 \times 10^9}{9{,}461 \times 10^{12}}$ soit environ $0{,}63 \times 10^{-3}$ A.L ou **$6{,}3 \times 10^{-4}$ A.L.**

– en U.A : $\frac{6 \times 10^9}{150 \times 10^6}$ soit $0{,}04 \times 10^3$ ou **40 U.A.**

Comparer deux nombres relatifs

48 – Tout nombre négatif est inférieur à zéro :

a) $-\frac{3}{8} < 0$. b) $0 > -9{,}6$.

Tout nombre négatif est inférieur à tout nombre positif :

c) $-\frac{3}{7} < 4$. d) $\frac{5}{6} > -0{,}4$.

49 – a) $-12 < 3$; b) $15 > -10$; c) $-\frac{3}{7} < 4$; d) $\frac{5}{6} > -0{,}4$.

50 – a) $8{,}19 > 4{,}89$; b) $3{,}57 < 3{,}8$; c) $0{,}42 > 0{,}415$; d) $4{,}10 < 4{,}9$.

51 – a) $3 < 9$ donc $-3 > -9$; b) $7{,}12 > 4$ donc $-7{,}12 < -4$;
c) $0{,}04 < 0{,}1$ donc $-0{,}04 > -0{,}1$; d) $1{,}6 > 1{,}59$ donc $-1{,}6 < -1{,}59$.

52 – a) et b) Les fractions ont le même dénominateur, on compare les numérateurs : $15 < 19$ donc $\frac{15}{7} < \frac{19}{7}$; $9 > 5$ donc $\frac{9}{17} > \frac{5}{17}$.

c) et d) Les opposés sont dans l'ordre inverse : $-\frac{15}{7} > -\frac{19}{7}$ et $-\frac{9}{17} < -\frac{5}{17}$.

53 – a) et b) Les fractions ont le même numérateur, on compare les dénominateurs : $17 > 13$ donc $\frac{6}{17} < \frac{6}{13}$; $15 < 16$ donc $\frac{13}{15} > \frac{13}{16}$.

c) et d) On déduit de a) et b) que $-\frac{6}{17} > -\frac{6}{13}$ et $-\frac{13}{15} < -\frac{13}{16}$.

54 – a) $\frac{2}{7} > -\frac{3}{7}$; b) $\frac{7}{5} > \frac{7}{6}$; c) $-\frac{1}{12} > -\frac{1}{10}$; d) $-\frac{5}{9} > -\frac{7}{9}$.

55 – On réduit les fractions au même dénominateur :

a) $\frac{15}{77} = \frac{15 \times 4}{77 \times 4} = \frac{60}{7 \times 11 \times 4}$; $\frac{13}{44} = \frac{13 \times 7}{44 \times 7} = \frac{91}{7 \times 11 \times 4}$;

$60 < 91$; donc $\frac{60}{7 \times 11 \times 4} < \frac{91}{7 \times 11 \times 4}$ et $\frac{15}{77} < \frac{13}{44}$.

b) $3 \times 7 \times 5 = 21 \times 5 = 35 \times 3$; $\frac{19}{21} = \frac{19 \times 5}{21 \times 5}$ et $\frac{33}{35} = \frac{33 \times 3}{35 \times 3}$.

$19 \times 5 = 95$; $33 \times 3 = 99$; $95 < 99$. On trouve : $\frac{19}{21} < \frac{33}{35}$.

c) Dénominateur commun : $2 \times 7 \times 5$; $\frac{3}{14} = \frac{15}{70}$; $\frac{8}{35} = \frac{16}{70}$; d'où $\frac{3}{14} < \frac{8}{35}$.

56 – a) $-\frac{5}{12} = -\frac{25}{60}$; $-\frac{7}{15} = -\frac{28}{60}$; $-25 > -28$ donc $-\frac{5}{12} > -\frac{7}{15}$.

b) $-3 = -\frac{21}{7}$; $-\frac{22}{7} < -3$.

c) Les fractions sont simplifiables :

$-\frac{12}{75} = -\frac{4}{25}$ et $-\frac{20}{100} = -\frac{5}{25}$ donc $-\frac{12}{75} > -\frac{20}{100}$.

On aurait pu aussi comparer les quotients :

$-\frac{12}{75} = -0{,}16$ et $-\frac{20}{100} = -0{,}2$; $-0{,}16 > -0{,}2$ d'où $-\frac{12}{75} > -\frac{20}{100}$.

57 – Quand le numérateur d'une fraction est inférieur à son dénominateur, elle est plus petite que 1 ; quand le numérateur est supérieur au dénominateur, elle est plus grande que 1.

a) $\frac{18}{25} < 1$ et $\frac{19}{15} > 1$ donc $\frac{18}{25} < \frac{19}{15}$;

b) $\frac{21}{17} > 1$ et $\frac{17}{21} < 1$ donc $\frac{21}{17} > \frac{17}{21}$;

c) $\frac{7}{9} < 1$ d'où $-\frac{7}{9} > -1$; $\frac{11}{10} > 1$ d'où $-\frac{11}{10} < -1$; on a donc $-\frac{7}{9} > -\frac{11}{10}$.

58 – a) $\frac{12}{7} > 1$ et $\frac{7}{8} < 1$ donc $\frac{12}{7} > \frac{7}{8}$;

b) $\frac{13}{8} < 2$ et $\frac{25}{12} > 2$ donc $\frac{13}{8} < \frac{25}{12}$;

c) $\frac{16}{5} > 3$ d'où $-\frac{16}{5} < -3$; $\frac{20}{7} < 3$ d'où $-\frac{20}{7} > -3$; on a donc $-\frac{16}{5} < -\frac{20}{7}$.

Ordonner des suites de nombres relatifs

59 – 1. $0{,}12 < 0{,}49 < 0{,}499 < 0{,}5 < 0{,}502$.

2. $15{,}8 > 15{,}753 > 15{,}75 > 15{,}728 > 15{,}7$.

60 – $-8{,}35 < -3{,}58 < -2{,}58 < 2{,}85 < 3{,}85 < 5{,}38$.

61 – a) $-\frac{7}{3} < -2 < -1 < -\frac{3}{7} < \frac{3}{7} < 1 < 2 < \frac{7}{3}$.

b) $\frac{7}{3} > 2 > 1 > \frac{3}{7} > -\frac{3}{7} > -1 > -2 > -\frac{7}{3}$.

62 – a) $-\frac{15}{8} < -\frac{4}{3} < -\frac{8}{15} < -\frac{7}{15} < -\frac{2}{15} < \frac{8}{15} < \frac{3}{4} < \frac{4}{3} < \frac{15}{8}$.

b) $\frac{15}{8} > \frac{4}{3} > \frac{3}{4} > \frac{8}{15} > -\frac{2}{15} > -\frac{7}{15} > -\frac{8}{15} > -\frac{4}{3} > -\frac{15}{8}$.

63 – a) $-2 < -\frac{35}{18} < -\frac{7}{5} < -\frac{17}{35} < -\frac{1}{3} < \frac{18}{35} < \frac{35}{18} < 2$.

b) $2 > \frac{35}{18} > \frac{18}{35} > -\frac{1}{3} > -\frac{17}{35} > -\frac{7}{5} > -\frac{35}{18} > -2$.

64 – **1.** $3{,}2 < \frac{510}{159} < 3{,}3$; $3{,}3 < \frac{225}{67} < 3{,}4$; $3{,}1 < \frac{295}{93} < 3{,}2$.

$\frac{295}{93} < 3{,}2 < \frac{510}{159} < 3{,}3 < \frac{225}{67}$. $\frac{295}{93} < \frac{510}{159} < \frac{225}{67}$.

2. $-3{,}4 < -\frac{225}{67} < -3{,}3$; $-3{,}3 < -\frac{510}{159} < -3{,}2$; $-3{,}2 < -\frac{295}{93} < -3{,}1$;

$-\frac{225}{67} < -3{,}3 < -\frac{510}{159} < -3{,}2 < -\frac{295}{93}$. Donc $-\frac{225}{67} < -\frac{510}{159} < -\frac{295}{93}$.

65 – **1.** $3{,}14 < \frac{22}{7} < 3{,}15$; $3{,}2 < \frac{85}{26} < 3{,}3$.

$3{,}14 < \frac{22}{7} < 3{,}15 < 3{,}2 < \frac{85}{26}$. Donc $3{,}14 < \frac{22}{7} < \frac{85}{26}$.

2. $-3{,}15 < -\frac{22}{7} < -3{,}14$; $-3{,}3 < -\frac{85}{26} < -3{,}2$.

On obtient l'ordre prévisible : $-\frac{85}{26} < -\frac{22}{7} < -3{,}14$.

Les nombres sont bien dans l'ordre inverse de leurs opposés.

66 – Représentations graphiques

a)

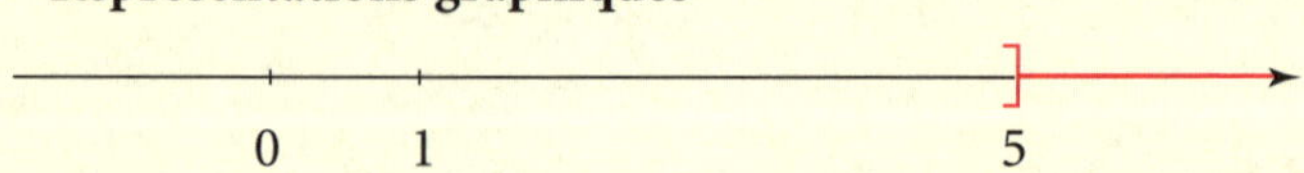

b)

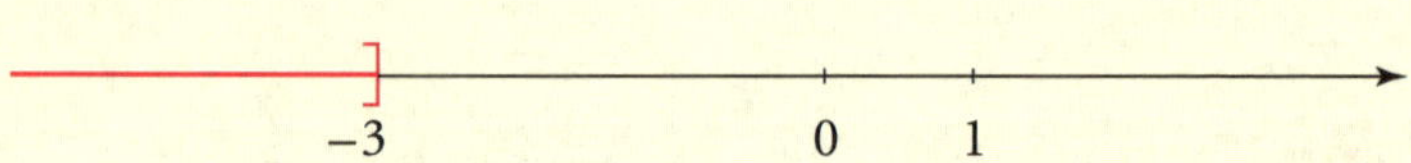

c)

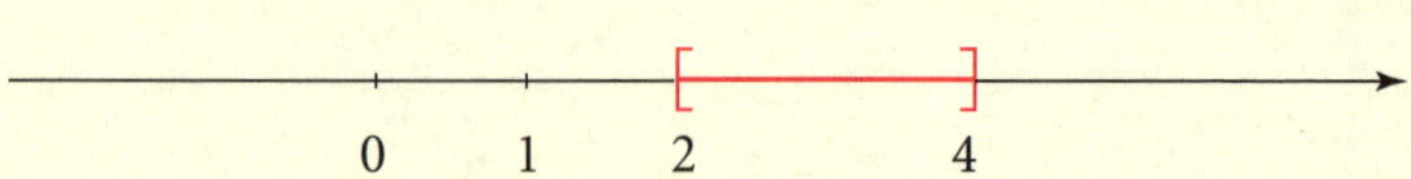

67 – a)

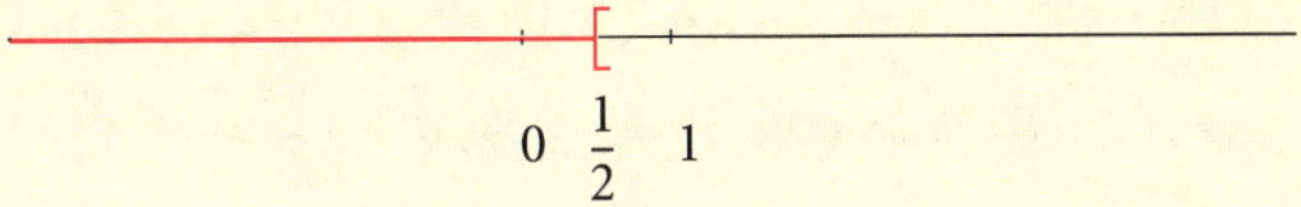

b)

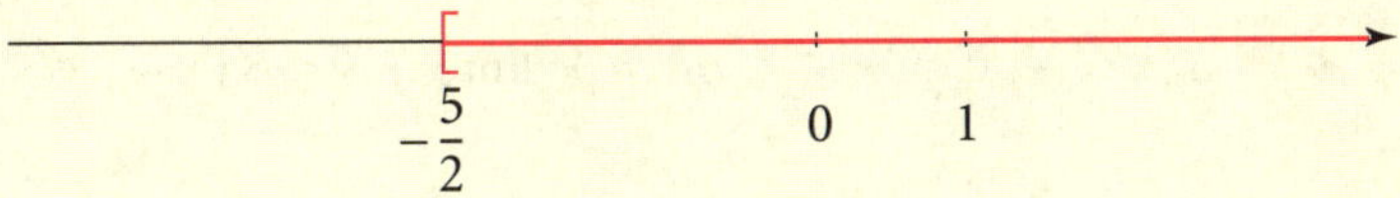

c)

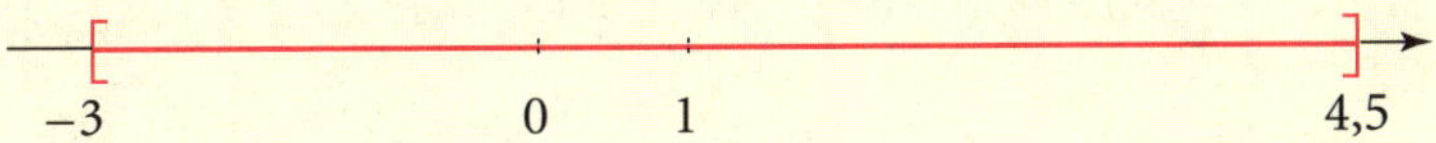

Ordre et opérations

68 – a) $\frac{9}{8} = 1 + \frac{1}{8}$; $\frac{7}{6} = 1 + \frac{1}{6}$; or $\frac{1}{8} < \frac{1}{6}$; en ajoutant le même nombre 1 aux deux membres de cette inégalité, on obtient $1 + \frac{1}{8} < 1 + \frac{1}{6}$ ou $\mathbf{\frac{9}{8} < \frac{7}{6}}$.

b) $\frac{15}{7} = 2 + \frac{1}{7}$; $\frac{19}{9} = 2 + \frac{1}{9}$; or $\frac{1}{7} > \frac{1}{9}$ donc $2 + \frac{1}{7} > 2 + \frac{1}{9}$ ou $\mathbf{\frac{15}{7} > \frac{19}{9}}$.

69 – a) $\frac{12}{13} = 1 - \frac{1}{13}$; $\frac{15}{16} = 1 - \frac{1}{16}$; or $\frac{1}{13} > \frac{1}{16}$ d'où $-\frac{1}{13} < -\frac{1}{16}$; en ajoutant 1 aux deux membres, on obtient $1 - \frac{1}{13} < 1 - \frac{1}{16}$ ou $\mathbf{\frac{12}{13} < \frac{15}{16}}$.

b) $\frac{19}{21} = 1 - \frac{2}{21}$; $\frac{33}{35} = 1 - \frac{2}{35}$; $\frac{2}{21} > \frac{2}{35}$; $-\frac{2}{21} < -\frac{2}{35}$; $\mathbf{\frac{19}{21} < \frac{33}{35}}$.

70 – En multipliant les deux membres d'une inégalité par un même nombre positif, on obtient une nouvelle inégalité de même sens.
a) $2{,}5 < 2{,}59$ donc $2{,}5 \times 10^3 < 2{,}59 \times 10^3$.
b) $0{,}2 \times 10^8 = 2 \times 10^7$; $3 > 2$ donc $3 \times 10^7 > 2 \times 10^7$ ou $3 \times 10^7 > 0{,}2 \times 10^8$.
c) $8{,}05 < 8{,}1$ donc $8{,}05 \times 10^{-4} < 8{,}1 \times 10^{-4}$.

71 – a) $x + 2 \leqslant 7 + 2$ soit $x + 2 \leqslant 9$; $x - 9 \leqslant 7 - 9$ soit $x - 9 \leqslant -2$; $2x \leqslant 2 \times 7$ soit $2x \leqslant 14$; $\frac{x}{5} \leqslant \frac{7}{5}$ ou $\frac{x}{5} \leqslant 1{,}4$.

b) $x+2>-2+2$ soit $x+2>0$; $x-9>-2-9$ soit $x-9>-11$;

$2x>2\times(-2)$ soit $2x>-4$; $\frac{x}{5}>-\frac{2}{5}$ ou $\frac{x}{5}>-0{,}4$.

72 – a) $x<\frac{20}{5}$ d'où $x<4$; on en déduit $x+4<8$; $x-2<2$; $\frac{x}{2}<2$.

b) $x\geqslant-\frac{12}{4}$ ou $x\geqslant-3$; on en déduit $x+4\geqslant1$; $x-2\geqslant-5$; $\frac{x}{2}\geqslant-1{,}5$.

73 – a) $x+y<7{,}5+2{,}1$ d'où $x+y<9{,}6$;
$3x<3\times7{,}5$ ou $3x<22{,}5$ et $5y<5\times2{,}1$ d'où $5y<10{,}5$; des deux derniers résultats, on déduit $3x+5y<22{,}5+10{,}5$ d'où $3x+5y<33$.

74 – a) $10<x+y<10{,}2$;

$$\left.\begin{array}{ll}4{,}6\times2<2x<4{,}7\times2; & 9{,}2<2x<9{,}4\\ 5{,}4\times3<3y<5{,}5\times3; & 16{,}2<3y<16{,}5\end{array}\right\}\ 25{,}4<2x+3y<25{,}9.$$

b) $7{,}1\times10^{-2}<x+y<8{,}2\times10^{-2}$;

$$\left.\begin{array}{l}6\times10^{-2}<2x<8\times10^{-2}\\ 12{,}3\times10^{-2}<3y<12{,}6\times10^{-2}\end{array}\right\}\ 18{,}3\times10^{-2}<2x+3y<20{,}6\times10^{-2}.$$

$1{,}83\times10^{-1}<2x+3y<2{,}06\times10^{-1}$ (en écriture scientifique).

75 – $0{,}3<q<0{,}4$; $1{,}3<q+1<1{,}4$;
$-0{,}4<-q<-0{,}3$; $0{,}6<-q+1<0{,}7$.

76 – $1{,}41<\sqrt{2}<1{,}42$; $-1{,}42<-\sqrt{2}<-1{,}41$;
$4{,}23<3\sqrt{2}<4{,}26$; $-0{,}59<\sqrt{2}-2<-0{,}58$.

Problèmes

77 – Pierre a $\frac{5}{12}$ du terrain. Paul en a $\frac{1}{3}$ soit $\frac{4}{12}$.

$1-\frac{5}{12}-\frac{4}{12}=\frac{3}{12}$. Le bois représente $\frac{3}{12}$.
Pierre a la plus grande part.

78 — En un jour elle fait $\frac{6}{8}$ mètre $= \frac{3}{4}$ mètre. L'autre fait $\frac{7}{9}$ mètre.

Pour comparer deux nombres a et b, on peut aussi calculer leur différence. Si $a - b > 0$, alors $a > b$.

$\frac{7}{9} - \frac{3}{4} = \frac{28 - 27}{36} = \frac{1}{36}$ ou $\frac{7}{9} - \frac{3}{4} = 0{,}02\ldots$

$\frac{7}{9} > \frac{3}{4}$. La seconde est légèrement plus habile.

79 — **1.** On compare $\frac{2}{3}$ et $\frac{20}{100}$ (ou $\frac{2}{10}$) ; $\frac{2}{3} > \frac{2}{10}$;

c'est le lycée professionnel qui accueille le moins d'élèves de Mathville.

2. Redoublants : $1 - \frac{2}{3} - \frac{20}{100} = \frac{2}{15}$; on compare $\frac{2}{15}$ et $\frac{2}{10}$; $\frac{2}{15} < \frac{2}{10}$;

il y a moins d'élèves qui redoublent que d'élèves qui vont au lycée professionnel.

80 — **1.** $4{,}30 < a < 4{,}35$;

$4{,}30 \times 4 < p < 4{,}35 \times 4$;

$17{,}20 < p < 17{,}40$.

2. $2{,}55 < h < 2{,}58$.

Nombre de panneaux x : $x = \frac{p}{0{,}75}$.

$\frac{17{,}20}{0{,}75} < x < \frac{17{,}40}{0{,}75}$; $22{,}9\ldots < x < 23{,}2$.

On prend 24 panneaux : $61{,}2 < 24h < 61{,}92$.

On prend 62 m de papier en 0,75 m de large.

81 — **1.** Dans le triangle DEI, DI < DE + EI (inégalité triangulaire).

2. Dans le triangle DFI, DI < DF + FI.

3. Les deux inégalités précédentes sont de même sens, on les ajoute membre à membre ; on obtient : 2DI < DE + EI + DF + FI.

Or EI + FI = EF d'où 2DI < DE + EF + DF ; en divisant les deux membres par le nombre positif 2, on obtient : $\text{DI} < \frac{\text{DE} + \text{EF} + \text{DF}}{2}$.

3

CALCUL LITTÉRAL - ÉQUATIONS

COURS

- Calcul littéral
- Équations

MÉTHODE

- Calculer la valeur numérique d'une expression littérale
- Factoriser
- Réduire
- Développer et réduire
- Résoudre une équation
- Résoudre un problème

EXERCICES

- Valeur numérique d'une expression
- Réduire
- Factoriser
- Développer et réduire
- Écrire en fonction de…
- Équations
- Problèmes
- Corrigés

3 CALCUL LITTÉRAL - ÉQUATIONS

Calcul littéral

Propriétés utilisées

ENREG.

Quels que soient les nombres relatifs a, b, c, d et k, on a toujours :
$k(a+b) = ka + kb$; $k(a-b) = ka - kb$;
$(a+b)(c+d) = ac + ad + bc + bd$;
$(a+b)(c-d) = ac - ad + bc - bd$;
$(a-b)(c+d) = ac + ad - bc - bd$;
$(a-b)(c-d) = ac - ad - bc + bd$.

Exemples :

$3(-7+5) = 3 \times (-7) + 3 \times 5$;
$-4(2-9) = (-4) \times 2 - (-4) \times 9$
ou plus simplement, en pensant à la règle des signes de la multiplication :
$-4(2-9) = -4 \times 2 + 4 \times 9$
$(2+7{,}5)(5-0{,}5) = 2 \times 5 - 2 \times 0{,}5 + 7{,}5 \times 5 - 7{,}5 \times 0{,}5$.

Expression littérale

Une **expression littérale** est une suite d'opérations comportant des lettres.
Les lettres représentent des nombres relatifs.

Exemples :

$2a + ab - 9$; $x^2 - \frac{4}{3}x + 1$.

Si $a = 4$, $-a = -4$; si $a = -9$, $-a = 9$; a peut désigner un nombre positif ou un nombre négatif, de même pour $-a$.
Les écritures $2a$ et ab par exemple désignent les produits $2 \times a$ et $a \times b$.
Les écritures $\frac{4}{3}x$ et $\frac{4x}{3}$ désignent le même nombre.

Valeur numérique

La **valeur numérique** d'une expression littérale pour des valeurs données des lettres est le nombre obtenu en effectuant la suite d'opérations avec ces valeurs.

Exemple :

Pour $x = -1$ et $y = -2$, $3x^2 - xy - 7 = -6$.

Pour le calcul, voir la méthode 1.

Transformations d'écritures

Factoriser une somme algébrique c'est l'écrire sous la forme d'un produit de facteurs.

Exemple :

$18x + 15xy = 3x(6 + 5y)$; *voir la méthode 2.*

Réduire une somme algébrique c'est l'écrire en utilisant chaque partie littérale une seule fois.

Exemple :

$7a - 12a + 8 = -5a + 8$; *voir la méthode 3.*

Développer un produit c'est l'écrire sous la forme d'une somme algébrique en utilisant les propriétés citées page 70.

Exemples :

$-4(m - 2) = -4m + 8$.
$(2x - 1)(x - 4) = 2x \times x - 2x \times 4 - 1 \times x + 1 \times 4 = 2x^2 - 8x - x + 4$; on peut ensuite réduire et l'on obtient $2x^2 - 9x + 4$; *voir la méthode 4.*

Écrire en fonction de…

Il s'agit d'écrire la formule correspondant à une situation donnée.

Exemple :

La longueur d'un rectangle a 3 m de plus que sa largeur. On désigne par ℓ la largeur. Écrire le périmètre du rectangle en fonction de ℓ.
La longueur est $\ell + 3$; le périmètre est $p = 2(\ell + 3) + 2\ell$;
on peut développer et réduire ;
on obtient $p = 2\ell + 6 + 2\ell$; $p = 4\ell + 6$.
Cette formule peut permettre maintenant de calculer directement le périmètre du rectangle pour différentes valeurs de ℓ ;
– pour $\ell = 5$ $\quad p = 4 \times 5 + 6 = 20 + 6 \quad p = 26$ m ;
– pour $\ell = 6{,}5$ $\quad p = 4 \times 6{,}5 + 6 = 26 + 6 \quad p = 32$ m.

Savoir « écrire en fonction de » est indispensable pour faire la mise en équation d'un problème (cf chapitre 3 p. 76).

Équations

Résoudre une équation

Soit l'équation $2x - 7 = x + 2$; c'est une équation du premier degré à une inconnue, x.
Résoudre cette équation c'est trouver la valeur de x pour laquelle la valeur numérique de $2x - 7$ est égale à celle de $x + 2$.
On dit alors que cette valeur de x **vérifie** l'équation ; elle est **solution** de l'équation.

Pour $x = 3$, on a $2x - 7 = -1$ et $x + 2 = 5$; $-1 \neq 5$; 3 n'est pas solution.
Pour $x = 9$, on a $2x - 7 = 11$ et $x + 2 = 11$; 9 est solution de l'équation.
En général, une équation du premier degré à une inconnue admet une solution unique.

Solutions des équations élémentaires

Soit x, a, b des nombres relatifs.

ENREG.
L'équation $\boldsymbol{x + a = b}$ a pour solution $\boldsymbol{x = b - a}$.
L'équation $\boldsymbol{x - a = b}$ a pour solution $\boldsymbol{x = b + a}$.

On dit qu'on transpose a du membre de gauche au membre de droite en changeant le signe qui le précède.

ENREG.
Pour $a \neq 0$, l'équation $\boldsymbol{ax = b}$ a pour solution $\boldsymbol{x = \frac{b}{a}}$.

Calculer la valeur numérique d'une expression littérale

Énoncé

Calculer la valeur de $A = 3x^2 - xy - 7$ pour $x = -1$ et $y = -2$.

Méthode 1

- On remplace les lettres par les valeurs données en utilisant des parenthèses s'il y a des puissances ou des produits.
- On effectue les calculs en respectant les priorités opératoires.

Résolution

$A = 3 \times (-1)^2 - (-1) \times (-2) - 7 = 3 \times 1 - 2 - 7 = 3 - 2 - 7 = \mathbf{-6}$.

Factoriser

Énoncé

Factoriser :

$B = 18x - 15xy$; $C = 6x^2 + 3$; $D = (x-9)(x+2) - 5(x-9)$.

Méthode 2

- Ce sont des sommes ou des différences de produits ; on fait apparaître un facteur commun k à ces produits en les décomposant éventuellement différemment.
- On utilise la propriété $ka + kb = k(a+b)$ ou $ka - kb = k(a-b)$ pour mettre k en facteur.

Résolution

– Factorisation de B :

3 et x sont des facteurs communs : on met $3x$ en facteur ;

$B = \mathbf{3x} \times 6 - \mathbf{3x} \times 5y = 3x(6-5y)$.

– Factorisation de C :

Le facteur commun est 3, le deuxième terme 3 pouvant s'écrire 3×1 ;

$C = \mathbf{3} \times 2x^2 + \mathbf{3} \times 1 = 3(2x^2 + 1)$.

– Factorisation de D :

Le facteur commun est $(x-9)$, qu'on doit laisser entre parenthèses ;

$D = (x-9)[(x+2) - 5] = (x-9)(x-3)$.

Réduire

Énoncé

Réduire :

$E = 3ab - 7ab$; $F = -2x^2 + 3x - 12x^2$; $G = 2a + 3b - 5a - b + 5$.

> **Méthode 3**
>
> - On regroupe les termes qui ont la même partie littérale et on la met en facteur dans ces termes.
> - On effectue les sommes ou les différences obtenues dans les parenthèses.

Résolution

– Réduction de *E* :

$3ab$ et $7ab$ ont la même partie littérale ab ; $E = (3 - 7)ab = \mathbf{-4ab}$.

– Réduction de *F* :

$F = -2x^2 - 12x^2 + 3x = (-2 - 12)x^2 + 3x = \mathbf{-14x^2 + 3x}$; on ne peut pas réduire davantage, x^2 et x étant des parties littérales différentes.

– Réduction de *G* :

$G = 2a - 5a + 3b - b + 5 = (2 - 5)a + (3 - 1)b + 5 = \mathbf{-3a + 2b + 5}$.

Développer et réduire

Énoncé

Développer et réduire : $H = 2(4x - 1) - (x + 3)(x - 7)$.

> **Méthode 4**
>
> - C'est une différence de deux produits ; la multiplication ayant priorité sur la soustraction, on développe les produits d'abord dans des parenthèses.
> - On supprime les parenthèses et on réduit.

Résolution

$H = (8x - 2) - (x^2 - 7x + 3x - 21) = 8x - 2 - x^2 + 7x - 3x + 21$

$H = -x^2 + (8 + 7 - 3)x + 21 - 2 = \mathbf{-x^2 + 12x + 19}$.

Résoudre une équation

Résoudre une équation (méthode générale)

Énoncé

Résoudre l'équation $2(3x - 8) = 3(x + 2) - (x - 6)$.

Méthode générale

Il faut ramener cette équation à la forme $ax = b$.

- On développe et on réduit les deux membres.
- On transpose les termes contenant l'inconnue dans le membre de gauche, et les termes connus dans l'autre.
- On réduit à nouveau chaque membre ; en général on obtient une équation du type $ax = b$ dont la solution est $x = \frac{b}{a}$.

Résolution

En développant, on obtient : $6x - 16 = 3x + 6 - x + 6$
en réduisant, on obtient : $6x - 16 = 2x + 12$
en transposant, on obtient : $6x - 2x = 12 + 16$
en réduisant à nouveau : $4x = 28$

La solution est $x = \frac{28}{4}$ c'est-à-dire $x = 7$.

On pourrait choisir de transposer les termes contenant l'inconnue dans le membre de droite et les termes connus dans l'autre, on obtiendrait alors $b = ax$ qui signifie aussi $ax = b$.

Résoudre une équation avec dénominateurs

Énoncé

Résoudre l'équation $\frac{4}{9} + \frac{3x}{5} = \frac{x}{3} - \frac{2}{15}$.

Autre méthode (avec des fractions)

- On réduit tous les termes des deux membres de l'équation au même dénominateur.
- On multiplie les deux membres par ce dénominateur ; il ne reste plus de fractions.
- On poursuit la résolution en utilisant la méthode générale.

Résolution

La résolution est faite par les deux méthodes.

a) Méthode générale :

$$\frac{4}{9} + \frac{3x}{5} = \frac{x}{3} - \frac{2}{15}$$

On transpose d'abord :

$$\frac{3x}{5} - \frac{x}{3} = -\frac{2}{15} - \frac{4}{9}$$

On réduit dans chaque membre :

$$\frac{4x}{15} = -\frac{26}{45}$$

$$x = -\frac{26}{45} \times \frac{15}{4}$$

$$x = -\frac{2 \times 13 \times 15}{3 \times 15 \times 2 \times 2}$$

$$x = -\frac{13}{6}.$$

b) Autre méthode :

$$\frac{4}{9} + \frac{3x}{5} = \frac{x}{3} - \frac{2}{15}$$

Le dénominateur commun est 45.

$$\frac{20}{45} + \frac{27x}{45} = \frac{15x}{45} - \frac{6}{45}$$

En multipliant les deux membres par 45 on obtient :

$$20 + 27x = 15x - 6$$

$$27x - 15x = -6 - 20$$

$$12x = -26$$

$$x = -\frac{26}{12}$$

$$x = -\frac{13}{6}.$$

Résoudre un problème

Énoncé

Un livre d'art coûte 13 € de plus qu'un album pour photos. Sachant que trois livres identiques et deux albums de même prix ont coûté 134 €, quel est le prix d'un album et celui d'un livre ?

Méthode

On ramène le problème à la résolution d'une équation dont l'inconnue est l'un des nombres cherchés.

- On choisit l'inconnue.
- On traduit le texte par une équation.
- On résout cette équation.
- On revient au problème donné pour répondre à la question posée.

Résolution

- Choix de l'inconnue :
  On désigne par x le prix en euros d'un album.

- Mise en équation :
  On écrit en fonction de x le prix des trois livres et des deux albums : on obtient $3(x+13)+2x$; or on a payé 134 €, d'où l'équation $3(x+13)+2x=134$.
- Résolution de l'équation :

$$3x+39+2x=134$$
$$5x+39=134$$
$$5x=134-39$$
$$5x=95$$
$$x=19.$$

- Réponse à la question posée :
  Un album coûte 19 € et un livre (19 + 13) € soit 32 €.

EXERCICES

Valeur numérique d'une expression

Exercices 1 à 6 : calculer de deux manières.

1 – $A = 3(-5-9+4)$; $B = -7(4+5-10)$.

2 – $A = (-3{,}8+5{,}4)\times(-4)$; $B = 8(3{,}5-4{,}8+1{,}05)$.

3 – $A = \frac{12}{5}\times\left(\frac{5}{2}-\frac{9}{4}\right)$; $B = \left(-\frac{5}{7}\right)\times\left(-\frac{7}{5}+\frac{4}{15}\right)$.

4 – $A = (4+7)(8+2)$; $B = (2-9)(3-5)$; $C = (-9+2)(12-5)$.

5 – $A = (3{,}2-1)(5+2{,}4)$; $B = (-0{,}5+1)(-0{,}7+0{,}3)$.

6 – $A = \left(-\frac{6}{15}+\frac{3}{7}\right)\left(\frac{5}{3}+\frac{15}{12}\right)$; $B = \left(\frac{1}{2}-\frac{1}{3}\right)\left(\frac{3}{2}-\frac{1}{3}\right)$.

7 – Calculer la valeur numérique de $A = 2a+0{,}2$ pour $a = 0$; pour $a = -0{,}8$.

8 – Calculer la valeur numérique de $B = 4b - 9$ pour $b = 3$; pour $b = -2{,}25$.

9 – Calculer la valeur numérique de $C = 2x + xy$ pour $x = -3$ et $y = 4$; pour $x = 0$ et $y = 52$.

10 – Calculer $x + y - xy$ pour :

a) $x = \frac{2}{3}$ et $y = -5$; b) $x = -2{,}5$ et $y = \frac{4}{9}$;

c) $x = -\frac{1}{2}$ et $y = -\frac{3}{2}$.

11 – Calculer la valeur numérique de $5x^2 - 3x - 2$ pour :

a) $x = 0$; b) $x = 1$; c) $x = \frac{1}{2}$.

12 – Calculer la valeur numérique de $-3x^2 + 5x + 8$ pour :

a) $x = -2$; b) $x = -1$; c) $x = \frac{2}{3}$.

(corrigés p. 87)

Réduire

Exercices 13 à 18 : réduire.

13 – $A = -2a + 9a$; $B = a - 15a + 8a$; $C = -2a + 5a - 3a$.

14 – $A = 7a - 8a$; $B = 14a - a + 2a$; $C = -2{,}7 + 1{,}2a - 0{,}5a$.

15 – $A = 2x^2 + 3x^2$; $B = 4a^2 + 3a - 2a^2$; $C = -x^2 + 3x + 2x^2 - 7x$.

16 – $A = \frac{5}{2}a - \frac{1}{2}a$; $B = -\frac{7}{6}a + \frac{1}{3}$; $C = -\frac{4}{21}a - \frac{3}{14}a$.

17 – $A = 2a - \frac{5a}{3}$; $B = -\frac{a}{6} - \frac{2a}{9}$; $C = \frac{3a}{7} - a$.

18 – $A = \frac{3x^2}{5} + \frac{4x^2}{5}$; $B = \frac{6}{7}a^2 + \frac{a^2}{7}$; $C = \frac{3}{4}x^2 + 2x + \frac{1}{2}x - \frac{x^2}{2}$.

(corrigés p. 89)

Exercices 19 à 21 : réduire après avoir supprimé les parenthèses.

19 – $A = (3a + 5) + (a - 1)$; $B = (x - 3) - (2x + 4)$.

20 – $A = (-7a + 2) - (-7a + 5)$; $B = (8x - 5) - (10x - 5)$;

21 – $A = \left(\frac{2}{3}a + 1\right) - \left(\frac{3}{4} - \frac{3}{4}a\right)$; $B = \left(-\frac{9}{7}x - \frac{1}{2}\right) + \left(-x + \frac{1}{2}\right)$.

(corrigés p. 89)

Factoriser

Exercices 22 à 25 : factoriser.

22 – $A = 25x - 35$; $B = -18x - 27$; $C = 21xy - 35x$.

23 – $A = 48x + 18 - 6y$; $B = 5xy - x$; $C = 4x - 16xy$.

24 – $A = 3x^2 - 5x$; $B = 4x^7 - 2x^5$; $C = 6x^5 - 2x^2$.

25 – $A = 4x^2 - 2x$; $B = 4x - 8x^4$; $C = 6a^5 - 3a^2 + 9a$.

(corrigés p. 90)

Exercices 26 à 29 : factoriser.

Conseil de résolution

- Pour factoriser, utiliser des crochets et des parenthèses.
- Ensuite, réduire dans les crochets après avoir supprimé les parenthèses.

26 – $A = a(a + 1) + a(a + 6)$; $B = b(b - 2) - 3b + b(2b - 5)$;
$C = c(3c + 2) - c(c - 5)$.

27 – $A = 4a(a + 1) + a(2a - 5)$; $B = 8x(3x - 2) + 12x(x - 4)$.

28 – $A = (x + 1)(x + 2) - 7(x + 1)$; $B = 3(y - 9) - y(y - 9)$;
$C = (z - 2)(2z + 3) + (z - 2)(z - 6)$.

29 – $A = (a + 5)(1 - a) - (a + 5)(2a + 3)$;
$B = (x - 3)(2x + 1) - (2x + 1)(5x + 4)$.

(corrigés p. 90)

Développer et réduire

Exercices 30 à 35 : développer.

30 – $A = 3(a+3)$; $B = 8\left(x - \frac{7}{2}\right)$.

31 – $A = 5x(2+5x)$; $B = \frac{3}{2}b(3b-8)$.

32 – $A = x(x-3)$; $B = 5x(x^2+3x-7)$.

33 – $A = 4a(b-5) + b(6-b)$; $B = 8(7a-6) + 4a(5a+2a^2)$.

34 – $A = (2x+1)(4y-2)$; $B = (3x-2)(2y-3)$.

35 – $A = \left(\frac{3}{2}x - 5\right)\left(\frac{4}{5} + y\right)$; $B = 2\left(x - \frac{1}{2}\right)\left(y + \frac{1}{2}\right)$.

Exercices 36 à 49 : développer et réduire.

36 – $A = -5(3-x) + 4(x+4)$; $B = 2(x-5) - 3(x+2) + 16$.

37 – $A = 5(3-2x) - 4(3+x)$; $B = 2(4x-3) - 4(5x+1)$.

38 – $A = 7 - 2(a+2)$; $B = \frac{3}{4} + \frac{1}{4}(x+2)$.

39 – $A = 2 - 4(x-5) - 7(x-1)$; $B = 5 + 4(3y-1) - 6(2y+7)$.

40 – $A = \frac{15}{2}\left(\frac{2}{3}a + \frac{3}{5}\right) - \frac{10}{3}\left(3a - \frac{9}{10}\right)$;

$B = \frac{3}{4}\left(\frac{a}{6} - 10\right) + \frac{1}{2}\left(\frac{a}{2} - \frac{3}{5}\right)$.

41 – $A = \frac{1}{2}(2a-4) - 2\left(\frac{a}{4} + 1\right) + 3\left(-\frac{a}{6} + 1\right)$;

$B = \frac{5}{9} + \frac{4}{9}(a-3) - 2\left(\frac{a}{3} - 1\right)$.

42 – $A = (x+4)(x+5)$; $B = (2x+4)(x-5)$.

43 – $A = (x^2+1)(x^3-4)$; $B = (x^2-1)(x+5)$.

44 – $A = \left(\frac{2}{3}x^2 + 1\right)(3x^2+4)$; $B = \left(\frac{1}{2}x + 7\right)\left(\frac{3}{4}x^2 - x\right)$.

45 – $A=(3x+4)(5-x)+3(x+1)(x-1)$;
$B=(x+2)(x-1)-(x+1)(x-2)$.

46 – $A=(5x+3)(5x-3)-9(x^2-1)$;
$B=\left(\frac{5}{3}x+2\right)(5x-6)-2(x-8)-\frac{1}{3}(x^2+12)$.

47 – $A=\frac{(2x+1)}{5}-\frac{(x-1)}{5}-\frac{(3x-2)}{15}$;
$B=\frac{4}{7}-\frac{1}{14}x(4x-5)+\frac{3}{2}(5x-8)$.

48 – $A=(2x+3)^2$; $B=(4x-7)^2$; $C=(x+2)(x-2)$.

Remarque : $(2x+3)^2=(2x+3)(2x+3)$.

49 – $A=(3x+1)^2-(2x-5)(x+4)-(3x+7)(x+3)$;
$B=(4x^2-7)(x-1)-(2x+1)(2x^2+7)$.

(corrigés p. 90)

Écrire en fonction de…

50 – Arthur a 3 ans de moins que Clément. Claire est deux fois plus âgée qu'Arthur. On désigne par a l'âge de Clément.
Écrire la somme des âges des 3 enfants en fonction de a.

51 – Dans un trapèze rectangle, la longueur de la grande base est le double de celle de la petite base ; la hauteur est de 3 cm. On appelle b la longueur en cm de la petite base. Écrire en fonction de b l'aire du trapèze.

52 – Un rectangle a 5 cm de long et 3 cm de large ; on augmente sa longueur et sa largeur de x cm.
1. Écrire en fonction de x le périmètre du nouveau rectangle.
2. Écrire en fonction de x l'aire du nouveau rectangle.

Donner les résultats sous forme développée et réduite.

53 – Un massif carré a 5 mètres de côté.
On le transforme selon le schéma ci-contre.
1. Que devient le périmètre ?
2. Calculer en fonction de x l'aire du nouveau massif. Est-ce la même que celle du massif initial ?

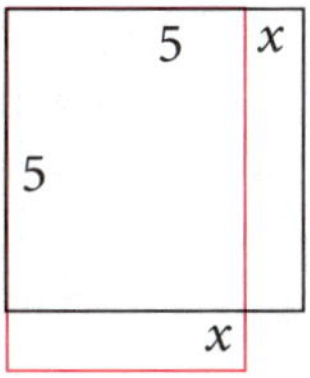

54 — On considère un parallélépipède rectangle dont la base est un carré de côté a et dont la hauteur est $3a$ (a nombre positif).
1. Écrire en fonction de a l'aire de la base, l'aire d'une face latérale, et l'aire totale du parallélépipède.
2. Écrire en fonction de a le volume du parallélépipède.

55 — Écrire en fonction de a (nombre positif) l'aire totale et le volume d'un parallélépipède rectangle dont les arêtes ont pour longueur $2a$, $3a$ et $4a$.

56 — Julie dit à Fanny :
« Choisis un nombre ; retranche-lui 1 ; calcule le carré du nombre obtenu ; retranche au résultat le carré du nombre choisi au début puis ajoute le double du nombre choisi. Je parie que tu as trouvé 1 ! »
Écrire la formule correspondant à ce programme de calcul ; le résultat dépend-il du nombre choisi au début ?

57 — On partage une somme de 5 000 € entre quatre personnes. La deuxième reçoit 300 € de plus que la première, la troisième reçoit 200 € de plus que la deuxième.
Exprimer la part de la quatrième personne en fonction de celle de la première.

58 — Jean-Baptiste a acheté 10 classeurs, des grands et des petits. Les petits classeurs coûtent 2,3 € pièce et les grands 3 € pièce.
Calculer le prix payé par Jean-Baptiste en fonction du nombre de grands classeurs achetés.

59 — Un groupe de 15 personnes désire visiter un musée. Le prix de l'entrée est de 8 € pour un adulte et de 3 € pour un enfant.
Exprimer la somme à payer pour l'entrée des 15 personnes en fonction du nombre d'adultes.

60 — Soit un triangle ABC rectangle en A tel que AB = 2 cm et AC = 3 cm.
1. Calculer son aire $\mathcal{A}_1$.
2. On augmente AB de x cm et on diminue AC en x cm (figure ci-contre).
Calculer en fonction de x l'aire $\mathcal{A}_2$ du nouveau triangle ADE.

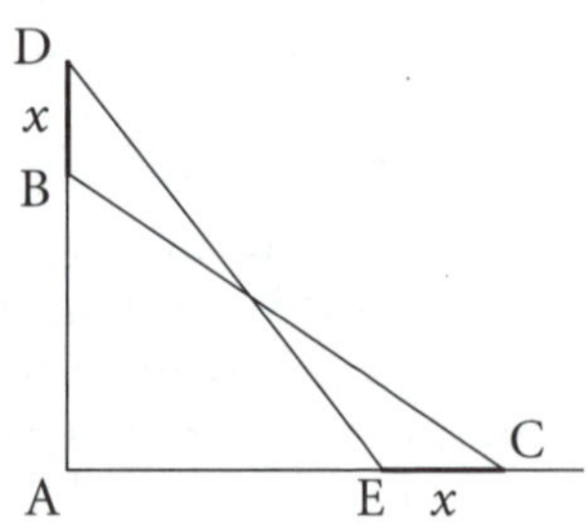

3. Compléter le tableau ci-dessous :

x en cm	0	0,5	1	1,5	2	2,5
$\mathscr{A}_2$ en cm²						

Comment varie l'aire du triangle suivant les différentes valeurs de x ?

(corrigés p. 92)

Équations

61 – Sans résoudre l'équation, dire si le nombre $\frac{1}{5}$ est solution de $4(x-5)+9=5-2(3x+7)$.

62 – Les nombres -1 ; 1 ; 2 sont-ils solutions de l'équation $x^2-3x+2=0$?

(corrigés p. 94)

Exercices 63 à 87 : résoudre les équations données.

63 – a) $x+5=12$; b) $x+3=-7$; c) $x+9=1$.

64 – a) $x-9=4$; b) $x-5=-2$; c) $x-10=-10$.

65 – a) $x+3{,}5=4{,}2$; b) $x+5{,}7=2{,}9$; c) $x+4{,}6=0$.

66 – a) $2x=1$; b) $4x=100$; c) $6x=9$.

67 – a) $3x=15$; b) $5x=-45$; c) $-2x=-8$.

68 – a) $6x=-4$; b) $-14x=21$; c) $-6x=-9$.

69 – a) $-5{,}1x=3{,}4$; b) $-2{,}7x=-8{,}1$; c) $-14x=-2$.

70 – a) $-\frac{3}{2}+x=\frac{3}{4}$; b) $\frac{5}{7}+x=\frac{1}{3}$ c) $\frac{6}{11}+x=\frac{3}{7}$.

71 – a) $\frac{2}{7}x=\frac{5}{9}$; b) $\frac{4}{17}x=-\frac{9}{34}$; c) $-\frac{6}{11}x=-\frac{5}{9}$.

72 — a) $-\frac{6}{7} = 3x$; b) $\frac{8}{9} = 4x$; c) $15 = x\left(-\frac{5}{9}\right)$.

73 — a) $2x + 3 = 4$; b) $4x - 5 = 7$; c) $-2x + 1 = 4$.

74 — a) $-5x + 12 = 3$; b) $2 + 2x + 7 = 5$; c) $-9x + 2 = -7$.

75 — a) $3x - 5 = -11$; b) $4x - 13 = 3$; c) $5 - 2x = -7$.

76 — a) $9x - 7 = -8$; b) $-6 - 7x = -6$; c) $-3x + 2 = -8$.

77 — a) $4x + 6 = x + 9$; b) $3x - 15 = -25 - 2x$.

78 — a) $-6x + 2 = 2x + 5$; b) $7x + 6 = -3 - 5x$.

79 — a) $\frac{x}{3} = \frac{x}{5} - 2$; b) $\frac{5x}{12} = \frac{x}{4} - 5$.

80 — a) $\frac{3x}{5} + \frac{9}{4} = \frac{x}{2} - \frac{7}{10}$; b) $\frac{4}{7} - \frac{3}{4}x = \frac{3}{14} + \frac{15}{20}x$.

81 — a) $\frac{1}{4} - \frac{1}{6} - \frac{x}{3} = \frac{5}{6}x$; b) $\frac{3}{2} + \frac{x}{4} = \frac{x}{2} + \frac{1}{4}$.

82 — a) $3(x - 1) = 7$; b) $-2(5x + 2) = 2x$.

83 — a) $7 - (3x + 1) = 2(x - 1)$; b) $4 - 5(x - 1) = 9$.

84 — a) $2(x - 1) + 5(x + 3) = 6x + 1$;
b) $3(x + 2) - 2(x - 4) = 5$.

85 — a) $4(2x + 1) - 3(2x - 1) = 5(2x - 7)$;
b) $6x - (12x + 48) - (24x - 6) = 0$.

86 — a) $5(2x - 1) - 2(x + 3) = 4(x - 2) + 5(5 - 2x)$;
b) $4(5x - 3) - 2(2 + 3x) = 5(3 + 3x) - (x - 5)$.

87 — a) $\frac{x - 1}{4} + 4 = \frac{2x + 3}{6} + \frac{5}{3}$; b) $\frac{2x}{7} - \frac{x + 1}{3} = \frac{1}{2} - \frac{2x - 5}{6}$.

(corrigés p. 94)

Problèmes

88 – Je pense un nombre, je le multiplie par 3, puis j'ajoute 5. Je trouve 44. À quel nombre ai-je pensé ?

Soit x le nombre pensé,…

89 – Jean-Baptiste dit :
En retranchant 4 à mon âge et en multipliant le résultat par 5, j'obtiens le même nombre qu'en ajoutant 7 à mon âge et en multipliant le résultat par 3 puis en ajoutant 1.
Quel est l'âge de Jean-Baptiste ?

90 – La somme de trois nombres entiers consécutifs est 54.
Quels sont ces nombres ?

Si x est le 2e nombre, le premier est $x - 1$, le 3e est $x + 1$.

91 – Calculer la longueur et la largeur d'un rectangle sachant que sa longueur est le triple de sa largeur et que son périmètre est de 168 m.

92 – La longueur d'un rectangle surpasse de 2 m le double de sa largeur. Le périmètre du rectangle est de 64 m.
Quelles sont les dimensions du rectangle ?

93 – Dans un jardin, le tiers de la surface est recouvert par des fleurs, un sixième par des plantes vertes et le reste, soit 150 m^2 est occupé par la pelouse. Calculer l'aire du jardin.

94 – Quatre personnes se partagent une somme d'argent. Le premier en prend les $\frac{2}{5}$; le second $\frac{1}{6}$; le troisième les $\frac{3}{10}$; il reste 240 € pour le quatrième.
Quel est le montant de la somme à partager ? Quelle est la part de chacun ?

95 – Les économies de Louis sont le double de celles de Pierre ; il leur manque 10 € pour acheter ensemble un logiciel à 115 €.
Quel est le montant des économies de chacun ?

96 – Léa a 5 ans de plus que Julien et 4 ans de moins qu'Alexandre. La somme de leurs âges est 50. Trouver l'âge de chacun.

97 – Les deux enfants de François ont 5 ans et 3 ans. François a 34 ans. Dans combien d'années l'âge de François sera-t-il égal à la somme des âges de ses enfants ?

98 – David a le triple de l'âge de sa fille ; dans 15 ans il n'en aura plus que le double. Quel est l'âge de David ?

99 – Pauline a acheté 12 bouteilles de jus de fruits, les unes à 1,4 €, les autres à 1,7 €. Elle a payé 18,9 €.
Combien a-t-elle acheté de bouteilles de chaque sorte ?

100 – On considère un carré ABCD tel que AB = 12 cm ; soit F le milieu de [AD], et E un point de [CD] ; on pose CE = x.
1. Calculer l'aire de ABCD et celle de ABF.
2. Écrire en fonction de x l'aire de BCE, de DEF et de BEF ; donner les résultats sous forme développée et réduite.
3. Où faut-il placer le point E pour que l'aire de BEF soit le tiers de celle du carré ?

101 – Pour une bibliothèque on a acheté 25 livres de même prix. Si chacun avait coûté 2 € de moins on aurait pu en acheter 5 de plus. Quel est le prix d'un livre ?

102 – *Pour l'exercice suivant, il faut avoir étudié le chapitre 6.*
On considère la figure ci-contre :
(BC) // (DE),
AB = 2,5 cm ; BC = 3 cm ;
AC = 3,5 cm ; BD = 1 cm.
On désigne par x et y les longueurs en cm de [CE] et [DE].
Calculer x et y.

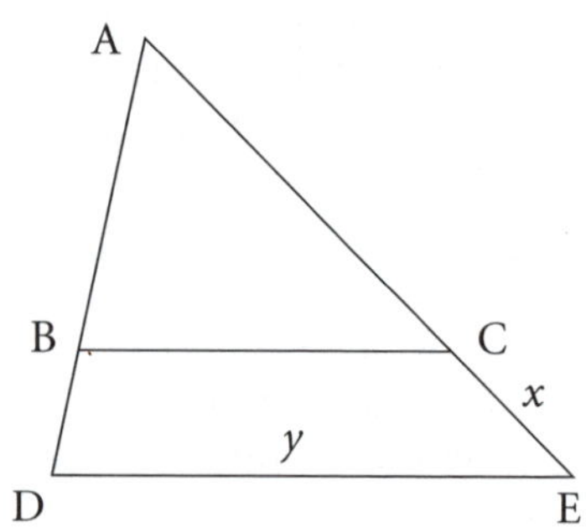

(corrigés p. 99)

CORRIGÉS

Valeur numérique d'une expression

1 – $A = 3 \times (-10)$ ou $A = -3 \times 5 - 3 \times 9 + 3 \times 4$

$A = \mathbf{-30}.$ $\quad A = -15 - 27 + 12$

$A = \mathbf{-30}.$

$B = -7 \times (-1)$ ou $B = -7 \times 4 - 7 \times 5 + 7 \times 10$

$B = \mathbf{7}.$ $\quad B = -28 - 35 + 70$

$B = \mathbf{7}.$

2 – $A = 1{,}6 \times (-4)$ ou $A = 3{,}8 \times 4 - 5{,}4 \times 4$

$A = \mathbf{-6{,}4}.$ $\quad A = 15{,}2 - 21{,}6$

$A = \mathbf{-6{,}4}.$

$B = 8 \times (-0{,}25)$ ou $B = 8 \times 3{,}5 - 8 \times 4{,}8 + 8 \times 1{,}05$

$B = \mathbf{-2}.$ $\quad B = 28 - 38{,}4 + 8{,}4$

$B = \mathbf{-2}.$

3 – $A = \frac{12}{5} \times \left(\frac{10}{4} - \frac{9}{4}\right)$ ou $A = \frac{12}{5} \times \frac{5}{2} - \frac{12}{5} \times \frac{9}{4}$

$A = \frac{12}{5} \times \frac{1}{4}$ ou $A = \frac{6 \times 2 \times 5}{5 \times 2} - \frac{4 \times 3 \times 9}{5 \times 4}$

$A = \frac{4 \times 3}{5 \times 4}$ $\quad A = 6 - \frac{27}{5}$

$A = \mathbf{\frac{3}{5}}.$ $\quad A = \frac{30}{5} - \frac{27}{5} = \mathbf{\frac{3}{5}}.$

$B = -\frac{5}{7} \times \left(-\frac{21}{15} + \frac{4}{15}\right)$ ou $B = \frac{5}{7} \times \frac{7}{5} - \frac{5}{7} \times \frac{4}{15}$

$B = -\frac{5}{7} \times \left(-\frac{17}{15}\right)$ $\quad B = 1 - \frac{5 \times 4}{7 \times 5 \times 3}$

$B = \frac{5 \times 17}{7 \times 5 \times 3}$ $\quad B = 1 - \frac{4}{21}$

$B = \mathbf{\frac{17}{21}}.$ $\quad B = \frac{21}{21} - \frac{4}{21} = \mathbf{\frac{17}{21}}.$

4 – $A = 11 \times 10$ ou $A = 4 \times 8 + 4 \times 2 + 7 \times 8 + 7 \times 2$

$A = \mathbf{110}.$ $\quad A = 32 + 8 + 56 + 14$

$A = \mathbf{110}.$

$B = (-7) \times (-2)$ ou $B = 2 \times 3 - 2 \times 5 - 9 \times 3 + 9 \times 5$

$B = \mathbf{14}.$ $\quad B = 6 - 10 - 27 + 45$

$B = \mathbf{14}.$

$C = -7 \times 7$ ou $C = -9 \times 12 + 9 \times 5 + 2 \times 12 - 2 \times 5$

$C = \mathbf{-49}.$ $\quad C = -108 + 45 + 24 - 10$

$C = \mathbf{-49}.$

5 – $A = 2{,}2 \times 7{,}4$ ou $A = 3{,}2 \times 5 + 3{,}2 \times 2{,}4 - 1 \times 5 - 1 \times 2{,}4$

$A = \mathbf{16{,}28}$. $\quad$ $A = 16 + 7{,}68 - 5 - 2{,}4$

$A = \mathbf{16{,}28}$.

$B = 0{,}5 \times (-0{,}4)$ ou $B = 0{,}5 \times 0{,}7 - 0{,}5 \times 0{,}3 - 1 \times 0{,}7 + 1 \times 0{,}3$

$B = \mathbf{-0{,}2}$. $\quad$ $B = 0{,}35 - 0{,}15 - 0{,}7 + 0{,}3$

$B = \mathbf{-0{,}2}$.

6 – $A = \left(-\frac{2}{5} + \frac{3}{7}\right)\left(\frac{5}{3} + \frac{5}{4}\right)$

$A = \left(-\frac{14}{35} + \frac{15}{35}\right)\left(\frac{20}{12} + \frac{15}{12}\right)$ ou $A = -\frac{2}{5} \times \frac{5}{3} - \frac{2}{5} \times \frac{5}{4} + \frac{3}{7} \times \frac{5}{3} + \frac{3}{7} \times \frac{5}{4}$

$A = \frac{1}{35} \times \frac{35}{12}$ $\quad$ $A = -\frac{2}{3} - \frac{2}{4} + \frac{5}{7} + \frac{15}{28}$

$A = \mathbf{\frac{1}{12}}$. $\quad$ $A = -\frac{2}{3} - \frac{14}{28} + \frac{20}{28} + \frac{15}{28}$

$A = -\frac{2}{3} + \frac{21}{28}$

$A = -\frac{2}{3} + \frac{3}{4}$

$A = -\frac{8}{12} + \frac{9}{12}$

$A = \mathbf{\frac{1}{12}}$.

$B = \left(\frac{3}{6} - \frac{2}{6}\right)\left(\frac{9}{6} - \frac{2}{6}\right)$ ou $B = \frac{1}{2} \times \frac{3}{2} - \frac{1}{2} \times \frac{1}{3} - \frac{1}{3} \times \frac{3}{2} + \frac{1}{3} \times \frac{1}{3}$

$B = \frac{1}{6} \times \frac{7}{6}$ $\quad$ $B = \frac{3}{4} - \frac{1}{6} - \frac{1}{2} + \frac{1}{9}$

$\mathbf{B} = \mathbf{\frac{7}{36}}$. $\quad$ $B = \frac{27}{36} - \frac{6}{36} - \frac{18}{36} + \frac{4}{36}$

$\mathbf{B} = \mathbf{\frac{7}{36}}$.

7 – Pour $a = 0$: $A = 2 \times 0 + 0{,}2 = \mathbf{0{,}2}$;
pour $a = -0{,}8$: $A = 2 \times (-0{,}8) + 0{,}2 = \mathbf{-1{,}4}$.

8 – Pour $b = 3$: $B = 4 \times 3 - 9 = \mathbf{3}$;
pour $b = -2{,}25$: $B = 4 \times (-2{,}25) - 9 = \mathbf{-18}$.

9 – Pour $x = -3$ et $y = 4$: $C = 2 \times (-3) + (-3) \times 4 = \mathbf{-18}$;
pour $x = 0$ et $y = 52$: $C = 2 \times 0 + 0 \times 52 = \mathbf{0}$.

10 – a) $x + y - xy = \frac{2}{3} - 5 - \frac{2}{3} \times (-5) = \frac{2}{3} - 5 + \frac{10}{3}$

$x + y - xy = \frac{12}{3} - 5 = 4 - 5 = \mathbf{-1}.$

b) $x + y - xy = -2{,}5 + \frac{4}{9} - (-2{,}5) \times \frac{4}{9} = -2{,}5 + \frac{4}{9} + \frac{10}{9}$

$x + y - xy = -\frac{5}{2} + \frac{14}{9} = -\frac{45}{18} + \frac{28}{18} = \mathbf{-\frac{17}{18}}.$

c) $x + y - xy = -\frac{1}{2} - \frac{3}{2} - \left(-\frac{1}{2}\right) \times \left(-\frac{3}{2}\right) = -\frac{1}{2} - \frac{3}{2} - \frac{3}{4}$

$x + y - xy = -\frac{4}{2} - \frac{3}{4} = -2 - \frac{3}{4} = -\frac{8}{4} - \frac{3}{4} = \mathbf{-\frac{11}{4}}.$

11 – a) $5 \times 0^2 - 3 \times 0 - 2 = \mathbf{-2}$;

b) $5 \times 1^2 - 3 \times 1 - 2 = \mathbf{0}$;

c) $5\left(\frac{1}{2}\right)^2 - 3\left(\frac{1}{2}\right) - 2 = 5\left(\frac{1}{4}\right) - \frac{3}{2} - 2 = \mathbf{-\frac{9}{4}}.$

12 – a) $-3 \times (-2)^2 + 5 \times (-2) + 8 = -3 \times 4 - 10 + 8 = \mathbf{-14}$;

b) $-3(-1)^2 + 5(-1) + 8 = -3 \times 1 - 5 + 8 = \mathbf{0}$;

c) $-3\left(\frac{2}{3}\right)^2 + 5\left(\frac{2}{3}\right) + 8 = -3\left(\frac{4}{9}\right) + \frac{10}{3} + 8 = \mathbf{10}.$

Réduire

13 – $A = 7a$; $B = -6a$; $C = (-2 + 5 - 3)a = 0.$

14 – $A = -a$; $B = 15a$; $C = -2{,}7 + 0{,}7a.$

15 – $A = 5x^2$; $B = 2a^2 + 3a$; $C = x^2 - 4x.$

16 – $A = \frac{4}{2}a = 2a$; $B = -\frac{7}{6}a + \frac{1}{3}$; $C = \left(-\frac{4}{21} - \frac{3}{14}\right)a = -\frac{17}{42}a.$

17 – $A = \frac{a}{3}$; $B = -\frac{7}{18}a$; $C = -\frac{4}{7}a.$

18 – $A = \frac{7}{5}x^2$; $B = \frac{7}{7}a^2 = a^2$; $C = \left(\frac{3}{4} - \frac{1}{2}\right)x^2 + \left(2 + \frac{1}{2}\right)x = \frac{1}{4}x^2 + \frac{5}{2}x.$

19 – $A = 3a + 5 + a - 1 = 4a + 4$; $B = x - 3 - 2x - 4 = -x - 7.$

20 – $A = -7a + 2 + 7a - 5 = \mathbf{-3}$; $B = 8x - 5 - 10x + 5 = \mathbf{-2x}$.

21 – $A = \frac{2}{3}a + 1 - \frac{3}{4} + \frac{3}{4}a = \mathbf{\frac{17}{12}a + \frac{1}{4}}$; $B = -\frac{9}{7}x - \frac{1}{2} - x + \frac{1}{2} = \mathbf{-\frac{16}{7}x}$.

Factoriser

22 – $A = 5(5x - 7)$; $B = -9(2x + 3)$; $C = 7x(3y - 5)$.

23 – $A = 6(8x + 3 - y)$; $B = x(5y - 1)$; $C = 4x(1 - 4y)$.

24 – $A = x(3x - 5)$; $B = 2x^5(2x^2 - 1)$; $C = 2x^2(3x^3 - 1)$.

25 – $A = 2x(2x - 1)$; $B = 4x(1 - 2x^3)$; $C = 3a(2a^4 - a + 3)$.

26 – $A = a[(a + 1) + (a + 6)]$; $A = a(a + 1 + a + 6)$; $\mathbf{A = a(2a + 7)}$.
$B = b[(b - 2) - 3 + (2b - 5)]$; $B = b(b - 2 - 3 + 2b - 5)$; $\mathbf{B = b(3b - 10)}$.
$C = c[(3c + 2) - (c - 5)]$; $C = c(3c + 2 - c + 5)$; $\mathbf{C = c(2c + 7)}$.

27 – $A = a(4a + 4 + 2a - 5) = a(6a - 1)$;
$B = 4x[2(3x - 2) + 3(x - 4)] = 4x(9x - 16)$.

28 – $A = (x + 1)[(x + 2) - 7]$; $\mathbf{A = (x + 1)(x - 5)}$. $\mathbf{B = (y - 9)(3 - y)}$.
$C = (z - 2)[(2z + 3) + (z - 6)]$; $\mathbf{C = (z - 2)(3z - 3)}$.
On peut mettre 3 en facteur dans $(3z - 3)$ on obtient : $\mathbf{C = 3(z - 2)(z - 1)}$.

29 – $A = (a + 5)[(1 - a) - (2a + 3)]$; $B = (2x + 1)[(x - 3) - (5x + 4)]$
$A = (a + 5)(1 - a - 2a - 3)$; $B = (2x + 1)(x - 3 - 5x - 4)$
$\mathbf{A = (a + 5)(-3a - 2)}$; $\mathbf{B = (2x + 1)(-4x - 7)}$.

Développer et réduire

30 – $A = 3a + 9$; $B = 8x - 28$.

31 – $A = 10x + 25x^2$; $B = \frac{9}{2}b^2 - 12b$.

32 – $A = x^2 - 3x$; $B = 5x^3 + 15x^2 - 35x$.

33 – $A = 4ab - 20a + 6b - b^2$; $B = 56a - 48 + 20a^2 + 8a^3$.

34 – $A = 8xy - 4x + 4y - 2$; $B = 6xy - 9x - 4y + 6$.

35 – $A = \frac{6}{5}x + \frac{3}{2}xy - 4 - 5y$; $B = 2xy + x - y - \frac{1}{2}$.

36 – $A = -15 + 5x + 4x + 16 = \mathbf{9x + 1}$;
$B = 2x - 10 - 3x - 6 + 16 = \mathbf{-x}$.

37 – $A = 15 - 10x - 12 - 4x = \mathbf{-14x + 3}$;
$B = 8x - 6 - 20x - 4 = \mathbf{-12x - 10}$.

38 – $A = 7 - 2a - 4$; $\mathbf{A = 3 - 2a}$. $B = \frac{3}{4} + \frac{x}{4} + \frac{2}{4}$; $\mathbf{B = \frac{x}{4} + \frac{5}{4}}$.

39 – $A = 2 - 4x + 20 - 7x + 7 = \mathbf{-11x + 29}$;
$B = 5 + 12y - 4 - 12y - 42 = \mathbf{-41}$.

40 – $A = \frac{15}{2} \times \frac{2}{3}a + \frac{15}{2} \times \frac{3}{5} - \frac{10}{3} \times 3a + \frac{10}{3} \times \frac{9}{10}$;
$A = 5a + \frac{9}{2} - 10a + 3$; $\mathbf{A = -5a + \frac{15}{2}}$.
$B = \frac{3}{4} \times \frac{a}{6} - \frac{3}{4} \times 10 + \frac{1}{2} \times \frac{a}{2} - \frac{1}{2} \times \frac{3}{5}$;
$B = \frac{a}{8} - \frac{15}{2} + \frac{a}{4} - \frac{3}{10}$; $B = \frac{a}{8} + \frac{2a}{8} - \frac{75}{10} - \frac{3}{10}$; $B = \frac{3a}{8} - \frac{78}{10}$;
$\mathbf{B = \frac{3a}{8} - \frac{39}{5}}$.

41 – $A = a - 2 - \frac{a}{2} - 2 - \frac{a}{2} + 3$; $\mathbf{A = -1}$.
$B = \frac{5}{9} + \frac{4a}{9} - \frac{4}{3} - \frac{2a}{3} + 2$; $\mathbf{B = -\frac{2a}{9} + \frac{11}{9}}$.

42 – $A = x^2 + 5x + 4x + 20 = \mathbf{x^2 + 9x + 20}$;
$B = 2x^2 - 10x + 4x - 20 = \mathbf{2x^2 - 6x - 20}$.

43 – $A = x^5 - 4x^2 + x^3 - 4$; on ne peut pas réduire.
$B = x^3 + 5x^2 - x - 5$; on ne peut pas réduire.

44 – $A = 2x^4 + \frac{8}{3}x^2 + 3x^2 + 4 = \mathbf{2x^4 + \frac{17}{3}x^2 + 4}$;

$B = \frac{3}{8}x^3 - \frac{1}{2}x^2 + \frac{21}{4}x^2 - 7x = \mathbf{\frac{3}{8}x^3 + \frac{19}{4}x^2 - 7x}$.

45 – $A = 15x - 3x^2 + 20 - 4x + 3x^2 - 3x + 3x - 3 = \mathbf{11x + 17}$;
$B = (x^2 - x + 2x - 2) - (x^2 - 2x + x - 2) = \mathbf{2x}$.

46 – $A = 25x^2 - 15x + 15x - 9 - 9x^2 + 9 = 16x^2$;

$B = \frac{25}{3}x^2 - 10x + 10x - 12 - 2x + 16 - \frac{1}{3}x^2 - 4 = 8x^2 - 2x$.

47 – $A = \frac{3(2x+1) - 3(x-1) - 3x + 2}{15} = \mathbf{\frac{8}{15}}$.

$B = \frac{8 - x(4x-5) + 21(5x-8)}{14} = \frac{-4x^2 + 110x - 160}{14}$

$B = \mathbf{\frac{-2x^2 + 55x - 80}{7}}$.

48 – $A = 4x^2 + 12x + 9$; $B = 16x^2 - 56x + 49$; $C = x^2 - 4$.

49 – $A = (9x^2 + 6x + 1) - (2x^2 + 3x - 20) - (3x^2 + 16x + 21)$
$\mathbf{A = 4x^2 - 13x}$;
$B = (4x^3 - 4x^2 - 7x + 7) - (4x^3 + 14x + 2x^2 + 7)$
$\mathbf{B = -6x^2 - 21x}$.

Écrire en fonction de...

50 – Âge d'Arthur : $a - 3$; âge de Claire : $2(a - 3)$.
Somme des âges des trois enfants :
$a + (a - 3) + 2(a - 3) = a + a - 3 + 2a - 6 = \mathbf{4a - 9}$.

51 – Longueur de la grande base : $2b$.

Aire du trapèze : $\frac{1}{2} \times (b + 2b) \times 3 = \mathbf{\frac{9b}{2}}$.

52 – **1.** Nouvelle longueur : $5 + x$; nouvelle largeur : $3 + x$.
Nouveau périmètre : $2(5 + x) + 2(3 + x) = 10 + 2x + 6 + 2x = \mathbf{4x + 16}$.

2. Nouvelle aire : $(5 + x)(3 + x) = 15 + 5x + 3x + x^2 = \mathbf{15 + 8x + x^2}$.

53 – **1.** On obtient un rectangle dont la longueur est $5 + x$ et la largeur $5 - x$.
Périmètre du nouveau massif :
$2(5 + x) + 2(5 - x) = 10 + 2x + 10 - 2x = 20$ m.
Le périmètre du carré était (4×5) m $= 20$ m ; le périmètre n'a pas changé.

2. Aire du nouveau massif :
$(5 + x)(5 - x) = 25 - 5x + 5x - x^2 = 25 - x^2$.
L'aire du carré était (5×5) m^2 $= 25$ m^2 ; l'aire a diminué de x^2 mètres carrés.

54 – **1.** Aire de la base : a^2 ; aire d'une face latérale : $a \times 3a = 3a^2$; aire totale : $2 \times a^2 + 4 \times 3a^2 = 2a^2 + 12a^2 = 14a^2$.

2. Volume : $a \times a \times 3a = 3a^3$.

55 – Deux faces opposées ont la même aire.
Aire totale $= 2(2a \times 3a) + 2(3a \times 4a) + 2(2a \times 4a) = 12a^2 + 24a^2 + 16a^2$
$= 52a^2$.
Volume $= 2a \times 3a \times 4a = 24a^3$.

56 – Soit x le nombre choisi.
On lui retranche 1, on obtient $x - 1$;
on calcule le carré, on obtient $(x - 1)^2$;
on retranche x^2, on obtient $(x - 1)^2 - x^2$;
on ajoute $2x$, on obtient $(x - 1)^2 - x^2 + 2x$.
En développant, on a :
$(x - 1)(x - 1) - x^2 + 2x = x^2 - x - x + 1 - x^2 + 2x = 1$; le résultat est toujours 1, il ne dépend pas du nombre x choisi, Julie sait que Fanny trouvera 1.

57 – Soit a la part de la première personne, la part de la deuxième est $a + 300$, celle de la troisième est $a + 300 + 200$ c'est-à-dire $a + 500$; il reste pour la quatrième :
$5\,000 - (a + 300) - (a + 500) - a = 5\,000 - a - 300 - a - 500 - a$
$= 4\,200 - 3a$.

58 – Jean-Baptiste a acheté x grands classeurs à 3 € et $(10 - x)$ petits classeurs à 2,3 €. Il a payé : $3x + 2{,}3(10 - x) = 0{,}7x + 23$.

59 – Soit n le nombre d'adultes ; il y a $(15 - n)$ enfants.
Prix à payer pour toutes les entrées :
$8n + 3(15 - n) = 8n + 45 - 3n = 5n + 45$.

60 – 1. $\mathscr{A}_1 = 3 \text{ cm}^2$.
2. $\mathscr{A}_2 = \frac{1}{2}(3 - x)(2 + x) = 3 + 0{,}5x - 0{,}5x^2$.

x en cm	0	0,5	1	1,5	2	2,5
$\mathscr{A}_2$ en cm^2	3	3,125	3	2,625	2	1,125

Quand x augmente, l'aire du triangle ADE commence par augmenter puis elle diminue.

Équations

61 – Pour $x = \frac{1}{5}$, $4(x - 5) + 9 = 4\left(\frac{1}{5} - 5\right) + 9 = -\frac{51}{5}$;

$5 - 2(3x + 7) = 5 - 2\left(3 \times \frac{1}{5} + 7\right) = -\frac{51}{5}$;

pour $x = \frac{1}{5}$ l'équation est vérifiée ; $\frac{1}{5}$ est solution de l'équation.

62 – Pour $x = -1$, $x^2 - 3x + 2 = 6$; $6 \neq 0$; -1 n'est pas solution.
Pour $x = 1$, $x^2 - 3x + 2 = 0$; 1 est solution de l'équation.
Pour $x = 2$, $x^2 - 3x + 2 = 0$; 2 est aussi solution de l'équation.

63 – a) $x = 12 - 5$; $x = 7$.
b) $x = -7 - 3$; $x = -10$.
c) $x = 1 - 9$; $x = -8$.

64 – a) $x = 4 + 9$; $x = 13$.
b) $x = -2 + 5$; $x = 3$.
c) $x = -10 + 10$; $x = 0$.

65 – a) $x = 4{,}2 - 3{,}5$; $x = 0{,}7$.
b) $x = 2{,}9 - 5{,}7$; $x = -2{,}8$.
c) $x = -4{,}6$.

66 – a) $x = \frac{1}{2}$ (ou $x = 0{,}5$).
b) $x = \frac{100}{4}$ ou $x = 25$.
c) $x = \frac{9}{6}$; $x = \frac{3}{2}$ ou $x = 1{,}5$.

67 – a) $x = 5$. b) $x = -9$. c) $x = 4$.

68 – a) $x = -\frac{2}{3}$. b) $x = -\frac{3}{2}$. c) $x = \frac{3}{2}$.

69 – a) $x = -\frac{3{,}4}{5{,}1}$; $x = -\frac{34}{51}$; $\boldsymbol{x = -\frac{2}{3}}$.
b) $x = \frac{8{,}1}{2{,}7}$; $x = \frac{81}{27}$; $\boldsymbol{x = 3}$.
c) $x = \frac{2}{14}$; $\boldsymbol{x = \frac{1}{7}}$.

70 – a) $x = \frac{3}{4} + \frac{3}{2}$; $\boldsymbol{x = \frac{9}{4}}$.
b) $x = \frac{1}{3} - \frac{5}{7}$; $\boldsymbol{x = -\frac{8}{21}}$.
c) $x = \frac{3}{7} - \frac{6}{11}$; $\boldsymbol{x = -\frac{9}{77}}$.

71 – Diviser par $\frac{2}{7}$, c'est multiplier par $\frac{7}{2}$.
a) $x = \frac{5}{9} \times \frac{7}{2}$; $\boldsymbol{x = \frac{35}{18}}$.
b) $x = -\frac{9}{34} \times \frac{17}{4}$; $\boldsymbol{x = -\frac{9}{8}}$.
c) $x = \frac{5}{9} \times \frac{11}{6}$; $\boldsymbol{x = \frac{55}{54}}$.

72 – a) $x = -\frac{2}{7}$. b) $x = \frac{2}{9}$. c) $x = -27$.

II Si $a = b$, alors $b = a$, on peut permuter les deux membres.

73 – a) $2x = 4 - 3$; $2x = 1$; $\boldsymbol{x = \frac{1}{2}}$.

b) $4x = 7 + 5$; $4x = 12$; $\boldsymbol{x = 3}$.

c) $-2x = 4 - 1$; $-2x = 3$; $\boldsymbol{x = -\frac{3}{2}}$.

74 – a) $-5x = 3 - 12$; $-5x = -9$;

$x = \frac{-9}{-5}$; $\boldsymbol{x = \frac{9}{5}}$.

b) $9 + 2x = 5$; $2x = 5 - 9$;

$2x = -4$; $\boldsymbol{x = -2}$.

c) $-9x = -7 - 2$; $-9x = -9$;

$x = \frac{-9}{-9}$; $\boldsymbol{x = 1}$.

75 – a) $3x = -6$, $x = -2$. b) $x = 4$. c) $x = 6$.

76 – a) $x = -\frac{1}{9}$. b) $x = 0$. c) $x = \frac{10}{3}$.

77 – a) $4x - x = 9 - 6$; $3x = 3$; $\boldsymbol{x = 1}$.

b) $3x + 2x = -25 + 15$; $5x = -10$; $\boldsymbol{x = -2}$.

78 – a) $-6x - 2x = 5 - 2$; $-8x = 3$; $\boldsymbol{x = -\frac{3}{8}}$.

b) $7x + 5x = -3 - 6$; $12x = -9$ $\boldsymbol{x = -\frac{3}{4}}$.

79 – a)

$$\frac{x}{3} - \frac{x}{5} = -2$$

$$\frac{5x - 3x}{15} = -2$$

$$\frac{2x}{15} = -2$$

$$\boldsymbol{x = -15}.$$

b)

$$\frac{5x}{12} - \frac{x}{4} = -5$$

$$\frac{5x}{12} - \frac{3x}{12} = -5$$

$$\frac{2x}{12} = -5$$

$$\boldsymbol{x = -30}.$$

80 – On utilise la méthode pour fractions page 75.

a) Le dénominateur commun est 20.

$$\frac{12x}{20}+\frac{45}{20}=\frac{10x}{20}-\frac{14}{20}$$

On multiplie par 20 :

$$12x+45=10x-14$$

$$12x-10x=-14-45$$

$$2x=-59$$

$$\boldsymbol{x=-\frac{59}{2}}$$

b) On peut simplifier d'abord :

$$\frac{4}{7}-\frac{3}{4}x=\frac{3}{14}+\frac{3}{4}x$$

Le dénominateur commun est 28.

$$\frac{16}{28}-\frac{21}{28}x=\frac{6}{28}+\frac{21}{28}x$$

$$16-21x=6+21x$$

$$16-6=21x+21x$$

$$10=42x$$

$$\boldsymbol{x=\frac{5}{21}}.$$

On peut directement multiplier les deux membres par le dénominateur commun sans écrire la première ligne des calculs.

81 – a) On multiplie les deux membres par 24 (dénominateur commun) :

$6-4-8x=20x$; $2=28x$; $\boldsymbol{x=\frac{1}{14}}$.

b) On multiplie les deux membres par 4 :

$6+x=2x+1$; $\boldsymbol{x=5}$.

82 – a) $3x-3=7$; $3x=10$; $\boldsymbol{x=\frac{10}{3}}$.

b) $-10x-4=2x$; $-12x=4$; $\boldsymbol{x=-\frac{1}{3}}$.

83 – a) $7-3x-1=2x-2$; $-5x=-8$; $\boldsymbol{x=\frac{8}{5}}$.

b) $4-5x+5=9$; $-5x=0$; $\boldsymbol{x=0}$.

84 – a)

$$2(x-1)+5(x+3)=6x+1$$
$$2x-2+5x+15=6x+1$$
$$7x+13=6x+1$$
$$7x-6x=1-13$$
$$\boldsymbol{x=-12}.$$

b)

$$3(x+2)-2(x-4)=5$$
$$3x+6-2x+8=5$$
$$x+14=5$$
$$x=5-14$$
$$\boldsymbol{x=-9}.$$

85 – a) $4(2x+1)-3(2x-1)=5(2x-7)$

$$8x+4-6x+3=10x-35$$
$$2x+7=10x-35$$
$$2x-10x=-35-7$$
$$-8x=-42$$
$$x=\frac{42}{8}$$
$$\boldsymbol{x=\frac{21}{4}}.$$

b) $6x-(12x+48)-(24x-6)=0$

$$6x-12x-48-24x+6=0$$
$$-30x-42=0$$
$$-30x=42$$
$$x=-\frac{42}{30}$$
$$\boldsymbol{x=-\frac{7}{5}}.$$

86 – a) $5(2x-1)-2(x+3)=4(x-2)+5(5-2x)$

$$10x-5-2x-6=4x-8+25-10x$$
$$8x-11=-6x+17$$
$$8x+6x=11+17$$
$$14x=28$$
$$\boldsymbol{x=2}.$$

b) $4(5x-3)-2(2+3x)=5(3+3x)-(x-5)$

$$20x-12-4-6x=15+15x-x+5$$
$$14x-16=14x+20$$
$$14x-14x=20+16$$
$$0=36.$$

L'équation n'a pas de solution.

87 – a) On multiplie les deux membres par 24 :

$$6(x-1)+96=4(2x+3)+40$$
$$6x-6+96=8x+12+40$$
$$38=2x$$
$$\boldsymbol{x=19}.$$

b) On multiplie les deux membres par 42 :

$$12x-14(x+1)=21-7(2x-5)$$
$$12x-14x-14=21-14x+35$$
$$12x=70$$
$$\boldsymbol{x=\frac{35}{6}}.$$

Problèmes

88 – $3x + 5 = 44\,;\quad 3x = 39\,;\quad x = 13.$

89 – Soit x l'âge de Jean-Baptiste :
$5(x - 4) = 3(x + 7) + 1\,;\quad 2x = 21 + 1 + 20\,;\quad x = 21.$
Jean-Baptiste a 21 ans.

90 – $(x - 1) + x + (x + 1) = 54\,;$

$$3x = 54;$$

$$x = 18.$$

Les nombres sont 17, 18, 19.

91 – Soit ℓ la largeur en mètres du rectangle, sa longueur est 3ℓ, son périmètre est $2(\ell + 3\ell)$;
$2(\ell + 3\ell) = 168\,;\quad 8\ell = 168\,;\quad \ell = 21.$
Le rectangle fait **21 m** de large et **63 m** de long.

92 – Soit x la largeur en mètres ; la longueur est $2x + 2$.
$2[x + (2x + 2)] = 64\,;\quad 6x + 4 = 64\,;\quad x = 10.$
La largeur est 10 m, la longueur est 22 m.

93 – Soit x l'aire du jardin en m^2.
$\frac{1}{3}x + \frac{1}{6}x + 150 = x\,;\quad \frac{3}{6}x + 150 = x\,;\quad \frac{1}{2}x = 150\,;\quad x = 300.$
L'aire du jardin est de 300 m^2.

94 – Soit x la somme à partager, en euros.

$$\frac{2}{5}x + \frac{1}{6}x + \frac{3}{10}x + 240 = x$$

$$\frac{26}{30}x + 240 = x$$

$$\frac{13}{15}x + 240 = x$$

$$\frac{2}{15}x = 240$$

$$x = 240 \times \frac{15}{2}$$

$$x = 1\,800.$$

La somme à partager est **1 800 €.**
La première reçoit **720 €**, la deuxième **300 €**, la troisième **540 €**, la quatrième **240 €.**

95 – Soit x le montant en euros des économies de Pierre :
$x + 2x = 115 - 10$; $3x = 105$; $x = 35$.
Pierre a **35 €** d'économies et Louis **70 €.**

96 – Soit a l'âge de Léa, l'âge de Julien est $a - 5$, celui d'Alexandre est $a + 4$; $a + (a - 5) + (a + 4) = 50$; $3a - 1 = 50$; $a = 17$.
Léa a **17 ans**, Julien a **12 ans** et Alexandre a **21 ans**.

97 – Dans x années, les deux enfants auront $5 + x$ et $3 + x$, François aura $34 + x$; $34 + x = (5 + x) + (3 + x)$; $x = 26$. **Dans 26 ans** l'âge de François sera égal à la somme des âges de ses deux enfants.

98 – Soit x l'âge de la fille de David, l'âge de David est $3x$.
Dans 15 ans l'âge de sa fille sera $x + 15$, celui de David sera $3x + 15$; $3x + 15 = 2(x + 15)$; $x = 15$; David a **45 ans**.

99 – Soit n le nombre de bouteilles à 1,4 € ; il y a $12 - n$ bouteilles à 1,7 € ; $1{,}4n + 1{,}7(12 - n) = 18{,}9$; $-0{,}3n + 20{,}4 = 18{,}9$; $n = 5$.
Pauline a acheté **5 bouteilles à 1,4€ et 7 bouteilles à 1,7€.**

100 – 1. Aire (ABCD) = **144 cm²** ; aire (ABF) = **36 cm²**.

2. Aire (BCE) = $6x$; aire (DEF) = $\mathbf{3(12 - x)}$;
aire (BEF) = aire (ABCD) – aire (ABF) – aire (BCE) – aire (DEF) ;
aire (BEF) = $144 - 36 - 6x - 3(12 - x) = \mathbf{72 - 3x}$.

3. $72 - 3x = 48$; $x = 8$; il faut placer **E à 8 cm de C sur [CD]**.

101 – Soit x le prix, en euros, d'un livre ; prix des 25 livres : $25x$.
Si chaque livre avait coûté 2 € de moins, on en aurait acheté 30 pour un prix de $30(x - 2)$.
On a donc $30(x - 2) = 25x$; $x = 12$.
Le prix d'un livre acheté est **12 €.**

102 – Dans le triangle ADE, (BC) // (DE) ;

d'après la propriété de Thalès on a : $\frac{AB}{AD} = \frac{AC}{AE}$;

or AD = AB + BD = 3,5 cm et AE = AC + CE = (3,5 + x) cm ;

on a donc $\frac{2,5}{3,5} = \frac{3,5}{(3,5 + x)}$

$$2,5(3,5 + x) = 3,5 \times 3,5$$
$$2,5 \times 3,5 + 2,5x = 3,5 \times 3,5$$
$$2,5x = 3,5 \times 3,5 - 2,5 \times 3,5$$
$$2,5x = 3,5(3,5 - 2,5)$$
$$2,5x = 3,5$$
$$x = \frac{3,5}{2,5}$$
$$x = \frac{35}{25}$$
$$x = \frac{7}{5}$$

d'où **x = 1,4 cm.**

On a également : $\frac{AB}{AD} = \frac{BC}{DE}$

$$\frac{2,5}{3,5} = \frac{3}{y}$$
$$2,5y = 10,5$$

y = 4,2 cm.

4

GESTION DE DONNÉES

COURS

- Proportionnalité
- Pourcentage, échelle, vitesse, débit, indice
- Statistiques

MÉTHODE

- Calculer une quatrième proportionnelle
- Calculer un pourcentage
- Calculer et utiliser une vitesse moyenne
- Construire un diagramme circulaire

EXERCICES

- Proportionnalité
- Pourcentage, échelle, vitesse, débit, indice
- Problèmes sur la proportionnalité
- Représentations statistiques et moyennes
- Corrigés

4 GESTION DE DONNÉES

Proportionnalité

Coefficient de proportionnalité

Des nombres $y_1, y_2, y_3\dots$ sont proportionnels à des nombres $x_1, x_2, x_3\dots$ quand $\frac{y_1}{x_1} = \frac{y_2}{x_2} = \frac{y_3}{x_3} = \cdots = k$.
k est le **coefficient de proportionnalité** ; c'est le nombre par lequel il faut multiplier $x_1, x_2, x_3\dots$ pour trouver $y_1, y_2, y_3\dots$
y_1 est l'image de x_1, y_2, est l'image de x_2, y_3 est l'image de x_3.

Exemple :

Les nombres 9 ; 10,5 et 12 sont proportionnels aux nombres 6 ; 7 et 8 ; en effet $\frac{9}{6} = \frac{10{,}5}{7} = \frac{12}{8} = 1{,}5$; le coefficient de proportionnalité est 1,5.

Quatrième proportionnelle

Quand deux nombres c et d sont proportionnels à deux nombres a et b, si on connaît trois des nombres, on peut calculer celui qui manque ; on l'appelle la **quatrième proportionnelle**.

Pour le calcul, voir la méthode page 110.

Grandeurs proportionnelles

Des unités étant choisies pour deux grandeurs, ces **grandeurs sont proportionnelles** quand les mesures de l'une sont proportionnelles aux mesures correspondantes de l'autre.

Dans de nombreux exercices, la proportionnalité des grandeurs est sous-entendue.

Exemple :
Quand on achète de l'essence, le prix de l'essence est proportionnel à la quantité d'essence.
Quand on peint un mur, la quantité de peinture utilisée est proportionnelle à l'aire de la surface à peindre.

Propriétés

ENREG.

Dans une situation de proportionnalité :
- Si on multiplie un nombre par m, son image est multipliée par m.
- L'image de la somme de deux nombres est la somme de leurs images.

Représentation graphique

Les points de la représentation graphique d'une situation de proportionnalité sont alignés sur une droite passant par l'origine.

Pourcentage, échelle, vitesse, débit, indice

Pourcentage

Un **pourcentage** est un coefficient de proportionnalité exprimé sous la forme d'une fraction de dénominateur 100.

$\frac{t}{100}$ s'écrit t %.

Exemple :
Une réduction est dite de 15 % si elle est de 15 Euros pour une somme de 100 Euros.
Pour appliquer ce pourcentage, on multiplie le nombre initial par $\frac{15}{100}$ ou 0,15.
Pour un article de 360 €, la réduction est $\left(360 \times \frac{15}{100}\right)$ € soit 54 €.

Échelle

Dans le cas d'une reproduction (carte, maquette ...), les longueurs sur la reproduction sont proportionnelles aux longueurs réelles ; l'**échelle** est le **coefficient de proportionnalité** exprimé sous la forme d'un nombre décimal ou d'une fraction.

$$\text{Échelle} = \frac{\text{longueur sur la reproduction}}{\text{longueur réelle}}.$$

Exemple :
Une carte est dite à l'échelle $\frac{1}{200\,000}$ si 1 cm sur la carte représente une distance réelle de 200 000 cm, c'est-à-dire 2 km.

Vitesse

La **vitesse moyenne** est le quotient de la distance parcourue par la durée du parcours. Un mouvement est dit uniforme ou à vitesse constante lorsque la distance parcourue est proportionnelle à la durée du parcours.

$$\text{Vitesse moyenne} = \frac{\text{distance parcourue}}{\text{durée du parcours}}.$$

Unités

Si la distance est exprimée en kilomètres (km) et la durée en heures (h), la vitesse s'exprime en kilomètres par heure ($km \cdot h^{-1}$).
On utilise aussi le mètre par seconde ($m \cdot s^{-1}$) et le kilomètre par seconde ($km \cdot s^{-1}$).

Débit

Le **débit moyen** d'un fleuve ou d'une pompe est le quotient du volume de liquide écoulé par la durée.

$$\text{Débit moyen} = \frac{\text{volume écoulé}}{\text{durée}}.$$

Unités

Si le volume est exprimé en mètres cubes (m^3) et la durée en heures (h), le débit s'exprime en mètres cube par heure ($m^3 \cdot h^{-1}$).
On utilise aussi le litre par seconde ($L \cdot s^{-1}$).

Indice

En économie on étudie l'évolution de prix, de population…
Une année de référence étant choisie, on lui attribue, par exemple, la valeur 100 ; les **indices (base 100)** pour les autres années sont proportionnels aux effectifs de ces autres années.

Exemple :
Évolution de la population de Mathville :

Année	1900	1950	1990
Population	2 540	15 670	20 500
Indice	100	**617**	**807**

L'indice (base 100 en 1900) de la population de Mathville est 617 pour 1950, 807 pour 1990.

Statistiques

Vocabulaire

En statistique, on étudie un caractère d'une population.

Exemple :
Si on étudie le relevé des notes obtenues par les élèves d'une classe à un exercice noté sur 10 :
– la population est l'ensemble des élèves ;
– le caractère étudié est la note ;
– l'effectif total est le nombre d'élèves ;
– l'effectif par note est le nombre d'élèves ayant obtenu cette note ;
– la fréquence de la note est le quotient $\frac{\text{effectif}}{\text{effectif total}}$;
on l'exprime sous la forme d'une fraction, d'un pourcentage, ou d'un nombre en écriture décimale.
– On peut aussi écrire les effectifs cumulés, croissants ou décroissants, et les fréquences cumulées (croissantes ou décroissantes) : pour une note donnée, l'effectif cumulé croissant est le nombre d'élèves ayant obtenu une note inférieure ou égale à la note donnée.

Différents types de représentation

On peut représenter des données statistiques chiffrées sous différentes formes :
– un tableau ;
– un diagramme à bâtons ;
– un diagramme à barres ;
– un diagramme circulaire ou semi-circulaire.

Exemples :

Tableau

Relevé des notes obtenues à un exercice noté sur 10 (28 élèves) :

Note	Effectif	Fréquence	Fréquence cumulée	Effectif cumulé
0	0	0	0	0
1	1	1/28	1/28	1
2	3	3/28	4/28	4
3	4	4/28	8/28	8
4	5	5/28	13/28	13
5	6	6/28	19/28	19
6	4	4/28	23/28	23
7	3	3/28	26/28	26
8	1	1/28	27/28	27
9	1	1/28	28/28	28
10	0	0	28/28	28
	28	1		

Diagramme à bâtons

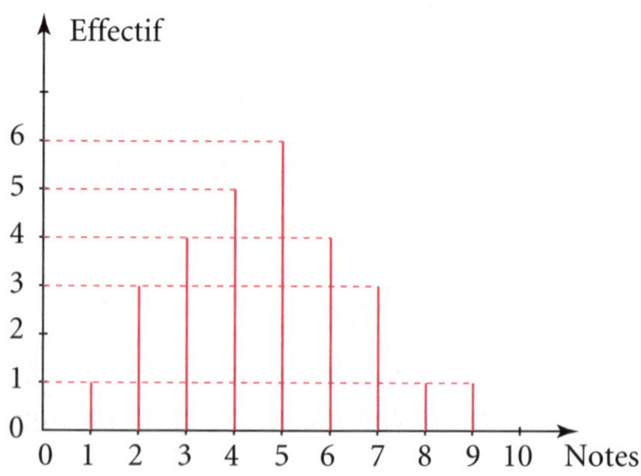

Diagramme à barres – Diagramme circulaire

Le tableau suivant donne la répartition, en classes, des notes obtenues à un contrôle sur 20 (30 élèves) :

Note n	$0 \leqslant n < 5$	$5 \leqslant n < 10$	$10 \leqslant n < 15$	$15 \leqslant n \leqslant 20$
Effectif	5	8	10	7

Cette répartition est représentée par le diagramme à barres et le diagramme circulaire ci-dessous (pour la construction du diagramme circulaire, voir la méthode page 112).

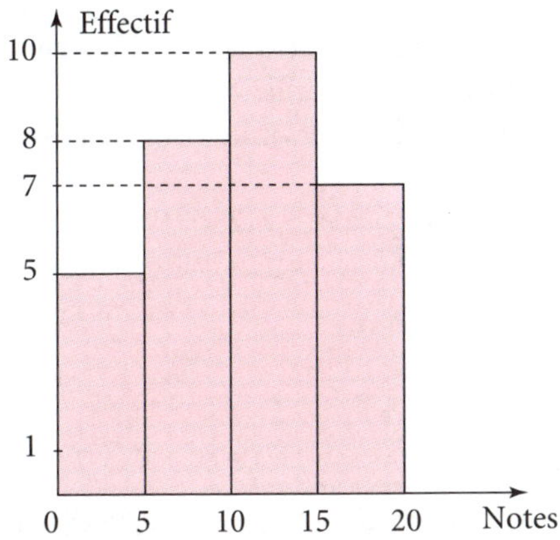

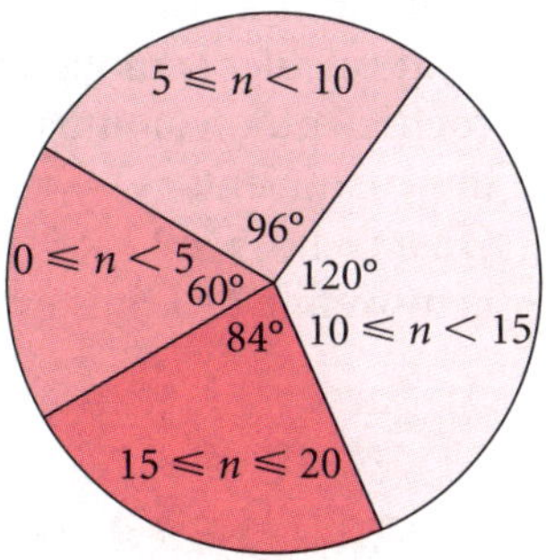

Moyennes

Moyenne arithmétique

Exemple :
Moyenne des notes de la classe :

Note	Effectif	Note × effectif
0	0	0
1	1	1
2	3	6
3	4	12
4	5	20
5	6	30
6	4	24
7	3	21
8	1	8
9	1	9
10	0	0
	28	131

La **moyenne** est la somme de toutes les notes divisées par l'effectif total.

La moyenne est $\frac{131}{28} \approx 4{,}68$.

Moyenne pondérée

Exemple :

À un examen, Louis a obtenu 11 en français, 12 en mathématiques et 6 en histoire.
Le français a pour coefficient 5, les mathématiques 3 et l'histoire 2.
Pour calculer la moyenne de Louis, on multiplie chaque note par son coefficient, on ajoute les produits obtenus et on divise par la somme des coefficients.
On a : $11 \times 5 + 12 \times 3 + 6 \times 2 = 103$; $5 + 3 + 2 = 10$;
la moyenne de Louis est $103 : 10 = 10{,}3$.

MÉTHODE

Calculer une quatrième proportionnelle

Énoncé

Avec 24 L d'essence, Monsieur Dupont parcourt 420 km.
1. Quelle distance pourra-t-il parcourir avec 32 L en supposant que sa consommation est constante ?
2. Combien consomme-t-il aux 100 km ?

Méthode

On peut utiliser le coefficient de proportionnalité, qui est 420 : 24, ou l'une des autres méthodes suivantes.

Règle de trois ou retour à l'unité

- On calcule l'image de 1.
- On applique la propriété « si on multiplie un nombre par m, son image est multipliée par m ».

Produits en croix

- On utilise la propriété :
« si a et b ont pour image c et d, on a : $a \times d = b \times c$ ».

a	b
c	d

Résolution

La première question est résolue en faisant une règle de trois, la deuxième en faisant les produits en croix.

1. – Avec 24 L d'essence, Monsieur Dupont parcourt 420 km.
   – Avec 1 L, il en parcourt 24 fois moins ; (420 : 24) km = 17,5 km.
   – Avec 32 L, il en parcourt 32 fois plus ; (17,5 × 32) km = 560 km.
2. On dresse le tableau de proportionnalité en désignant par x le nombre cherché :

24	x
420	100

$24 \times 100 = 420 \times x$; $x = \dfrac{24 \times 100}{420}$; $x \approx 5{,}7$.

Monsieur Dupont consomme environ 5,7 L aux 100 km.

Calculer un pourcentage

Énoncé

Le prix affiché d'un article est de 360 euros. Sophie obtient une réduction de 45 euros sur cet article.
Quel pourcentage du prix affiché cette réduction représente-t-elle ?

Méthode

- On divise la réduction par le prix initial et on multiplie par 100.
- On calcule la quatrième proportionnelle avec les produits en croix.

ou

- On dresse un tableau de proportionnalité.

Résolution

$\dfrac{45}{360} \times 100 = 12{,}5$; la réduction est de 12,5 %.

Calculer et utiliser une vitesse moyenne

Énoncé

Un cycliste parcourt 84 km en 3 h 30 min.

1. Quelle est sa vitesse moyenne ?
2. Quel temps mettrait-il pour parcourir : a) 60 km ; b) 3 600 m.
3. Quelle serait la distance parcourue en 45 min ?

Méthode

- Il faut choisir une même unité pour les distances et une même unité pour les durées (faire éventuellement des conversions) et l'unité correspondante pour les vitesses.
- Pour calculer la vitesse, on divise la distance par la durée. Vitesse = distance : durée.
- Pour calculer la durée, on divise la distance par la vitesse. Durée = distance : vitesse.
- Pour calculer la distance, on multiplie la vitesse par la durée. Distance = vitesse × durée.

Résolution

1. On convertit la durée en heures décimales : 3 h 30 min = 3,5 h.

Vitesse $= \dfrac{\text{distance}}{\text{durée}} = \dfrac{84}{3{,}5} = 24$; la vitesse moyenne est de 24 $\text{km} \cdot \text{h}^{-1}$.

2. a) Durée $= \dfrac{\text{distance}}{\text{vitesse}} = \dfrac{60}{24} = 2{,}5$; le cycliste mettrait 2,5 h ou 2 h 30 min.

b) La vitesse étant donnée en $\text{km} \cdot \text{h}^{-1}$, il faut convertir la distance en km, soit 3 600 m = 3,6 km.

Durée $= \dfrac{3{,}6}{24} = 0{,}15$ et $0{,}15 \text{ h} = 0{,}15 \times 60 \text{ min} = 9 \text{ min}$.

Il mettrait 9 minutes.

3. La vitesse étant exprimée en $\text{km} \cdot \text{h}^{-1}$, il faut convertir la durée en h ; 45 min $= \dfrac{3}{4}$ h.

Distance = vitesse × durée $= 24 \times \dfrac{3}{4} = 18$; il aurait parcouru 18 km.

Construire un diagramme circulaire

Énoncé

Représenter par un diagramme circulaire la répartition des notes données dans le tableau (30 élèves) :

Note n	$0 \leqslant n < 5$	$5 \leqslant n < 10$	$10 \leqslant n < 15$	$15 \leqslant n \leqslant 20$
Effectif	5	8	10	7

Méthode

- On calcule les mesures des angles : elles sont proportionnelles aux effectifs ; 360 est l'image de l'effectif total ; on s'assure que la somme des mesures calculées est 360.
  Dans certains cas, on effectue les calculs à partir des pourcentages, 360 étant alors l'image de 100.
- On trace un cercle de centre O puis les angles de sommet O, adjacents, ayant les mesures trouvées.
- On écrit éventuellement une légende permettant de lire le diagramme.

Résolution

On calcule les angles :

– Pour 30 élèves, l'angle est de 360° ;

– Pour 5 élèves, il est de $\frac{5}{30} \times 360°$ soit 60° ;

– Pour 8 élèves, il est de $\frac{8}{30} \times 360°$ soit 96° ;

– Pour 10 élèves, il est de $\frac{10}{30} \times 360°$ soit 120° ;

– Pour 7 élèves, il est de $\frac{7}{30} \times 360°$ soit 84°.

On trace un cercle de centre O et les angles de sommets O, adjacents ; on obtient le diagramme de la page 109.

Dans un diagramme semi-circulaire l'image de l'effectif total est 180° au lieu de 360°.

EXERCICES

Proportionnalité

1 – Calculer le coefficient de proportionnalité et compléter le tableau.

15	31		126		198
105		427		630	

2 – Recopier et compléter le tableau de proportionnalité suivant :

9	18	45	63	630	675
17					

3 – Recopier et compléter le tableau de proportionnalité suivant :

35	58	118			975
385			2 134	4 807	

4 – Une voiture consomme 8,5 litres aux 100 km sur autoroute, et 10,4 litres aux 100 km en ville.
Un automobiliste a fait 25 km en ville et 150 km sur autoroute.
1. Quelle est la consommation d'essence ?
2. En réunissant ces deux parcours, quelle est la consommation moyenne aux 100 km ?

5 – Le 5 octobre 2001, Madame Durand s'est rendue à la Banque de France pour acheter des dollars pour 1 500 francs (français). Le caissier lui a demandé 1,75 F de monnaie pour faciliter l'échange.
Ce jour, le taux de change était : 1 euro = 0,926 dollar.
1. Combien a-t-elle reçu de dollars pour 1 501,75 francs ?
2. Quel était le prix en francs de un dollar ?

(On rappelle que : 1 € = 6,55957 F)

6 – Deux personnes se sont associées pour créer un commerce.
Elles ont mis au début de l'année : la première 12 200 €, la seconde 13 800 €. Le bénéfice est partagé proportionnellement aux sommes mises. Sachant que le bénéfice réalisé est de 3 900 €, quelle est la part de bénéfice de chacune des personnes ?

7 – Trois communes ont fait construire un pont qui a coûté 124 260 €. Elles répartissent entre elles la dépense proportionnellement au nombre de leurs habitants.
La première a 1 290 habitants, la deuxième 2 160 et la troisième 3 090. Quelle est la somme payée par chacune des communes ?

8 – Un comptable reçoit 67 200 € pour payer deux groupes d'employés rémunérés au même tarif. Un groupe de 28 personnes a travaillé pendant 15 jours. Un groupe de 35 personnes a travaillé pendant 20 jours.
Que doit-il donner à chaque groupe ?

(corrigés p. 126)

Pourcentage, échelle, vitesse, débit, indice

Pourcentage

9 – J'ai vendu 56 € une marchandise que j'avais payée 51,24 €.
1. Quel pourcentage du prix d'achat mon bénéfice représente-t-il ?
2. Quel pourcentage du prix de vente mon bénéfice représente-t-il ?

10 – Pour des travaux de peinture, Monsieur Dupont avait reçu un devis dont le montant hors taxes s'élevait à 4 457,73 F ou 679,58 €.
1. Il a fait effectuer les travaux avant le 15 septembre 1999 ; la T.V.A était alors de 20,6 %.
Calculer le montant T.T.C de la facture en francs et en euros.
2. Le 15 septembre 1999, la T.V.A est passée à 5,5 % pour ce type de travaux. S'il avait fait effectuer les travaux après cette date, quelle économie aurait-il réalisée ? Quel pourcentage cela représente-t-il par rapport au prix T.T.C payé avant le 15 septembre 1999 ?

11 – Madame Durand part en voyage, elle hésite entre deux valises ; les dimensions de la première sont : longueur 50 cm, largeur 35 cm, profondeur 16 cm ; celles de la deuxième sont : longueur 60 cm, largeur 40 cm, profondeur 17 cm.
Quel pourcentage du volume de la plus petite représente la différence des volumes des deux valises ?

12 – À l'entrée d'une ville, un panneau lumineux (tableau ci-dessous) donne la capacité des quatre parcs de stationnement payant de la ville et le nombre de places disponibles pour chacun d'eux.

	Capacité	Places disponibles
P_1	500	125
P_2	850	136
P_3	340	102
P_4	310	124

1. Vérifier que le parc P_1 a un taux d'occupation de 75 %.
2. Ranger ces quatre parcs de stationnement dans l'ordre décroissant de leurs taux d'occupation.

(D'après Brevet)

(corrigés p. 129)

Échelle

13 – Sur une carte, on indique : « 1 cm correspond à 50 km ».
1. Quelle est l'échelle de cette carte ?
2. Quelle est la distance sur la carte de deux villes situées à 300 km l'une de l'autre ?
3. Quelle est la distance réelle de deux villes situées sur la carte à 15 cm l'une de l'autre ?

Exercices 14 à 17 : calculer l'échelle d'un dessin, sachant qu'une distance réelle D est représentée par une distance d.

14 – $D = 600$ km; $d = 20$ cm.

15 – $D = 3$ km; $d = 1{,}5$ cm.

16 – $D = 7$ mm; $d = 3{,}5$ cm.

17 – $D = 3$ mm; $d = 6$ cm.

(corrigés p. 129)

Vitesse

18 – Convertir et compléter.
1,5 h = … h … min ; 2 h 24 min = … h ; 4,3 h = … h … min ;
4 h 6 min = … h ; 3 h 15 min = … h ; 4 h 45 min = … h.

19 – Convertir et compléter.
60 $km \cdot h^{-1}$ = … $km \cdot min^{-1}$; 1,2 $km \cdot min^{-1}$ = … $km \cdot h^{-1}$;
8,5 $m \cdot s^{-1}$ = … $km \cdot h^{-1}$.

20 – Un aigle peut atteindre une vitesse de 161 $km \cdot h^{-1}$.
Exprimer cette vitesse en $m \cdot min^{-1}$.

21 – Un automobiliste a mis 7 h pour parcourir 595 km. Quelle est sa vitesse moyenne ?
Quelle distance parcourrait-il en roulant à la même allure en 5 h 12 min ?

22 – Un avion a mis 2 h 15 min pour parcourir 1 764 km. Quelle est sa vitesse moyenne ?

23 – Evelyn Ashford a battu le record du 100 m en 1984.
Elle a parcouru 100 m en 10,76 s.
Quelle vitesse moyenne en mètres par minute, puis en kilomètres par heure, cette performance représente-t-elle ?

24 – Un escargot peut parcourir 2 m en 25 min. À ce rythme, combien lui faudrait-il de temps pour traverser un pont de 16 m de long ? Partant à 8 heures 40 min le matin, à quelle heure arriverait-il ?

25 – Un cycliste roule pendant 3 h 15 min à la vitesse moyenne de $42 \text{ km} \cdot \text{h}^{-1}$.
Quelle distance a-t-il parcourue ?

26 – Un train fait un aller et retour Paris-Amiens, deux villes distantes de 120 km.
À l'aller, il roule à $100 \text{ km} \cdot \text{h}^{-1}$ et au retour à $160 \text{ km} \cdot \text{h}^{-1}$.
Quelle est sa vitesse moyenne sur le trajet ?

27 – Un automobiliste parcourt 135 km à la vitesse de $90 \text{ km} \cdot \text{h}^{-1}$ puis 195 km à la vitesse de $130 \text{ km} \cdot \text{h}^{-1}$.
1. Quelle est la durée totale de son trajet ?
2. Quelle est sa vitesse moyenne ?

(corrigés p. 130)

Débit

28 – La Loire a un débit moyen de 650 m^3 par seconde.
Quel est son débit à l'heure ?

29 – Il faut 20 min pour remplir un bassin cylindrique de 4 m de rayon et de 60 cm de haut. Quel est le débit de la pompe ?

30 – Quel est en $\text{cL} \cdot \text{s}^{-1}$ (centilitres par seconde) le débit d'une fontaine qui remplit les deux-tiers d'un seau de 15 litres en 40 secondes ? Combien d'eau s'écoule en 10 minutes ?

(corrigés p. 131)

Indices

31 – Calculer les indices (base 100 en 1997-1998) de l'évolution du nombre d'élèves en collège et en lycée (général ou technologique). Les effectifs sont donnés en milliers.

Année scolaire	1997-1998	1998-1999	Projection 2007-2008
Effectif collège	3 450	3 300	3 150
Effectif lycée	1 400	1 550	1 450

(corrigés p. 132)

Problèmes sur la proportionnalité

32 – Un commerçant propose le même pourcentage de réduction sur tous les articles de son magasin. Un article qui valait 250 € est proposé à 200 €.

1. Quel est le montant de la réduction ?
2. Quel pourcentage du prix de vente initial cette réduction représente-t-elle ?
3. On désigne par x le prix initial d'un article, et par y son nouveau prix. Calculer y en fonction de x.

33 – Clément est parti de Cherbourg pour se rendre au Mans à 7 h 15 min. Il a parcouru les 120 km le séparant de Caen à la vitesse moyenne de 60 $\text{km} \cdot \text{h}^{-1}$. Ensuite il a roulé de Caen à Alençon à la vitesse moyenne de 120 $\text{km} \cdot \text{h}^{-1}$. Enfin sur la troisième partie de son trajet il a effectué les derniers 50 km qui le séparaient du Mans à la vitesse moyenne de 40 $\text{km} \cdot \text{h}^{-1}$. Il arrive au Mans à 11 h 20 min.

1. Quelle a été la durée de son parcours ?
2. Quelle a été la durée de son trajet Cherbourg-Caen ?
3. Quelle a été la durée de son parcours Alençon-Le Mans ?
4. Quelle est la distance Caen-Alençon ?
5. Quelle est la vitesse moyenne pour le trajet total de Cherbourg-Le Mans ?

34 – Une personne va de la ville A à la ville B (à pied) à la vitesse de 5 $\text{km} \cdot \text{h}^{-1}$.
Elle revient en voiture à la vitesse de 60 $\text{km} \cdot \text{h}^{-1}$.
Elle repart de A vers B à la vitesse de 75 $\text{km} \cdot \text{h}^{-1}$.
Elle revient enfin à bicyclette à la vitesse de 20 $\text{km} \cdot \text{h}^{-1}$.
Elle a mis 7 heures en tout.
Calculer la distance entre les deux villes.

35 – Pour remplir un bassin, une pompe A met 5 heures. Pour remplir les $\frac{2}{3}$ du même bassin, une pompe B met 3 heures.

1. Combien de temps faudra-t-il aux deux pompes pour remplir le bassin ?
2. On s'aperçoit que l'on peut remplir le bassin en deux heures et quart à condition d'ajouter une troisième pompe C qui fonctionne en même temps que les pompes A et B.
Quel est le temps nécessaire à cette pompe C pour remplir à elle seule le bassin ?

(corrigés p. 132)

Représentations statistiques et moyennes

36 – Dans un magasin de jouets, on a établi un bilan après la vente de 1 000 voitures de collection.
Le tableau ci-dessous donne la répartition de ces voitures suivant les marques.

Marque	A	B	C	D	E
Nombre de voitures vendues	320	160	100	240	

1. Calculer le nombre de voitures vendues de la marque E.
2. Traduire le tableau par un diagramme semi-circulaire de 10 cm de diamètre.
On fera figurer sur la copie les calculs des angles au centre associés à chaque marque. (Les résultats seront arrondis au degré.)

37 – Le diagramme circulaire ci-contre représente la répartition des notes de 250 élèves d'un collège lors d'un contrôle commun. Les notes sont toutes comprises entre 0 et 20.
On désigne une note quelconque par n.

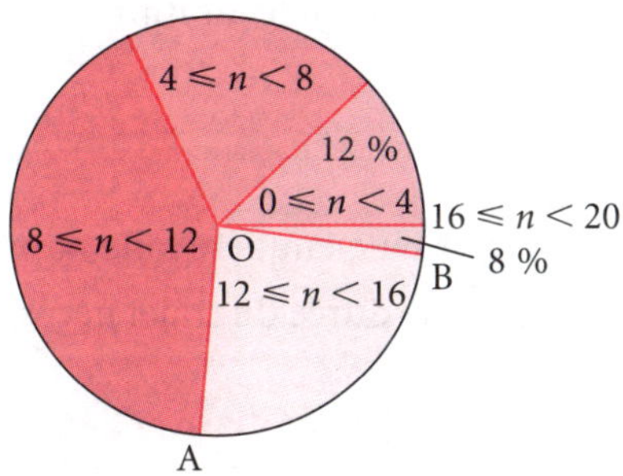

1. Sachant que 90 élèves ont une note telle que : $8 \leqslant n < 12$, calculer le pourcentage correspondant.
2. Sachant que, sur le diagramme, l'angle $\widehat{AOB}$ vaut 86,4°, calculer le nombre d'élèves dont la note vérifie :
$12 \leqslant n < 16$.
3. Sachant que 20 % des élèves ont une note qui vérifie : $4 \leqslant n < 8$, calculer l'angle correspondant sur le diagramme.

38 – Le diagramme à barres suivant donne les résultats des élèves des classes de troisième d'un collège à un contrôle commun de mathématiques.
L'effectif total est de 300.

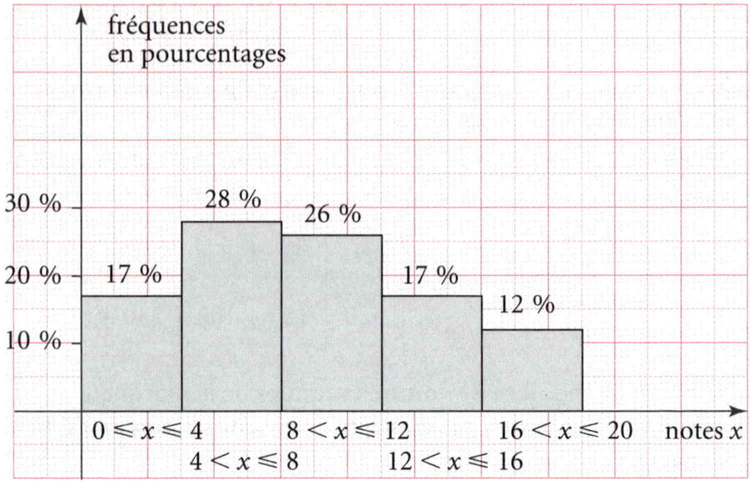

1. Représenter ces données par un diagramme circulaire. On fera apparaître le calcul des angles.

2. Déterminer le nombre d'élèves ayant eu une note inférieure ou égale à 8.

39 – Une enquête faite auprès des 24 élèves d'une classe de 6e portait sur la durée du trajet nécessaire à chacun pour se rendre au collège.

Durée du trajet en minutes d	Nombre d'élèves
$0 \leqslant d < 10$	5
$10 \leqslant d < 20$	6
$20 \leqslant d < 30$	9
$30 \leqslant d < 40$	4

1. Sur une feuille de papier millimétré, représenter cette situation par un histogramme, (c'est-à-dire un diagramme en barres).
– On prendra 1 cm pour 5 minutes et 1 cm pour 1 élève.

2. Pour combien d'élèves le trajet a-t-il une durée strictement inférieure à 20 minutes ?

3. Calculer le pourcentage d'élèves dont le trajet a une durée strictement inférieure à 30 minutes ?

40 – Voici les notes obtenues par Alice aux contrôles d'anglais durant l'année scolaire.
1er trimestre : 7 ; 11 ; 9.
2e trimestre : 13 ; 11 ; 15.
3e trimestre : 14 ; 14.
Calculer la moyenne des notes de chaque trimestre, la moyenne des trois trimestres et la moyenne des notes de toute l'année ; que remarque-t-on ?

41 – Voici un relevé de 5 notes dont une a été effacée :
13 ; … ; 6,5 ; 12 ; 15.
Sachant que la moyenne de ces notes est 11, déterminer la note effacée.

42 – Pour tenir compte de l'évolution des résultats d'un élève au cours de l'année, un professeur calcule la moyenne annuelle de la manière suivante : il attribue le coefficient 1 à la moyenne du premier trimestre, le coefficient 2 à celle du deuxième trimestre et le coefficient 3 à celle du troisième.
Voici les moyennes trimestrielles de 4 élèves :

Nom	1er trimestre	2e trimestre	3e trimestre
Oscar	10	10	10
Tony	8	10	12
Jules	12	10	8
Zoé	6	9	13

Calculer la moyenne annuelle de chacun avec les coefficients choisis par le professeur.
Comparer ces moyennes avec les moyennes arithmétiques des trois trimestres.

43 – Lors d'un examen, la note de français et celle de mathématiques sont affectées du coefficient 3, la note de langue et celle d'histoire sont affectées du coefficient 2.
Pierre a obtenu 11 en français, 15 en mathématiques et 10 en anglais ; sa moyenne est 12,6.
Quelle note a-t-il obtenue en histoire ?

Exercices 44 à 47 : utiliser les renseignements fournis dans ce tableau.

44 –

Élèves de 4e	Âge (en années)	Nombre de frères et sœurs	Note en français sur 20	Note en maths sur 20
Blaise	13	2	2	4
Rachid	16	5	9	10
Patricia	14	1	13	11
Matthieu	14	1	10	10
Isabelle	15	3	12	11
Anne	15	1	14	15
Nolwenn	14	1	15	15
José	16	2	11	12
Antoine	15	0	10	11
Claire	14	0	14	13
Charlotte	14	2	8	6
Xavier	13	2	9	10
Romain	12	1	6	4
Julien	13	2	7	8
Thibaut	14	1	10	11
Mamoud	16	4	10	10
Christian	14	3	13	14
Laurent	14	1	7	5
Paul	13	1	5	6
Yannick	13	0	9	10

1. Quel est l'effectif de la classe de 4e du tableau ?

2. Quels sont les âges des élèves ?

3. Recopier et compléter le tableau suivant :

Âge	Effectif	Fréquence	Effectif cumulé	Fréquence cumulée
12	1	…	…	…
13	5	…	…	…
14	…	…	…	…

4. Représenter graphiquement les effectifs en fonction de l'âge.

5. Quelle est la moyenne d'âge de la classe ?

45 – 1. On s'intéresse au nombre d'enfants par famille pour les élèves de la classe de 4e considérée. Recopier et compléter le tableau :

Nombre d'enfants par famille	Effectif	Effectif cumulé	Fréquence	Fréquence cumulée
1	…	…	…	…
2	…	…	…	…
3	…	…	…	…
4	…	…	…	…
5	…	…	…	…
6	…	…	…	…

En donner deux représentations graphiques (effectif et effectif cumulé). Combien de familles ont au plus trois enfants ?

2. Quel est le nombre moyen d'enfants par famille ?
Pourquoi ce nombre ne peut-il pas représenter le nombre moyen d'enfants par famille en France ?

46 – 1. Recopier et compléter le tableau suivant :

Note en français	Effectif	Effectif cumulé	Fréquence	Fréquence cumulée
0	0	0	…	…
1	0	0	…	…
2	1	1	…	…
3	0	1	…	…
4	0	1	…	…
5	1	2	…	…

2. Donner une représentation graphique des effectifs et des effectifs cumulés.

3. Calculer la moyenne de la classe en français.

47 – 1. Recopier et compléter le tableau suivant :

Note en mathématiques	[0 ; 2[	[2 ; 4[	[4 ; 6[	[6 ; 8[	[8 ; 10[
Effectif	…	…	…	…	…
Pourcentage	…	…	…	…	…

Note en mathématiques	[10 ; 12[	[12 ; 14[	[14 ; 16[	[16 ; 18[	[18 ; 20[
Effectif	…	…	…	…	…
Pourcentage	…	…	…	…	…

2. Représenter les effectifs par un diagramme à barres.

48 – Pour être vendues, les pommes doivent être calibrées : elles sont réparties en caisses suivant leur diamètre.

Diamètre *d* en mm	$55 < d \leqslant 60$	$60 < d \leqslant 65$	$65 < d \leqslant 70$
Nombre de pommes	13	20	30

Diamètre *d* en mm	$70 < d \leqslant 75$	$75 < d \leqslant 80$	$80 < d \leqslant 85$
Nombre de pommes	23	26	18

1. Dans ce lot :

a) Quel est le nombre de pommes dont le diamètre est inférieur ou égal à 70 mm ?

b) Quel est le nombre de pommes dont le diamètre est strictement supérieur à 80 mm ?

2. Calculer le pourcentage des pommes de ce lot dont le diamètre d est tel que $75 < d \leqslant 80$.

3. Calculer une valeur approchée du diamètre moyen des pommes de ce lot.

(corrigés p. 133)

CORRIGÉS

Proportionnalité

1 –

×7						
	15	31	61	126	90	198
	105	217	427	882	630	1 386

2 –

9	18	45	63	630	675
17	17 × 2 34	17 × 5 85	17 × 7 ou 34 + 85 = 119	119 × 10 1 190	1 190 + 85 1275

3 –

×11	35	58	118	194	437	975	: 11
	385	638	1 298	2 134	4 807	10 725	

4 – **1.** On cherche les consommations sur autoroute et en ville et on ajoute les résultats.

• *Consommation sur autoroute :*

On suppose la consommation proportionnelle à la distance parcourue, ce qui est sous-entendu dans l'énoncé :

Distance	100	150
Consommation	8,5	x

On peut dire :

– pour 100 km, il consomme 8,5 L ;

– pour 50 km, il consomme (8,5 : 2) L soit 4,25 L ;

– pour 150 km, il consomme (8,5 + 4,25) L soit 12,75 L.

Autres méthodes

• **On peut dire aussi :**

Soit x sa consommation pour 150 km.

$x \times 100 = 8,5 \times 150$ (produits en croix)

$$x = \frac{8,5 \times 150}{100}$$

$x = 12,75$.

• ***Ou encore (règle de trois) :***

– pour 100 km, il consomme 8,5 L ;

– pour 1 km, il consomme $\frac{8,5}{100}$ L ;

– pour 150 km, il consomme $\frac{8,5}{100} \times 150$ L, soit 12,75 L.

• *Ou enfin :*

Le coefficient de proportionnalité qui permet de passer de la distance à la consommation est $\frac{8,5}{100}$.

La consommation pour 150 km est, en litres : $\frac{8,5}{100} \times 150 = 12,75$ L.

• *Consommation en ville :*

On procède comme pour la consommation sur autoroute.

Distance	100	25
Consommation	10,4	y

Pour 100 km, il consomme 10,4 L.

pour 25 km = $\frac{100 \text{ km}}{4}$, il consomme $\frac{10,4}{4}$ L, soit 2,6 L.

Autre méthode :

$$100 \times y = 25 \times 10,4 \quad \text{ou} \quad y = \frac{10,4 \times 25}{100}.$$

• *Consommation totale :*

(12,75 + 2,6) L = 15,35 L. La consommation totale est 15,35 L.

2. *Consommation moyenne :*

La consommation est 15,35 litres pour 175 km.

La consommation moyenne par km est $\frac{15,35}{175}$, soit environ 0,0877.

Elle est de 8,8 litres aux 100 kilomètres (environ).

5 –

Francs (F)	1 501,75	6,55957	?
Euros (€)		1	
Dollars ($)	?	0,926	1

(: 6,55957 ; × 0,926)

1. $1\,501,75 \text{ F} = \frac{1\,501,75}{6,55957} € = \frac{1\,501,75}{6,55957} \times 0,926 \$ = 212 \$$.

Madame Durand a reçu 212 dollars.

2. $1 \$ = \frac{1}{0,926} € = \frac{1}{0,926} \times 6,55957 \text{ F}$; $1 \$ \approx 7,08$ F.

Un dollar valait environ 7,08 francs le 26 mars 2000.

6 – On peut résumer les données dans le tableau suivant :

Sommes mises (en €)	12 200	13 800	26 000
Bénéfice (en €)	x	y	3 900

(× 0,15)

GESTION DE DONNÉES

$x = 0{,}15 \times 12\,200 = 1\,830.$

$y = 0{,}15 \times 13\,800 = 2\,070.$

La première personne reçoit 1 830 € et la deuxième 2 070 €.

7 –

Habitants	1 290	2 160	3 090	6 540
Prix (en €)	x	y	z	124 260

$\times 19$

$1\,290 + 2\,160 + 3\,090 = 6\,540$; $\dfrac{124\,260}{6\,540} = 19$;

$x = 19 \times 1\,290 = 24\,510$;

$y = 19 \times 2\,160 = 41\,040$;

$z = 19 \times 3\,090 = 58\,710.$

La commune de 1 290 habitants a payé 24 510 €.

La commune de 2 160 habitants a payé 41 040 €.

La commune de 3 090 habitants a payé 58 710 €.

8 – Les 28 personnes ont travaillé pendant 15 jours, ce qui représente 28×15 jours de travail, soit 420 jours.

Les 35 personnes ont travaillé pendant 20 jours, ce qui représente 35×20 jours de travail, soit 700 jours.

Le salaire total est donc celui de (420 + 700) jours de travail.

Jours	420	700	1 120 (420 + 700)
Salaires	x	y	67 200

$\times 60$

Le groupe des 28 personnes doit recevoir la somme x :

$x = 60 \times 420 = 25\,200.$ Il reçoit 25 200 €.

Le groupe des 35 personnes doit recevoir la somme y :

$y = 60 \times 700 = 42\,000.$ Il reçoit 42 000 €.

Pourcentage, échelle, vitesse, débit, indice

Pourcentage

9 – 1. $\left(\frac{56 - 51,24}{51,24}\right) \times 100 \approx 9,3$. Le bénéfice est d'environ 9,3 % du prix d'achat.

2. $\left(\frac{56 - 51,24}{56}\right) \times 100 = 8,5$. Le bénéfice est de 8,5 % du prix de vente.

10 – (Calculs à 0,01 près).
1. Montant de la T.V.A en F : 4 457,73 × 0,206 soit environ **918,29 F.**
Montant de la facture en F : 4 457,73 + 918,29 soit **5 376,02 F.**
Montant de la facture en € : 679,58 + 679,58 × 0,206 soit **819,57 €.**

2. Après le 15 septembre 1999, il aurait payé :
(4 457,73 + 4 457,73 × 0,055) F soit **4 702,91 F** ou **716,95 €**
il aurait économisé (5 376,02 – 4 702,91) F soit **673,11 F** ou **102,61 €.**
On peut aussi dire que la T.V.A a baissé de 15,1 % ; l'économie aurait été de (4 457,73 × 0,151) F ou (679,58 × 0,151) €.
$\frac{673,11}{5\,376,02} \times 100 \approx 12,5$ ou $\frac{102,61}{819,57} \times 100 \approx 12,5$; il aurait réalisé 12,5 % d'économies par rapport au prix qu'il a payé.

11 – Volume de la première valise : $(5 \times 3,5 \times 1,6)\ \text{dm}^3 = 28\ \text{dm}^3$.
Volume de la deuxième valise : $(6 \times 4 \times 1,7)\ \text{dm}^3 = 40,8\ \text{dm}^3$.
La deuxième valise contient $(40,8 - 28)\ \text{dm}^3$ ou $12,8\ \text{dm}^3$ de plus que la première, ce qui représente $\frac{12,8}{28} \times 100$ ou 45,7 % de plus.

12 – Parc P_1 : Places occupées : 375 ;
taux d'occupation $= \frac{375}{500} \times 100 = 75$ %.
Parc P_2 : Places occupées : 714 ; taux d'occupation : 84 %.
Parc P_3 : Places occupées : 238 ; taux d'occupation : 70 %.
Parc P_4 : Places occupées : 186 ; taux d'occupation : 60 %.
Par ordre décroissant des taux d'occupation, on a : P_2, P_1, P_3 et P_4.

Échelle

13 – 1. Échelle : $\frac{1}{5\,000\,000}$ (1 cm représente 5 000 000 cm).

2. $30\,000\,000 \times \frac{1}{5\,000\,000} = 6$. La distance est de 6 cm.

On aurait pu raisonner autrement : 1 cm représente 50 km ;
$300 = 50 \times 6$; donc 6 cm représentent 300 km.

3. $15 \times 5\,000\,000 = 75\,000\,000$.
15 cm représentent 75 000 000 cm ou 750 km.

14 – $e = \dfrac{20}{60\,000\,000} = \dfrac{1}{3\,000\,000}$. L'échelle est $\dfrac{1}{3\,000\,000}$.

15 – $e = \dfrac{1{,}5}{300\,000} = \dfrac{1}{200\,000}$. L'échelle est $\dfrac{1}{200\,000}$.

16 – $e = \dfrac{35}{7} = 5$. L'échelle est 5.

17 – $e = \dfrac{60}{3} = 20$. L'échelle est 20.

Vitesse

18 – $1{,}5\text{ h} = 1\text{ h} + \frac{1}{2}\text{ h} = 1\text{ h} + \left(\frac{60}{2}\right)\text{ min} = 1\text{ h }30\text{ min}$;

$2\text{h }24\text{ min} = \left(2 + \frac{24}{60}\right)\text{ h} = (2 + 0{,}4)\text{ h} = 2{,}4\text{ h}$;

$4{,}3\text{ h} = 4\text{ h} + (0{,}3 \times 60)\text{ min} = 4\text{ h }18\text{ min}$;

$4\text{ h }6\text{ min} = 4{,}1\text{ h}$; $3\text{ h }15\text{ min} = 3{,}25\text{ h}$; $4\text{ h }45\text{ min} = 4{,}75\text{ h}$.

19 – $60\text{ km}\cdot\text{h}^{-1} = \frac{60}{60}\text{ km}\cdot\text{min}^{-1} = 1\text{ km}\cdot\text{min}^{-1}$;

Distance parcourue en une minute $= \dfrac{\text{distance parcourue en une heure}}{60}$

$1{,}2\text{ km}\cdot\text{min}^{-1} = (1{,}2 \times 60)\text{ km}\cdot\text{h}^{-1} = 72\text{ km}\cdot\text{h}^{-1}$;

$8{,}5\text{ m}\cdot\text{s}^{-1} = (0{,}0085 \times 3\,600)\text{ km}\cdot\text{h}^{-1} = 30{,}6\text{ km}\cdot\text{h}^{-1}$.

20 – $161\text{ km}\cdot\text{h}^{-1} = \frac{161}{60} \times 1\,000 \approx 2\,683\text{ m}\cdot\text{min}^{-1}$.

21 – $v = \frac{595}{7}\text{ km}\cdot\text{h}^{-1} = 85\text{ km}\cdot\text{h}^{-1}$.

$5\text{ h }12\text{ min} = \left(5 + \frac{1}{5}\right)\text{ h} = \frac{26}{5}\text{ h}$; $\frac{26}{5} \times 85 = 442$; il parcourrait 442 km.

22 – $2\text{ h }15\text{ min} = 2{,}25\text{ h}$. $v = \frac{1\,764}{2{,}25}\text{ km}\cdot\text{h}^{-1} = 784\text{ km}\cdot\text{h}^{-1}$.

23 – $v = \frac{100}{10{,}76}\text{ m}\cdot\text{s}^{-1} = \frac{100}{10{,}76} \times 60\text{ m}\cdot\text{min}^{-1}$; $v \approx 557{,}6\text{m}\cdot\text{min}^{-1}$;

$v \approx 33{,}5\text{ km}\cdot\text{h}^{-1}$.

24 – $16 : 2 \times 25 = 200$; 200 min = 3 h 20 min.
Partant à 8 heures 40 min il arriverait à 12 h.

25 – Il a parcouru $(42 \times 3{,}25)$ km = 136,5 km.

26 – $\dfrac{120}{100} = 1{,}2$. La durée de l'aller est de 1,2 h ou 1 h 12 min.

$\dfrac{120}{160} = 0{,}75$. La durée du retour est de 0,75 h ou 45 min.

La durée totale est de 1,95 h ou 1 h 57 min.

$\dfrac{(120 \times 2)}{1{,}95} \approx 123{,}1$. La vitesse moyenne est de 123,1 km · h^{-1} arrondi au dixième.

Cette vitesse moyenne n'est pas la moyenne arithmétique des deux vitesses (100 et 160) qui serait 120.

27 – 1. Calcul de la durée : $\dfrac{135}{90} + \dfrac{195}{130} = 3$.

La durée totale du trajet est de 3 h.

2. Calcul de la vitesse moyenne : $\dfrac{(135 + 195)}{3} = 110$.

La vitesse moyenne est de 110 km · h^{-1}. Cette fois elle est la moyenne des vitesses $\dfrac{(90 + 130)}{2} = 110$. Cela s'explique par le fait que les durées des deux parcours sont les mêmes ($\dfrac{135}{90} = 1{,}5$; $\dfrac{195}{130} = 1{,}5$).

Débit

28 – $650 \times 3\,600 = 2\,340\,000$; le débit à l'heure est de 2 340 000 m^3.

29 – Volume du bassin $\pi \times 4^2 \times 0{,}6 = 9{,}6\,\pi$ soit environ 30 m^3. En 20 min $\left(\dfrac{1}{3}\text{ h}\right)$ la pompe remplit 30 m^3. Son débit est de 90 m^3 · h^{-1}.

30 – $\dfrac{2}{3} \times 15$ L = 10 L ; il s'écoule 10 L ou 1 000 cL en 40 s ;

le débit est de $\dfrac{1\,000}{40}$ cL · s^{-1} = 25 cL · s^{-1}.

10 min = 600 s ; il s'écoule : (25×600) cL = 15 000 cL = 150 L.

Indices

31 –

Année scolaire	1997-1998	1998-1999	Projection 2007-2008
Effectif collège	3 450	3 300	3 150
Indice	100	96	91

Année scolaire	1997-1998	1998-1999	Projection 2007-2008
Effectif lycée	1 400	1 550	1 450
Indice	100	111	104

Problèmes sur la proportionnalité

32 – **1.** Réduction : 50 €.

2. $\frac{50}{250} \times 100 = 20$. Réduction de 20 % du prix initial.

3. $y = x - \frac{20}{100}x = \frac{80}{100}x$; $y = 0{,}8x$.

33 – **1.** 11 h 20 min – 7 h 15 min = 4 h 05 min.
La durée totale de son parcours est de 4 h 05 min.

2. (120 : 60) h = 2 h. La durée du trajet Cherbourg-Caen est de 2 h.

3. (50 : 40) h = 1,25 h = 1 h 15 min.

La durée du trajet Alençon-Le Mans est de 1,25 h ou 1 h 15 min.

4. Le trajet Caen-Alençon a duré 4 h 05 min – (2 h + 1 h 15 min) = 50 min.

La distance Caen-Alençon est de $120 \times \frac{50}{60}$ km = 100 km.

5. $\frac{(120 + 100 + 50)\text{ km}}{4\text{ h }5\text{ min}} = \frac{270}{\left(4 + \frac{5}{60}\right)} = \frac{270}{\left(\frac{49}{12}\right)}\text{ km} \cdot \text{h}^{-1}$.

La vitesse sur la totalité du parcours est de 66 km · h^{-1} (arrondi au km).

34 – Soit x la distance de A à B, en kilomètres :

$$\frac{x}{5} + \frac{x}{60} + \frac{x}{75} + \frac{x}{20} = 7$$

$$\frac{60x}{300} + \frac{5x}{300} + \frac{4x}{300} + \frac{15x}{300} = 7$$

$$\frac{84x}{300} = 7$$

$$x = \frac{7 \times 300}{84}$$

$x = 25$. La distance est de 25 km.

35 – 1. En une heure, A remplit $\frac{1}{5}$ du bassin et B remplit $\frac{2}{9}$ du bassin.
En une heure, A et B réunies remplissent $\frac{1}{5}+\frac{2}{9}$ du bassin :
$\frac{1}{5}+\frac{2}{9}=\frac{9+10}{45}=\frac{19}{45}$.
Le bassin est rempli en $\frac{45}{19}$ d'heures $\approx$ 2 h 22 min 6 s.

2. Les pompes A, B, C réunies rempliraient $\frac{1}{2{,}25}=\frac{4}{9}$ du bassin en une heure.
La pompe C remplit le bassin en x heures.
En une heure, elle remplit la fraction $\frac{1}{x}$ du bassin.

$$\frac{1}{5}+\frac{2}{9}+\frac{1}{x}=\frac{4}{9}$$
$$\frac{19}{45}+\frac{1}{x}=\frac{4}{9}$$
$$\frac{1}{x}=\frac{4}{9}-\frac{19}{45}$$
$$\frac{1}{x}=\frac{20-19}{45} \qquad \frac{1}{x}=\frac{1}{45} \qquad x=45.$$

La pompe C remplirait le bassin en 45 heures !

Représentations statistiques, moyennes

36 – 1. Nombre de voitures vendues de la marque E :
1 000 – (320 + 160 +100 + 240) = 1 000 – 820 = 180.
Il a été vendu 180 voitures de la marque E.

2. Diagramme semi-circulaire
Pour les différentes marques, les mesures des angles au centre du diagramme sont proportionnelles aux nombres de voitures vendues.
Calcul des angles :
– pour la marque A : $\frac{320}{1\,000}\times 180° \approx 58°$
– pour la marque B : $\frac{160}{1\,000}\times 180° \approx 29°$
– pour la marque C : $\frac{100}{1\,000}\times 180° = 18°$
– pour la marque D : $\frac{240}{1\,000}\times 180° \approx 43°$
– pour la marque E : $\frac{180}{1\,000}\times 180° \approx 32°$.

3. Diagramme des ventes :

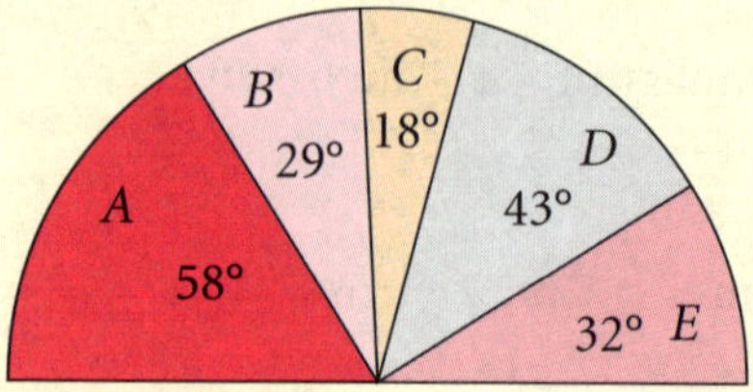

Diagramme semi-circulaire

37 – 1. Calcul du pourcentage : $\frac{90}{250} \times 100 = 36$.

36 % des élèves ont eu une note telle que $8 \leqslant n < 12$.

2. Calcul du nombre d'élèves :

Les mesures des angles sont proportionnelles au nombre d'élèves correspondant :

$\frac{x}{250} = \frac{86{,}4}{360}$; $x = \frac{86{,}4}{360} \times 250$; $x = 60$.

60 élèves ont eu une note telle que $12 \leqslant n < 16$.

3. Calcul de l'angle : $360 \times \frac{20}{100} = 72$.

L'angle correspondant à l'ensemble des élèves dont la note est telle que $4 \leqslant n < 8$ est de 72°.

38 – 1. Diagramme circulaire

	$0 \leqslant x \leqslant 4$	$4 < x \leqslant 8$	$8 < x \leqslant 12$	$12 < x \leqslant 16$	$16 < x \leqslant 20$
Fréquence	17 %	28 %	26 %	17 %	12 %
Angle	61,2°	100,8°	93,6°	61,2°	43,2°

Angle $= \frac{\text{Fréquence}}{100} \times 360$. *Exemple :* $\frac{17}{100} \times 360 = 61,2$.

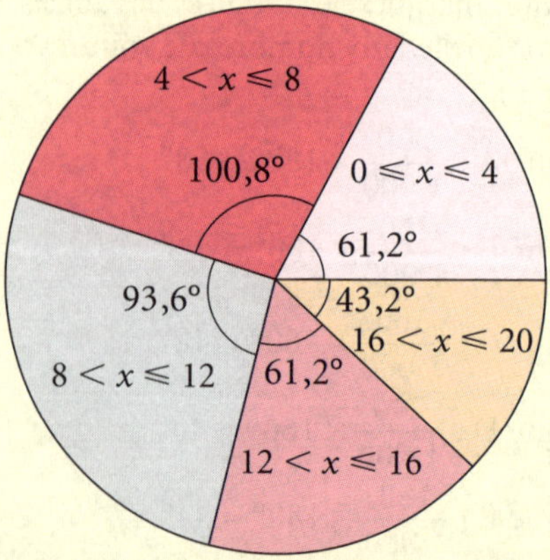

2. Nombre d'élèves ayant eu une note inférieure ou égale à 8
Pourcentage d'élèves ayant une note inférieure ou égale à 8 :
17 % + 28 % = 45 %.

$$300 \times \frac{45}{100} = \mathbf{135}.$$

135 élèves ont eu une note inférieure ou égale à 8.

39 – 1. Diagramme à barres

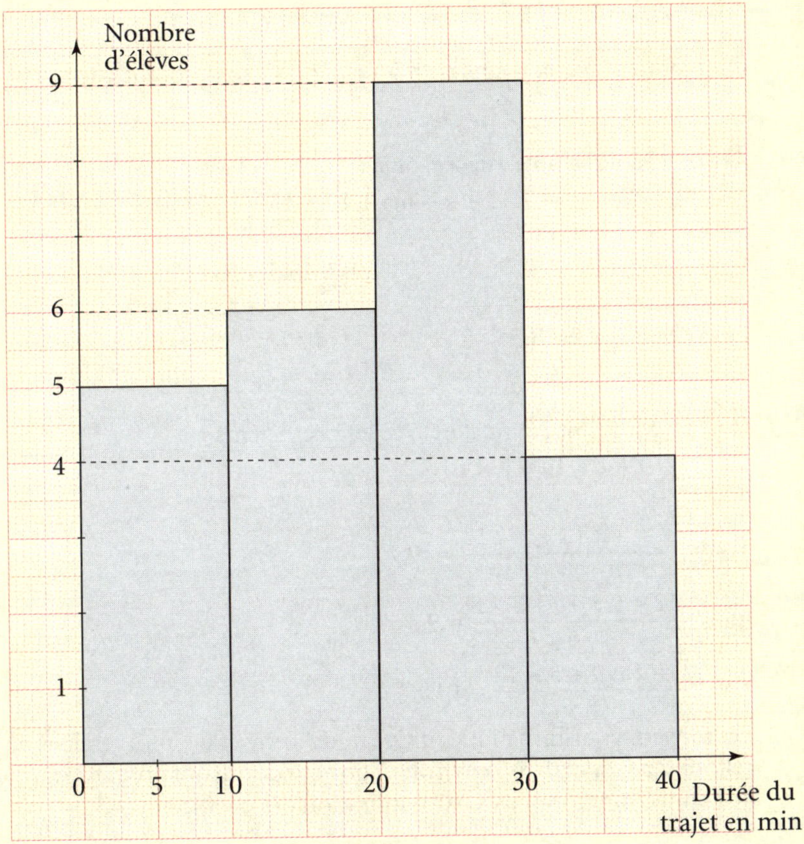

2. La durée du trajet est strictement inférieure à 20 minutes pour **11 élèves** (5 + 6).

3. Pourcentage :
La durée du trajet est strictement inférieure à 30 minutes pour 20 élèves (5 + 6 + 9).

Pourcentage : $\frac{20 \times 100}{24}$, soit **environ 83 %.**

40 – Moyenne du premier trimestre : $\dfrac{7+11+9}{3}=9.$

Moyenne du deuxième trimestre : $\dfrac{13+11+15}{3}=13.$

Moyenne du troisième trimestre : $\dfrac{14+14}{2}=14.$

Moyenne des trois trimestres : $\dfrac{9+13+14}{3}=12.$

Moyenne des notes de l'année :

$$\frac{7+11+9+13+11+15+14+14}{8}=11{,}75.$$

On n'obtient pas la même moyenne par les deux procédés de calcul.

41 – Soit x la note effacée, on a :

$$\frac{13+x+6{,}5+12+15}{5}=11$$

$$x+46{,}5=55$$

$$x=8{,}5.$$

La note effacée est 8,5.

42 – Moyennes annuelles avec les coefficients :

Oscar : $\dfrac{10+2\times10+3\times10}{6}=10\,;$

Tony : $\dfrac{8+2\times10+3\times12}{6}\approx10{,}7\,;$

Jules : $\dfrac{12+2\times10+3\times8}{6}\approx9{,}3\,;$

Zoé : $\dfrac{6+2\times9+3\times13}{6}=10{,}5.$

Les moyennes arithmétiques d'Oscar, de Tony et de Jules seraient de 10, celle de Zoé serait de 9,3 environ ; Tony et Zoé qui ont progressé au cours de l'année sont avantagés par l'utilisation des coefficients.

43 – Soit n la note d'histoire de Pierre, on a :

$\dfrac{3\times11+3\times15+2\times10+2n}{10}=12{,}6\,;$

$\dfrac{98+2n}{10}=12{,}6\,;\qquad 98+2n=126\,;$

$2n=28\,;\qquad n=14.$

Pierre a obtenu 14 en histoire.

44 – **1.** Il y a 20 élèves.

2. Les élèves ont de 12 à 16 ans.

3.

Âge	Effectif	Fréquence	Effectif cumulé	Fréquence cumulée
12	1	$\frac{1}{20}$	1	$\frac{1}{20}$
13	5	$\frac{5}{20} = \frac{1}{4}$	6	$\frac{3}{10}$
14	8	$\frac{8}{20} = \frac{2}{5}$	14	$\frac{7}{10}$
15	3	$\frac{3}{20}$	17	$\frac{17}{20}$
16	3	$\frac{3}{20}$	20	1
	20			

4.

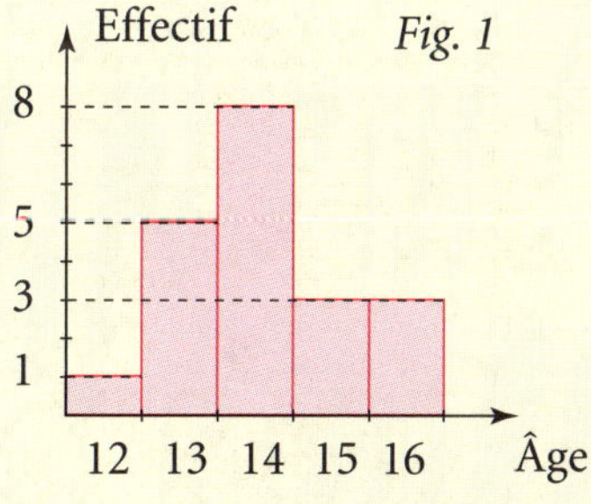

Fig. 1

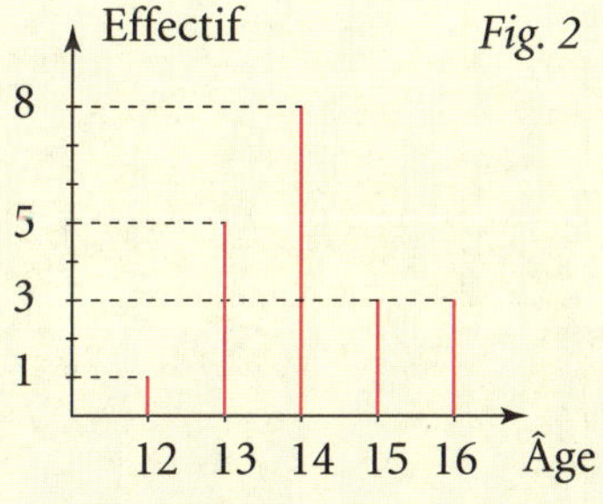

Fig. 2

On peut :

– soit considérer que l'âge est étendu sur un an (*fig. 1*) ;

– soit considérer les valeurs isolées 12, 13, 14, 15, 16 (*fig. 2*).

5. Moyenne :

$$m = \frac{12 + (13 \times 5) + (14 \times 8) + (15 \times 3) + (16 \times 3)}{20} = 14,1.$$

45 – 1.

Nombre d'enfants	Effectif	Effectif cumulé	Fréquence	Fréquence cumulée
1	3	3	3/20	3/20
2	8	11	8/20	11/20
3	5	16	5/20	16/20
4	2	18	2/20	18/20
5	1	19	1/20	19/20
6	1	20	1/20	20/20
	20			

Dans la colonne des effectifs cumulés, on lit que 16 familles ont au plus 3 enfants.

Représentation graphique : voir les figures ci-dessous.

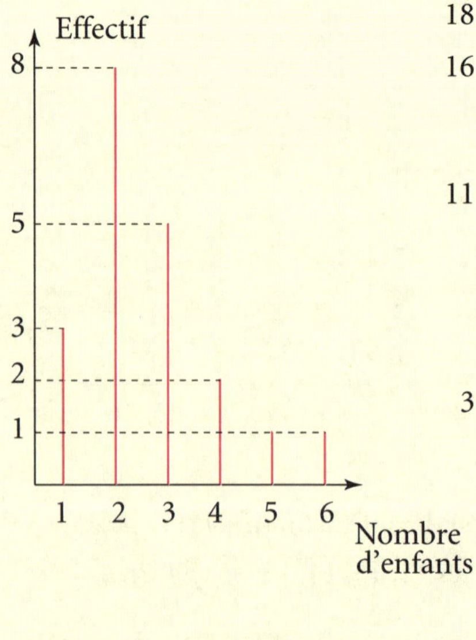

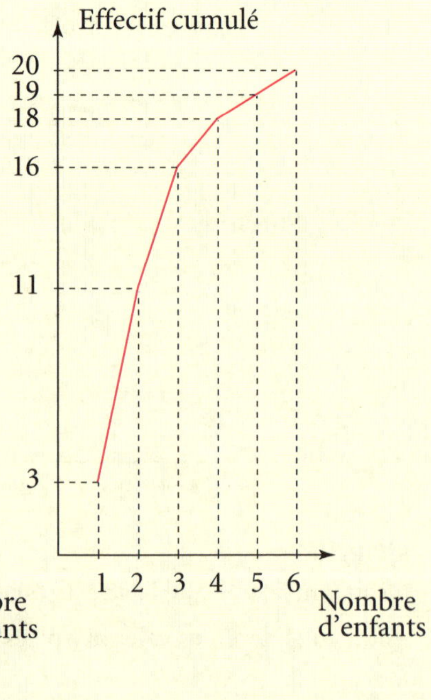

2. Moyenne : $\dfrac{(1 \times 3) + (2 \times 8) + (3 \times 5) + (4 \times 2) + 5 + 6}{20} = 2{,}65.$

La moyenne ne tient pas compte des familles sans enfants.

46 – 1.

Note en français	Effectif	Effectif cumulé	Fréquence	Fréquence cumulée
0	0	0	0/20	0/20
1	0	0	0/20	0/20
2	1	1	1/20	1/20
3	0	1	0/20	1/20
4	0	1	0/20	1/20
5	1	2	1/20	2/20
6	1	3	1/20	3/20
7	2	5	2/20	5/20
8	1	6	1/20	6/20
9	3	9	3/20	9/20
10	4	13	4/20	13/20
11	1	14	1/20	14/20
12	1	15	1/20	15/20
13	2	17	2/20	17/20
14	2	19	2/20	19/20
15	1	20	1/20	20/20
16	0	20	0/20	20/20
17	0	20	0/20	20/20
18	0	20	0/20	20/20
19	0	20	0/20	20/20
20	0	20	0/20	20/20

2. Diagrammes des effectifs et des effectifs cumulés :

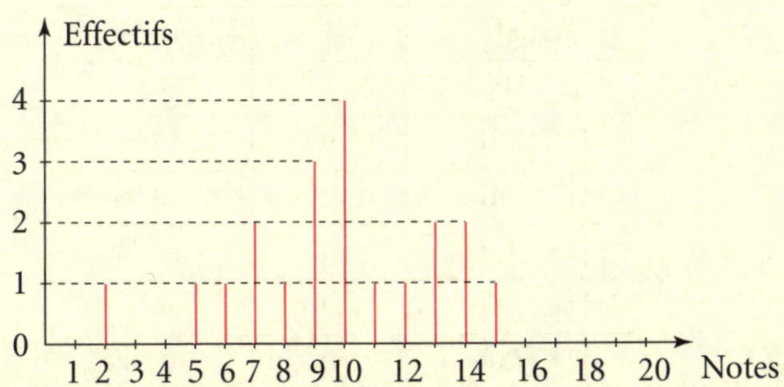

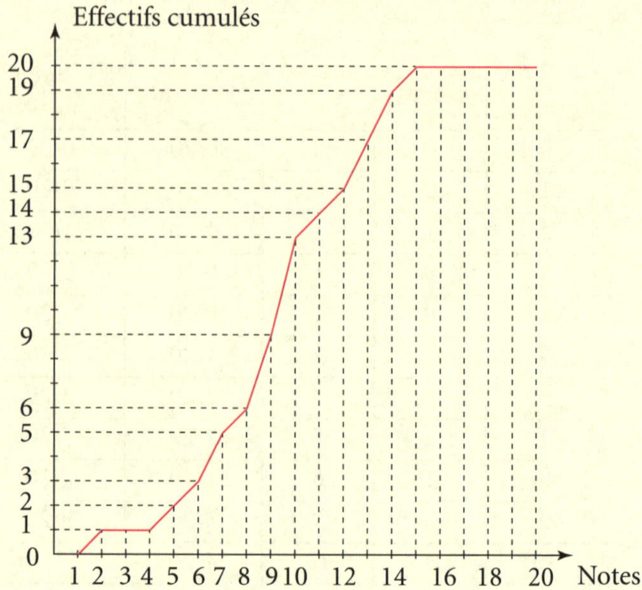

3. Moyenne :

$$\frac{2+5+6+(7\times 2)+8+(9\times 3)+(10\times 4)+11+12+(13\times 2)+(14\times 2)+15}{20}$$

$m = 9{,}7.$

47 – 1.

Note en Mathématiques	Effectif	Pourcentage
[0 ; 2[	0	0 %
[2 ; 4[	0	0 %
[4 ; 6[	3	15 %
[6 ; 8[	2	10 %
[8 ; 10[	1	5 %
[10 ; 12[	9	45 %
[12 ; 14[	2	10 %
[14 ; 16[	3	15 %
[16 ; 18[	0	0 %
[18 ; 20[	0	0 %

2.

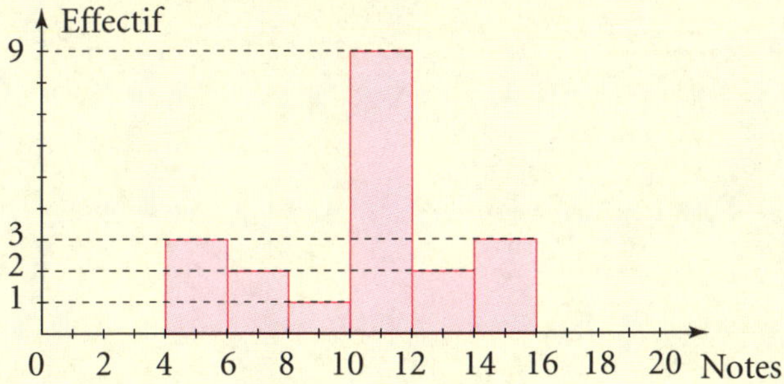

48 – 1. a) Il y a (13 + 20 + 30) pommes, soit **63 pommes** dont le diamètre est inférieur ou égal à **70 mm**.

b) Il y a 18 pommes dont le diamètre est strictement supérieur à 80 mm.

2. Calcul du pourcentage :

$$\frac{26}{130} \times 100 = 20.$$

Il y a **20 % de pommes** dont le diamètre est tel que $75 < d \leqslant 80$.

3. Les différentes classes ont pour valeurs centrales 58, 63, 68, 73, 78, 83.
Diamètre moyen des pommes du lot :

$$\frac{58 \times 13 + 63 \times 20 + 68 \times 30 + 73 \times 23 + 78 \times 26 + 83 \times 18}{130} \approx 71{,}2.$$

Une valeur approchée du diamètre moyen des pommes du lot est **71,2 mm.**

5

LES TRANSFORMATIONS
LES QUADRILATÈRES

COURS

- Propriétés générales des transformations
- Symétrie axiale
- Symétrie centrale
- Quadrilatères
- Translation

MÉTHODE

- Construire l'image d'un point par une transformation (symétrie axiale ou centrale et translation)
  – Sur quadrillage
  – Sur feuille blanche
- Démontrer qu'un quadrilatère est un parallélogramme, un rectangle, un losange ou un carré

EXERCICES

- Symétries axiale et centrale
- Angles et quadrilatères
- Translation
- Problèmes
- Corrigés

5

LES TRANSFORMATIONS LES QUADRILATÈRES

Ce chapitre comporte des rappels sur les symétries (axiale et centrale) et leurs propriétés ainsi que sur l'étude des quadrilatères (parallélogramme, rectangle, losange, carré) et quelques propriétés des angles. Cette partie permet une révision assez générale des propriétés à revoir dès le début de l'année.
L'étude de la translation est abordée et sera poursuivie en 3e.

Propriétés générales des transformations

Toutes les transformations étudiées au collège conservent les distances, l'alignement, le parallélisme, les angles et les aires ; donc, l'image :
– d'une droite est une droite ;
– d'une demi-droite est une demi-droite (l'origine a pour image l'origine) ;
– d'un segment est un segment de même longueur, dont les extrémités sont les images des extrémités du segment ;
– d'un cercle est un cercle de même rayon dont le centre est l'image du centre.

Symétrie axiale (Rappels)

Définition

Soit une droite $\mathscr{D}$; le **symétrique** d'un point M par rapport à $\mathscr{D}$ est le point M′ tel que $\mathscr{D}$ soit la médiatrice de [MM′]. La droite $\mathscr{D}$ est l'axe de la symétrie.

Si M′ est le symétrique de M, alors M est le symétrique de M′ ; on dit que M et M′ sont symétriques par rapport à $\mathcal{D}$.

Propriétés spécifiques

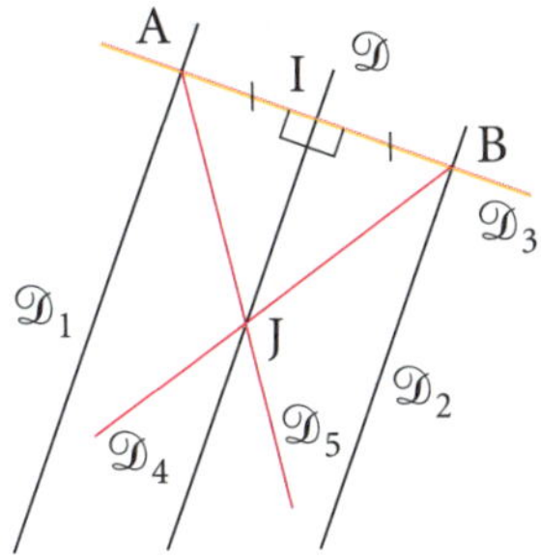

– Le symétrique de l'axe est l'axe.
$\mathcal{D}$ est symétrique de $\mathcal{D}$.
– Toute perpendiculaire à l'axe de symétrie est sa propre symétrique.
$\mathcal{D}_3$ a pour symétrique $\mathcal{D}_3$.
– L'image d'une droite parallèle à l'axe de symétrie est parallèle à l'axe.
$\mathcal{D}_1 // \mathcal{D}$, sa symétrique $\mathcal{D}_2$ est parallèle à $\mathcal{D}$; $\mathcal{D}_2 // \mathcal{D}$.
– Si une droite est sécante à l'axe, cette droite et sa symétrique se coupent sur l'axe. $\mathcal{D}_4$ et $\mathcal{D}_5$ se coupent sur l'axe.

Figures admettant un axe de symétrie

Segment : la médiatrice d'un segment est axe de symétrie de ce segment. La droite support du segment est aussi axe de symétrie du segment.
Droite : toute perpendiculaire à la droite est axe de symétrie de la droite. La droite est aussi axe de symétrie d'elle-même.
Cercle : tout diamètre du cercle est axe de symétrie du cercle.
Triangle : tout triangle isocèle admet pour axe de symétrie la hauteur relative au sommet principal qui est aussi médiane, bissectrice de l'angle principal et médiatrice de la base. Un triangle équilatéral admet trois axes de symétrie.
Quadrilatères :
- tout rectangle admet deux axes de symétrie (médiatrices des côtés) ;
- tout losange admet deux axes de symétrie (les supports des diagonales) ;
- tout carré admet 4 axes de symétrie (les médiatrices des côtés et les supports des diagonales).

Symétrie centrale (Rappels)

Définition

Le **symétrique** d'un point M par rapport à un point O est le point M′ tel que O soit le milieu de [MM′]. Le symétrique de O est O.
Si M′ est le symétrique de M, alors M est le symétrique de M′ ; on dit que M et M′ sont symétriques par rapport à O.

Propriétés spécifiques

> La symétrique d'une droite $\mathscr{D}$ est une droite $\mathscr{D}'$ parallèle à $\mathscr{D}$.

La symétrique d'une droite $\mathscr{D}$ passant par M est la parallèle à $\mathscr{D}$ passant par le symétrique M′ de M.

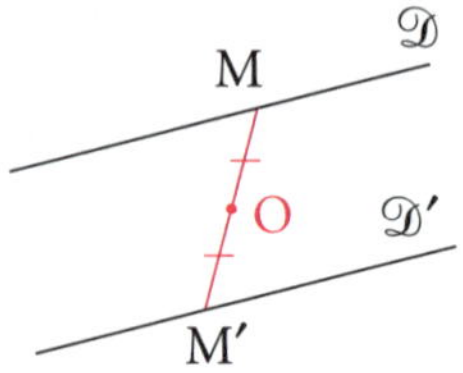

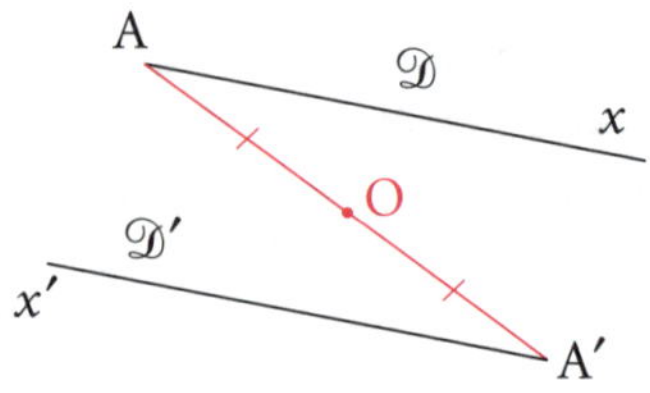

La symétrique d'une demi-droite [Ax) d'origine A est la demi-droite [A′x') telle que :
- A′ est le symétrique de A ;
- (Ax) // (A′x') ;
- les demi-droites [Ax) d'origine A et [A′x') d'origine A′ sont de sens contraires (de part et d'autre de la droite (AA′)).

Figures admettant un centre de symétrie

Segment : Le milieu d'un segment est le centre de symétrie du segment.

Droite : Tout point d'une droite est centre de symétrie de la droite.

Cercle : Le centre d'un cercle est le centre de symétrie du cercle.

Parallélogramme : le point commun aux diagonales est le centre de symétrie.

Angles : quelques rappels

Angles d'un triangle

> La somme des angles d'un triangle est un angle de 180° (angle plat).

Angles formés par des droites parallèles coupées par une sécante

ENREG.

Deux droites $\mathscr{D}_1$ et $\mathscr{D}_2$ sont coupées par une sécante $\mathscr{D}$.
- Si $\mathscr{D}_1$ // $\mathscr{D}_2$, alors les angles alternes-internes sont égaux.
- Si les angles alternes-internes sont égaux, alors $\mathscr{D}_1$ // $\mathscr{D}_2$.
- Si $\mathscr{D}_1$ // $\mathscr{D}_2$, alors les angles correspondants sont égaux.
- Si les angles correspondants sont égaux, alors $\mathscr{D}_1$ // $\mathscr{D}_2$.

Quadrilatères

Parallélogramme

ENREG.

Dans tout parallélogramme :
- les supports des côtés opposés sont parallèles ;
- les côtés opposés ont même longueur ;
- les angles opposés sont égaux ;
- les diagonales ont le même milieu (centre de symétrie).

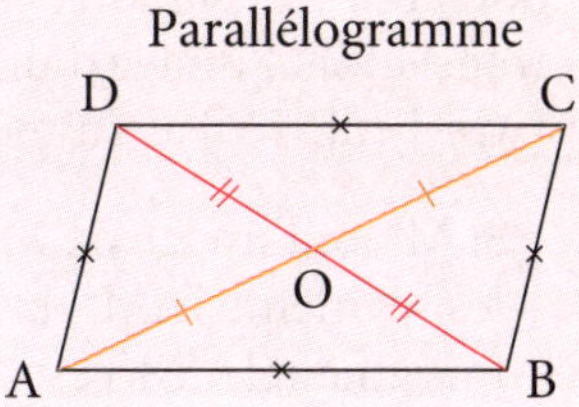

Parallélogrammes particuliers

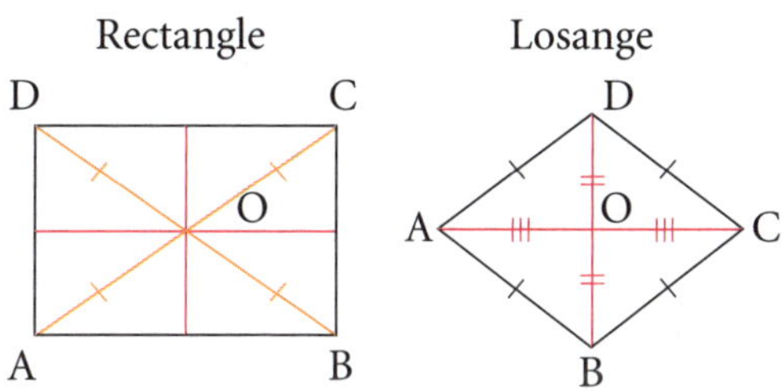

Un rectangle, un losange, un carré sont des parallélogrammes donc ils possèdent ses propriétés.

Propriétés spécifiques au rectangle :

ENREG.

- les angles sont droits ;
- les diagonales ont même longueur.

Propriétés spécifiques au losange :

ENREG.

- les côtés sont de même longueur ;
- les diagonales sont perpendiculaires ;
- les diagonales sont bissectrices des angles.

Propriétés spécifiques au carré :

ENREG.

Ce sont celles du rectangle et du losange.

Translation

On définit une **translation** en se donnant un point et son image. Soit *t* une translation définie par un point A et son image A′. Par cette translation, l'image d'un point M est le point M′ tel que les segments [AM′] et [MA′] aient même milieu. (Figures 1 et 2).

- Si M′ est l'image de M par une translation :
– les segments [AM′] et [MA′] ont même milieu (*Figures 1 ou 2*),
– le segment [A′M′] est l'image du segment [AM] par cette translation.

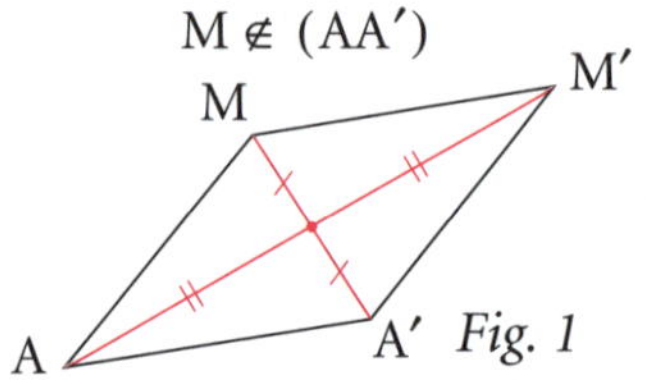

Fig. 1

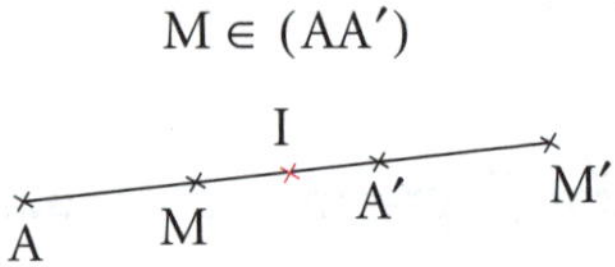

Fig. 2

Réciproquement :

- Si les segments [AM′] et [MA′] ont même milieu, alors M′ est l'image de M par la translation telle que A ait pour image A′.

ENREG.

Dans le cas où M ∉ (AA′)

- Si A′ est l'image de A et M′ l'image de M par la translation *t*, alors le quadrilatère AMM′A′ est un parallélogramme.
- Si le quadrilatère AMM′A′ est un parallélogramme, alors A′ et M′ sont les images de A et M par la même translation.

Propriétés spécifiques

ENREG.

Par une translation donnée, l'image d'une droite est une droite parallèle.
L'image d'une demi-droite est une demi-droite de support parallèle

Exemples :
L'image de la droite (AB) est la droite (A′B′) parallèle à (AB).
L'image de la demi-droite [A*x*) est la demi-droite [A′*x*′) de même sens que [A*x*).
[A*x*) et [A′*x*′) sont du même côté de la droite (AA′).

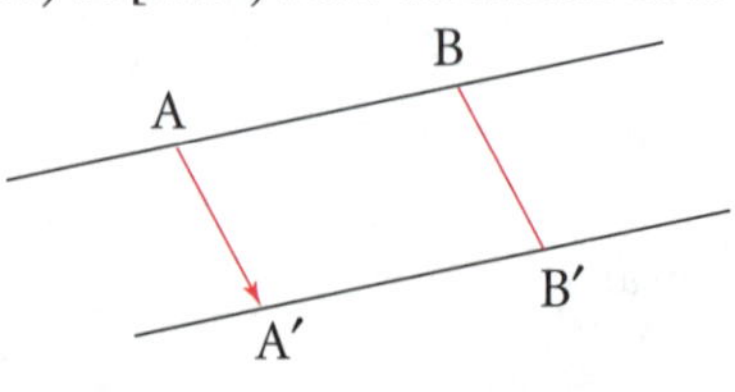

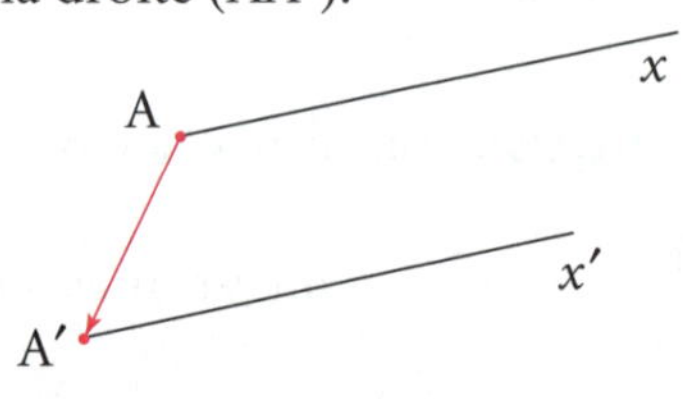

Construire l'image d'un point par une transformation

Sur un quadrillage

Énoncé

1. Construire en rose l'image (*b*) du pentagone (*a*) par la symétrie d'axe $\mathcal{D}$.
2. Construire en gris l'image (*c*) du pentagone (*a*) par la symétrie de centre E.
3. Construire en orange l'image (*d*) du pentagone (*a*) par la translation telle que l'image de A soit B.

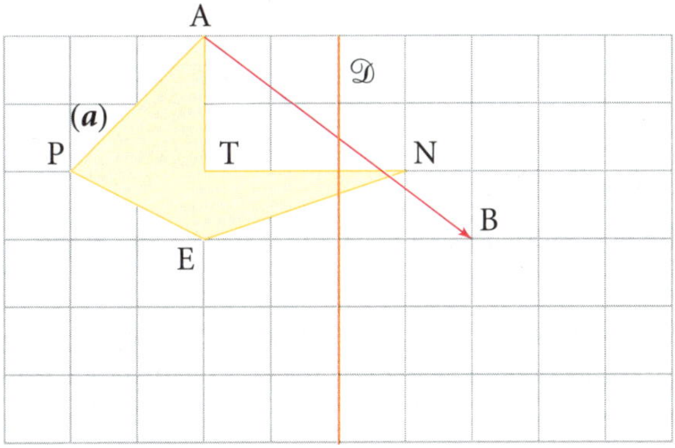

Méthode 1

Sur le quadrillage, on se déplace le long des « lignes horizontales » vers la droite ou la gauche, ou « verticales » vers le bas ou le haut, on compte le nombre de « pas », c'est-à-dire le nombre de côtés de carreaux du quadrillage. Par exemple, pour aller de A en B on se déplace de 4 pas vers la droite et 3 vers le bas ; le trajet est (4*d* ; 3*b*).

1. Pour construire le symétrique d'un point par rapport à une ligne du quadrillage, on compte le nombre de pas pour aller du point vers l'axe sur une ligne perpendiculaire à l'axe. Puis sur la même ligne, on fait le même trajet depuis l'axe. On arrive au symétrique du point.

2. Pour construire le symétrique d'un point P par rapport à un point E, on calcule le trajet pour aller de P à E et on refait ce trajet à partir du centre E de symétrie.

3. Pour construire l'image d'un point P par la translation telle que le point A ait pour image le point B, on calcule le trajet pour aller de A à B et on fait le même trajet à partir du point P.

Résolution

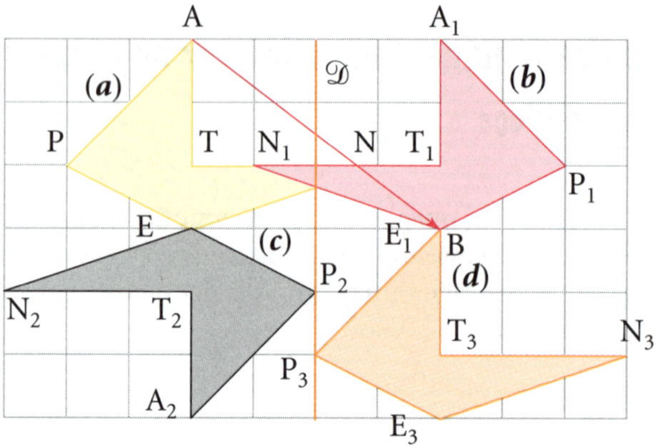

Sur une feuille blanche

Construire le symétrique d'un point par rapport à une droite

Énoncé

On donne une droite 𝒟 et les points A et B n'appartenant pas à 𝒟.

1. Construire à la règle non graduée et au compas, le symétrique A′ de A par rapport à 𝒟.

2. Construire à la règle non graduée seule, le symétrique de B par rapport à 𝒟.

Pour construire le symétrique A′ d'un point A par rapport à une droite 𝒟 ($A \notin \mathcal{D}$), on pourrait utiliser une équerre et une règle graduée : on trace alors la perpendiculaire à 𝒟 passant par A, elle coupe 𝒟 en E. On marque ensuite sur [AE) le point A′ tel que EA′ = EA, mais ici on fixe les outils : **compas** et **règle** ou **règle seule**.

Méthode 2

1. Pour construire, à la règle et au **compas**, le symétrique A′ du point A par rapport à la droite 𝒟 : on trace un cercle de centre A qui coupe 𝒟 en I et J, puis en gardant le même rayon (écartement de compas), on trace les cercles de centres I et J passant par A ; ils se recoupent en A′.

2. Pour construire à la règle seule le symétrique de B par rapport à 𝒟, on utilise la propriété :

une droite sécante à l'axe et sa symétrique se coupent sur l'axe de symétrie. ➤

➤

- On trace la droite (AB) ; elle coupe $\mathscr{D}$ en K. La droite (A′K) est sa symétrique.
  Le symétrique du point B appartient à (A′K).
- On trace la droite (A′B) ; elle coupe $\mathscr{D}$ en L. La droite (AL) est sa symétrique.
  Le symétrique du point B appartient à (AL).
  Le symétrique de B est le point B′ intersection de (A′K) et (AL).

Résolution

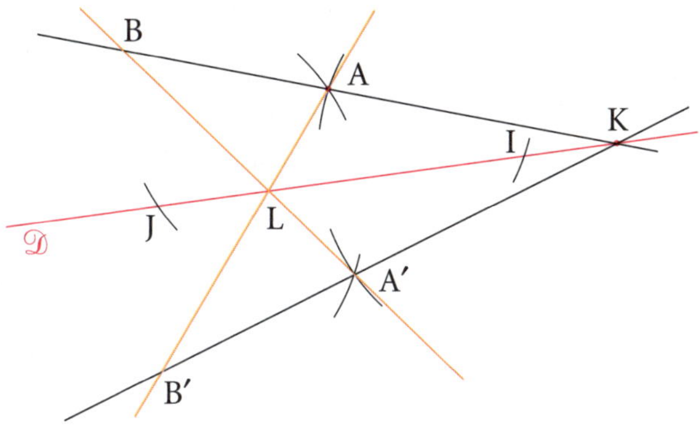

Construire l'image d'un point par une symétrie centrale et par une translation

Énoncé

Soit ABC un triangle et I le milieu de [BC].

1. Construire le point D symétrique de A par rapport à I.
2. Construire l'image du point B par la translation telle que l'image du point A soit le point C.

Méthode 3

Pour construire le symétrique de A par rapport à I, on trace la demi-droite [AI), puis, sur cette demi-droite, on marque le point D tel que ID = AI. On peut utiliser un compas pour reporter la longueur AI, à partir de I.

L'image de B par la translation telle que l'image du point A soit le point C est aussi le symétrique de A par rapport au milieu I du segment [BC] ; c'est le point D.

Résolution

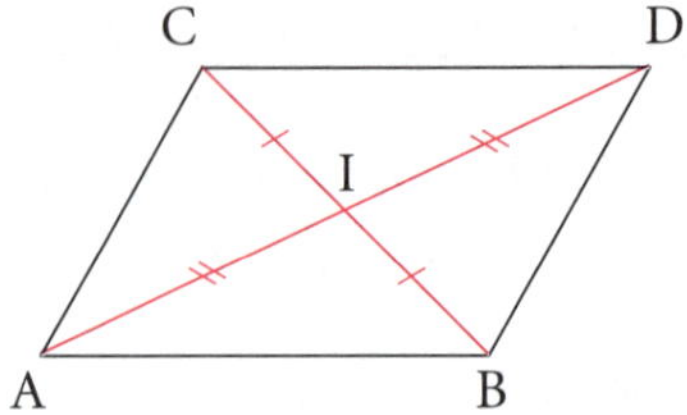

Démontrer qu'un quadrilatère est un parallélogramme

Énoncé

Dans un triangle ABC, soit D le symétrique du point A par rapport au milieu I du segment [BC].

1. Démontrer que le quadrilatère ABDC est un parallélogramme.

2. La parallèle à la droite (AD) passant par B coupe la parallèle à la droite (BC) passant par D en E. Démontrer que le quadrilatère IBED est un parallélogramme.

Méthode 4

Pour démontrer qu'un quadrilatère est un parallélogramme, on peut utiliser plusieurs méthodes :

- si un quadrilatère a ses côtés opposés parallèles alors, c'est un parallélogramme.
- si les diagonales d'un quadrilatère ont même milieu, alors c'est un parallélogramme.
- si un quadrilatère non croisé a deux côtés parallèles et de même longueur, alors c'est un parallélogramme.
- si un quadrilatère non croisé a ses angles opposés égaux, alors c'est un parallélogramme.

Les deux premières sont les plus employées.

Résolution

1. Le point D est le symétrique de A par rapport à I, donc I est le milieu de [AD].

On sait que :

I est le milieu des diagonales [AD] et [BC] du quadrilatère ABDC.

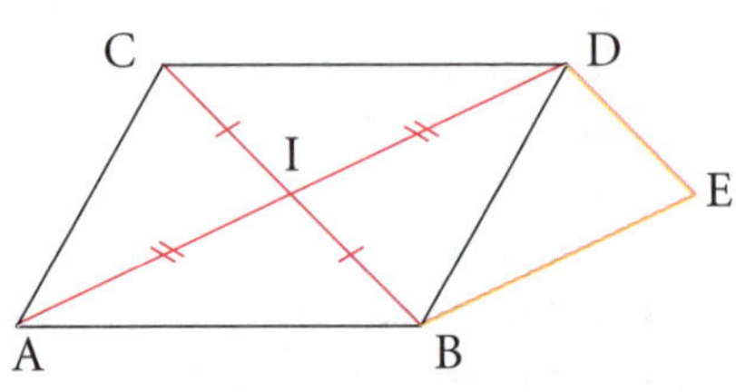

Or : Si les diagonales d'un quadrilatère ont même milieu, alors c'est un parallélogramme.
Donc le quadrilatère ABDC est un parallélogramme.
2. *On sait que* (AD) // (BE) et (BC) // (DE).
Or : Si un quadrilatère a ses côtés opposés parallèles alors, c'est un parallélogramme.
Donc le quadrilatère IBED est un parallélogramme.

Démontrer qu'un quadrilatère est un rectangle ou un losange

Énoncés

1. Reprendre le problème précédent avec le triangle ABC isocèle en A.
Démontrer que le quadrilatère ABDC est un losange.
Démontrer que le quadrilatère IBED est un rectangle.
2. Dans un cercle $\mathscr{C}$ de centre O, tracer deux diamètres [AB] et [EF].
Démontrer que le quadrilatère AEBF est un rectangle.
3. Tracer un triangle AOB rectangle en O. On désigne par R le symétrique de A par rapport à O et par S celui de B par rapport à (AR).
Démontrer que le quadrilatère ASRB est un losange.
Si de plus AOB est isocèle, quelle est la nature précise du quadrilatère ASRB ?

Méthode 5

• **Pour démontrer qu'un parallélogramme est un rectangle,** on utilise l'une des méthodes suivantes :
– si un parallélogramme a un angle droit, alors c'est un rectangle ;
– si les diagonales d'un parallélogramme ont même longueur, alors c'est un rectangle.

• **Pour démontrer directement qu'un quadrilatère est un rectangle :**
– si un quadrilatère a trois angles droits, alors c'est un rectangle.

• **Pour démontrer qu'un parallélogramme est un losange :**
– si un parallélogramme a deux côtés consécutifs de même longueur, alors c'est un losange ;
– si les diagonales d'un parallélogramme sont perpendiculaires, alors c'est un losange. ➤

➤
- **Pour démontrer directement qu'un quadrilatère est un losange :**

– si un quadrilatère a ses quatre côtés de même longueur, alors c'est un losange ;
– si les diagonales d'un quadrilatère sont des axes de symétrie du quadrilatère, alors c'est un losange.

- **Pour démontrer qu'un quadrilatère est un carré :**

on démontre qu'il est un rectangle et un losange.

Résolution

1. Dans l'exercice traité de la méthode précédente, on a démontré que les quadrilatères ABDC et IBED étaient des parallélogrammes.
Le triangle ABC est isocèle en A, donc : AB = AC.
On sait que ABDC est un parallélogramme et que AB = AC.
Or : Si un parallélogramme a deux côtés consécutifs de même longueur, alors c'est un losange.
Donc le parallélogramme ABDC est un losange.
Les diagonales d'un losange sont perpendiculaires, donc l'angle $\widehat{BID}$ est droit.
On sait que IBED est un parallélogramme et que l'angle $\widehat{BID}$ est droit.
Or : Si un parallélogramme a un angle droit, alors c'est un rectangle.
Donc **le parallélogramme IBED est un rectangle.**

1.
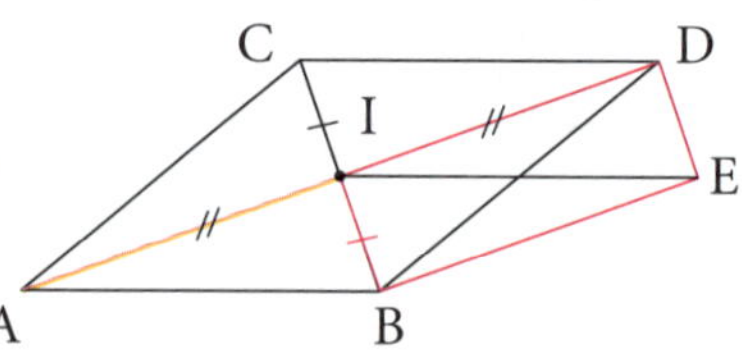

2.
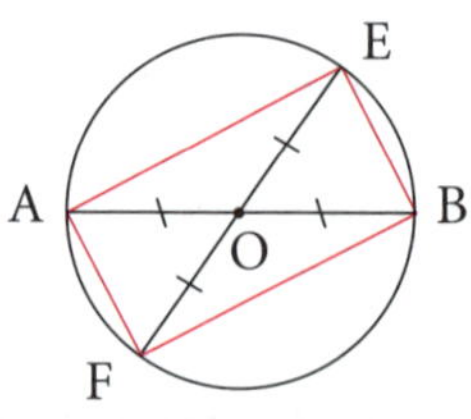

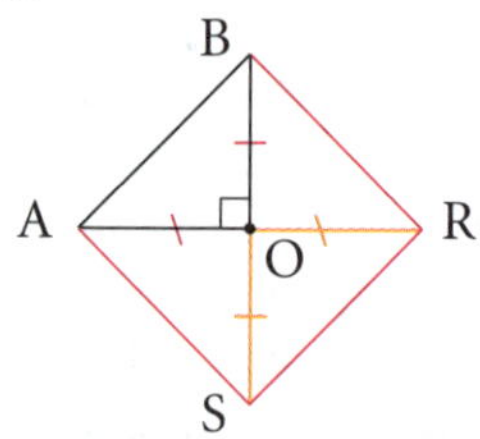

3.

2. Les diamètres d'un cercle ont même longueur et leur milieu est le centre O du cercle. Donc : AB = EF et AO = OB = OE = OF.
Les diagonales du quadrilatère AEBF ont même milieu, donc c'est un parallélogramme.
Les diagonales du parallélogramme AEBF ont même longueur, donc c'est un rectangle.
AEBF est un rectangle.

3. R est le symétrique de A par rapport à O et S celui de B par rapport à (AR), donc O est le milieu de [RA] et [SB].
Les diagonales du quadrilatère ont même milieu, donc c'est un parallélogramme.
Le quadrilatère ASRB est un parallélogramme.
Le triangle AOB est rectangle en O, donc $(AO) \perp (OB)$.
Les diagonales du parallélogramme ASRB sont perpendiculaires, donc c'est un losange.
ASRB est un losange.
Si de plus le triangle AOB est isocèle, OA = OB et par suite AR = SB.
Les diagonales du parallélogramme ASRB ont même longueur, c'est un rectangle.
Le quadrilatère ASRB est un losange et un rectangle, donc c'est un carré.

EXERCICES

Symétries axiale et centrale (Révision)

Symétrie axiale

1 — 1. Soit F, G, I trois points non alignés. Tracer les cercles de centres F et G passant par I. Ils se recoupent en J.
2. Démontrer que FI = FJ et GI = GJ, puis que la droite (FG) est la médiatrice de [IJ]. En déduire que J est le symétrique de I par rapport à la droite (FG).

Revoir les propriétés de la médiatrice dans le chapitre 7.

Cet exercice fournit une méthode de construction du symétrique d'un point, à partir de deux points de l'axe. Par cette méthode, en général les cercles tracés n'ont pas le même rayon.

2 — Marquer deux points A et B.
Construire la droite $\mathcal{D}$ telle que A soit symétrique de B par rapport à $\mathcal{D}$.

3 – Soit ABC un triangle.
Construire son symétrique par rapport à la droite (AB).

4 – Soit STAR un rectangle de centre O, tel que ST = 3 cm et SR = 4 cm.
1. Construire ce rectangle.
2. Quels sont ses axes de symétrie ?
3. Construire son symétrique par rapport à la droite (AS).

5 – Soit WARE un losange de centre S, tel que WR = 3 cm et WA = 1,7 cm.
1. Construire ce losange.
2. Quels sont ses axes de symétrie ?
3. Construire son symétrique par rapport à la droite (WA).

6 – 1. Tracer un triangle ABC et une droite $\mathcal{D}$ sécante aux droites (AB), (AC) et (BC) en I, J et K. Construire le symétrique A′ de A par rapport à $\mathcal{D}$.
2. En utilisant seulement la règle, construire les symétriques B′ et C′ des points B et C par rapport à la droite $\mathcal{D}$.

(corrigés p. 165)

Symétrie centrale

7 – Les points A, B et C appartiennent à un cercle de centre O. On construit le symétrique D du point A par rapport au milieu I du segment [BC]. Quel est le symétrique du triangle ABC ? Quel est le cercle circonscrit au triangle DBC ?

Voir rappels sur le cercle circonscrit dans le chapitre 7.

8 – Dans un cercle de centre O et de 2,5 cm de rayon, on trace une corde [AB] de 2,5 cm de longueur.
1. Quelle est la nature du triangle AOB ?
2. On désigne par R le symétrique de B par rapport à O. Le point R appartient-il au cercle ?
3. On trace la parallèle à (AB) passant par R ; elle recoupe le cercle en T. Quelle est la mesure de l'angle $\widehat{TRB}$?

(corrigés p. 166)

Symétries axiale et centrale

9 – 1. Reproduire la figure $\mathcal{F}$ ci-contre. (OAD est équilatéral et ABCD est un carré.)
2. Tracer la figure $\mathcal{F}'$ symétrique de $\mathcal{F}$ par rapport à la droite (OA). On désigne par B′, C′, D′ les symétriques de B, C, D.
3. Tracer la figure $\mathcal{F}''$ symétrique de $\mathcal{F}$ par rapport à (OD). On désigne par B″, C″, D″ les symétriques de B′, C′, D′.
4. Tracer la figure $\mathcal{C}$ formée par les symétriques des figures $\mathcal{F}$, $\mathcal{F}'$, $\mathcal{F}''$ par rapport au point O.

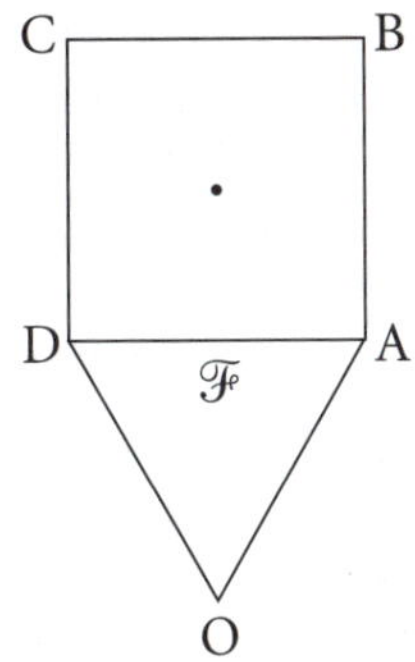

10 – Sur la figure ci-dessous ABCD est un carré, les points I, J, K, L sont les milieux des côtés du carré.

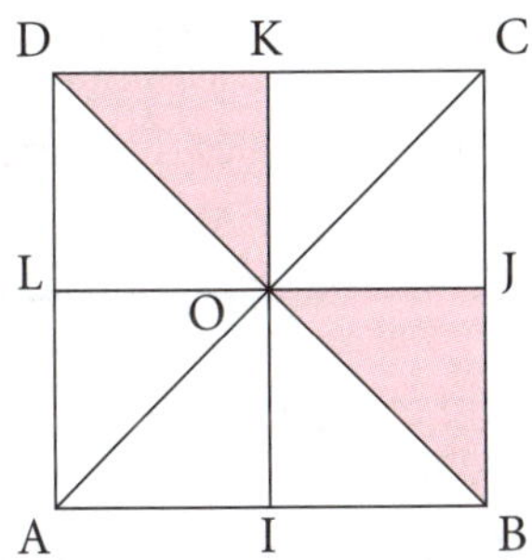

1. Par quelle symétrie, le triangle OJB a-t-il pour image le triangle OKD ?
2. Par la symétrie de centre O :
a) Quelle est l'image du triangle OLA ?
b) Quelle est l'image du trapèze ADOI ?
c) Quelle est l'image du carré AIOL ?
3. Quelle est l'image du rectangle ABJL par la symétrie par rapport à la droite (AC) ?

11 – Un rectangle $\mathcal{R}$ a 4 cm de long et 3 cm de large.
1. Quel est son périmètre ? Quelle est son aire ?
2. On construit le symétrique $\mathcal{R}'$ de ce rectangle par rapport à l'un de ses sommets. Faire une figure. Quelles sont les dimensions de $\mathcal{R}'$? Quel est son périmètre, quelle est son aire ?

(corrigés p. 167)

Angles et quadrilatères

12 – 1. Le triangle EHA est rectangle en H. On désigne par B le symétrique de A par rapport à $\mathcal{D}$, par F celui de E et par K celui de H.
Démontrer que les points E, F, J, H et K sont alignés.
Quel est le symétrique du triangle AEH ?

2. On donne $\widehat{EIJ} = 58°$.
Quelles sont les mesures des angles des triangles AEH et BFK ?
Quelle est la nature du triangle BFK ?

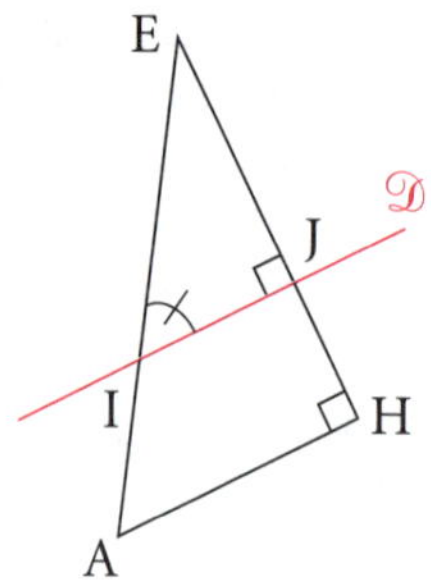

13 – Soit $\widehat{xAy}$ un angle de 50°. Sur la demi-droite [Ax) on marque un point G tel que AG = 3,5 cm, et sur la demi-droite [Ay) un point J tel que $\widehat{AGJ} = 70°$.

1. Construire les points K et B symétriques respectifs de J et A par rapport à G.
Quelles sont les mesures des angles du triangle KGB ?

2. La parallèle à (JK) passant par A coupe la droite (BK) en C.
Quelles sont les mesures des angles du triangle ABC ?

14 – 1. Construire un triangle FRE tel que $\widehat{FER} = 40°$ et $\widehat{EFR} = 80°$.
Calculer la mesure de l'angle $\widehat{FRE}$.

2. Faire une figure, tracer le symétrique du triangle FER par rapport au milieu I du segment [ER] (G le symétrique de F). Quelles sont les mesures des angles du triangle GER ? Quelle est la nature du quadrilatère EFRG ?

3. Tracer le cercle circonscrit au triangle EFR. Quel est le cercle circonscrit au triangle RGE ? Le tracer.

15 – 1. Soit FLO un triangle. Construire son symétrique par rapport à O.

2. On désigne par F′ et L′ les symétriques de F et L par rapport à O. Quelle est la nature du quadrilatère FLF′L′ ?

16 – Tracer deux diamètres [AB] et [CD] d'un cercle de centre O.

1. Quelle est la nature du quadrilatère ACBD ?

2. Comment faut-il choisir les diamètres [AB] et [CD] pour obtenir un carré ?

17 – 1. Tracer un segment [AB] de 7 cm de long, puis les droites $\mathcal{D}_1$ et $\mathcal{D}_2$ perpendiculaires à (AB) respectivement en A et B.
Placer un point C sur $\mathcal{D}_1$ tel que AC = 5 cm.
Tracer la parallèle à (CB) passant par A ; elle coupe $\mathcal{D}_2$ en un point D.
2. Quelle est la nature du quadrilatère ACBD ? Calculer son aire.
3. Soit I le milieu de [AB]. Démontrer que les points C, I, D sont alignés.

18 – 1. Tracer un segment [AB] puis deux demi-droites parallèles [A*x*) et [B*y*) situées d'un même côté de la droite (AB). Placer un point M sur [A*x*) et un point N sur [B*y*) tels que AM = BN.
2. Démontrer que le quadrilatère AMNB est un parallélogramme ; en déduire que les droites (MN) et (AB) sont parallèles.
3. Comment faut-il choisir les points M et N pour que le quadrilatère AMNB soit un losange ?

19 – Soit ABC un triangle rectangle en A, I le milieu de [BC], D le symétrique de A par rapport à I.
1. Quelle est la nature du quadrilatère ABDC ?
2. Que devient ce quadrilatère si le triangle ABC est rectangle isocèle ?

20 – 1. Tracer un parallélogramme ABCD. La perpendiculaire à (DC) passant par A coupe (DC) en H ; la perpendiculaire à (AB) passant par C coupe (AB) en K.
2. Démontrer que AHCK est un rectangle.

21 – Soit ABCD un carré de centre O, I le milieu de [OB], J celui de [OD]. Quelle est la nature du quadrilatère AICJ ?

22 – Soit ABC un triangle, M le milieu de [AB], N le milieu de (AC], L le symétrique de M par rapport à N.
1. Démontrer que AMCL est un parallélogramme ; en déduire que (AB) est parallèle à (LC) et que AM = LC.
2. Démontrer que MBCL est un parallélogramme ; en déduire que (MN) est parallèle à (BC).

II On a ainsi démontré la première propriété énoncée dans le chapitre 6.

(corrigés p. 168)

Translation

23 – Tracer un segment [AB] de 4 cm de longueur.

1. Marquer un point C n'appartenant pas à la droite (AB). Marquer le milieu I de [BC]. Construire le symétrique D de A par rapport à I.

2. Quelle est l'image de C par la translation *t*, telle que l'image de A soit B ?

24 – Tracer un segment [AB] de 5 cm de longueur.

1. Marquer un point C sur la droite (AB). Marquer le milieu I de [BC]. Construire le symétrique D de A par rapport à I.

2. Quelle est l'image de C par la translation *t*, telle que l'image de A soit B ?

25 – Quatre points A, B, C et D sont tels que C est l'image de B et D l'image de A par la même translation. Les quatre points ne sont pas alignés.

1. Faire une figure.

2. Démontrer que le quadrilatère ABCD est un parallélogramme.

26 – Les quadrilatères ABCD, CDEF et EFGH sont des parallélogrammes. Le point B est l'image de A par une translation. Quelles sont les images de D, E et H par cette translation ?

27 – A, B, C, D sont quatre points non alignés ; A′, B′, C′ les symétriques de A, B, C par rapport au point D et A″, B″, C″ ceux de A′, B′, C′ par rapport à C.

1. Démontrer que les quadrilatères ABA′B′, ACA′C′, A′B′A″B″, A′C′A″C″ sont des parallélogrammes.

2. Quelles sont les images des points B et C par la translation telle que l'image de A soit A″ ?

(corrigés p. 170)

Image d'une figure par translation

28 – Sur cette figure, par la translation *t*, le point A′ est l'image du point A.

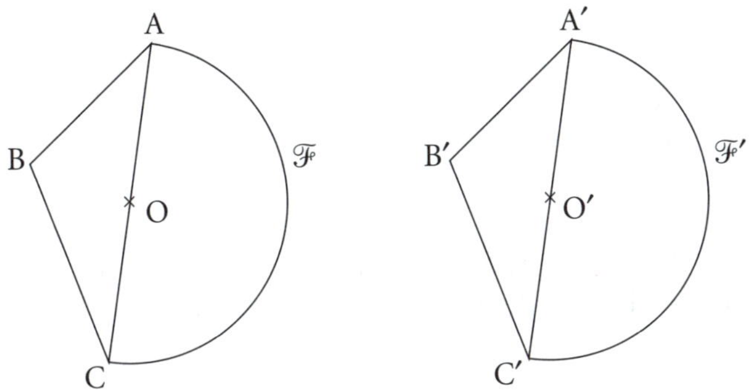

Quelles sont les images :

1. des points B, C, O ?
2. des segments [AB], [AC], [BC] ?
3. du demi-cercle de centre O de diamètre [AC] et du triangle ABC ?
4. de la figure 𝓕 ?

29 – Reproduire la figure ci-dessous avec AB = 4 cm.

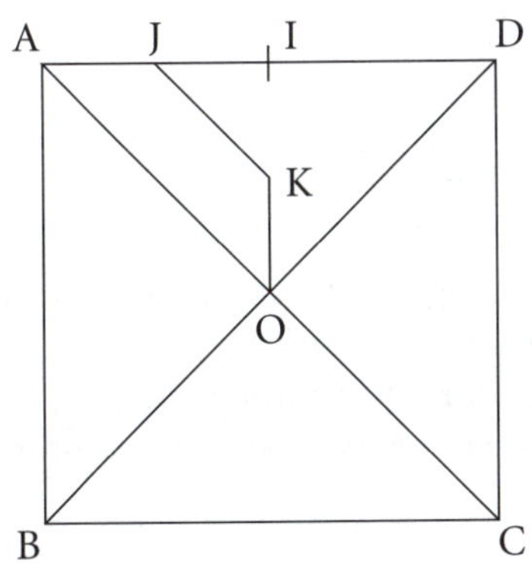

1. Compléter la figure par la symétrie d'axe (OI), puis la nouvelle figure obtenue par la symétrie d'axe (AC).
2. Compléter ensuite la dernière figure obtenue par la symétrie de centre O.

3. Tracer l'image de la figure obtenue par les translations telles que :
a) A ait pour image B ; on écrit $A \mapsto B$;
b) $A \mapsto C$;
c) $A \mapsto D$;
d) $C \mapsto D$;
e) $C \mapsto B$;
f) $C \mapsto A$;
g) $D \mapsto B$;
h) $B \mapsto D$.

30 – Reproduire la figure suivante (les triangles sont équilatéraux et les quadrilatères des carrés de 4 cm de côté)).

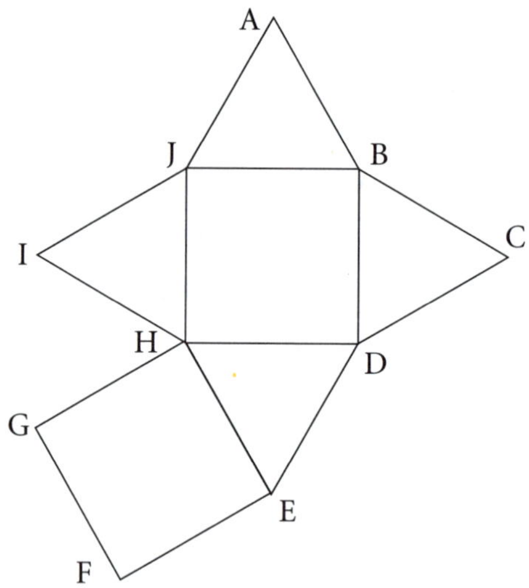

1. Construire son image par la translation telle que H ait pour image C.
2. Même question si E a pour image J.
3. Même question si F a pour image B.
4. Par translations successives peut-on réaliser un pavage ?

31 – Un rectangle ABCD est tel que AB = 5 cm et AD = 3 cm.
1. Quel est son périmètre ? Quelle est son aire ?
2. On construit l'image de ce rectangle par la translation qui fait correspondre le point A au point C. Faire une figure. Quelle est la nature de la figure obtenue ? Quel est son périmètre ? Quelle est son aire ?

32 – 1. Sur une feuille de papier quadrillé à carreaux de 0,5 cm de côté, reproduire la figure ci-dessous.

2. Construire l'image du poisson par la translation telle que l'image de A soit B. (On peut écrire A ↦ B.)

3. Construire l'image du poisson par la translation telle que B ↦ C.

4. Construire l'image du poisson par la translation telle que A ↦ C.

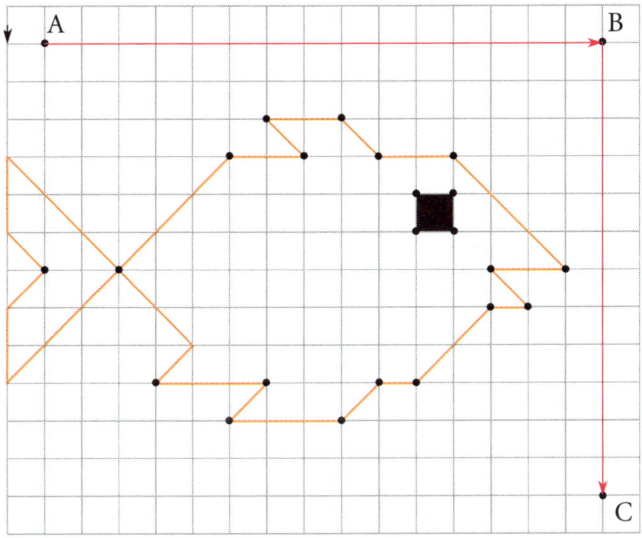

33 – 1. Reproduire la figure ci-après.

2. Construire l'image du triangle [1] par la translation telle que l'image de A soit M. (On peut écrire : A ↦ M .)

3. Construire l'image du parallélogramme [2] par la translation telle que B ↦ M.

4. Construire l'image du triangle [3] par la translation telle que C ↦ N.

5. Construire l'image du triangle [4] par la translation telle que D ↦ N.

6. Construire l'image du carré [5] par la translation telle que E ↦ N.

7. Construire l'image du triangle [6] par la translation telle que F ↦ N.

8. Construire l'image du triangle [7] par la translation telle que G ↦ N.

Quel dessin obtiens-tu ?

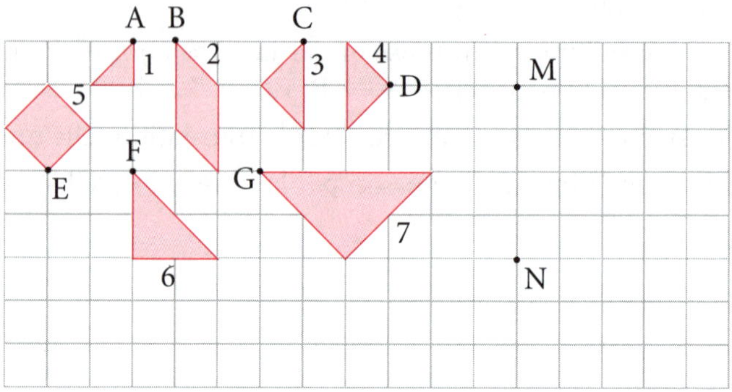

(corrigés p. 172)

Problèmes

34 – Par une translation, deux droites $\mathcal{D}_1$ et $\mathcal{D}_2$ sécantes en I ont pour images les droites $\mathcal{D}'_1$ et $\mathcal{D}'_2$ sécantes en J ; $\mathcal{D}_1$ coupe $\mathcal{D}'_2$ en K et $\mathcal{D}_2$ coupe $\mathcal{D}'_1$ en L.

Quelle est la nature du quadrilatère IKJL ?

35 – 1. Tracer un angle $\widehat{xOy}$ de 75°.

Marquer un point A sur [Ox). Par la translation t, l'image de O est le point A. Quelle est l'image de la demi-droite [Ox) ?

2. Construire l'image [Ay') de la demi-droite [Oy).

3. L'angle $\widehat{xAy'}$ est l'image de l'angle $\widehat{xOy}$, quelle est sa mesure ?

36 – Tracer un angle $\widehat{xOy}$.

1. Marquer un point A (A $\notin$ (Ox) et A $\notin$ (Oy)). Par la translation t, l'image de O est le point A. Construire les images [Ax') et [Ay') des demi-droites [Ox) et [Oy).

2. Montrer que les angles $\widehat{xOy}$ et $\widehat{x'Ay'}$ sont égaux.

(corrigés p. 174)

CORRIGÉS

Symétries axiale et centrale (Révision)

Les corrigés des deux premiers exercices sont présentés comme une initiation à la rédaction à laquelle chaque élève de 4e devra s'exercer.

1 – Exercice rédigé

1. Figure.

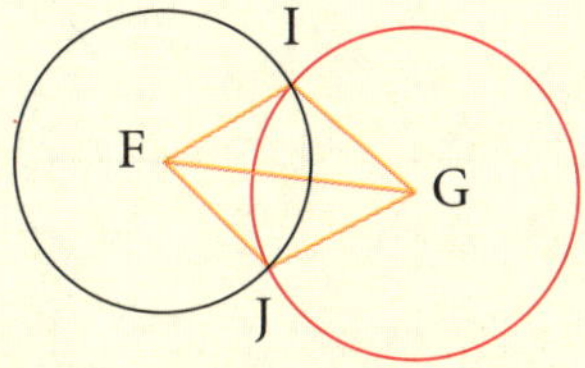

2. *On sait que* F est le centre d'un cercle passant par I et J.
Or les rayons d'un cercle ont même longueur, *donc* FI = FJ.
De même, G est le centre d'un cercle passant par I et J, *donc* : GI = GJ.
On sait que les points F et G sont équidistants des points I et J.
Or tout point équidistant des extrémités d'un segment appartient à la médiatrice du segment.
Donc la médiatrice du segment [IJ] passe par F et G , c'est la droite (FG).
Par définition du symétrique d'un point par rapport à une droite, on en déduit que J est le symétrique de I par rapport à (FG).

2 – *On veut que* A et B soient symétriques par rapport à $\mathscr{D}$.

Or deux points sont symétriques par rapport à une droite lorsque cette droite est la médiatrice du segment joignant ces deux points.
Donc $\mathscr{D}$ doit être la médiatrice de [AB]. On construit cette médiatrice.

3 – Il suffit de construire le symétrique C′ de C par rapport à (AB).

On utilise la méthode trouvée à l'exercice 1 en traçant les cercles de centres A et B passant par C.
Le symétrique de ABC est ABC′.

4 – 1. 3. Figure.

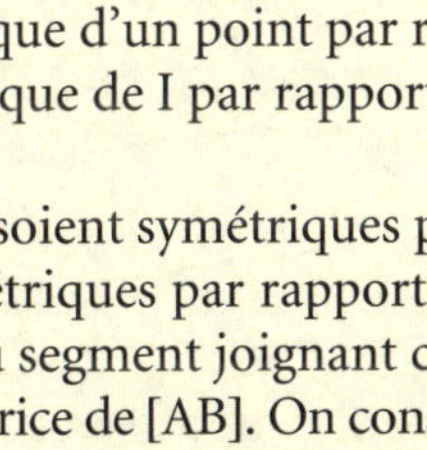

2. Ses axes de symétrie sont les médiatrices des segments [ST] (ou [AR]) et [TA] (ou [RS]).

LES TRANSFORMATIONS
LES QUADRILATÈRES

5 – **1.** WA = AR, on commence par construire le triangle WAR isocèle en A, puis le symétrique E de A par rapport à (WR).

2. Ses axes de symétrie sont les supports des diagonales : (WR) et (AE).

3. Figure.

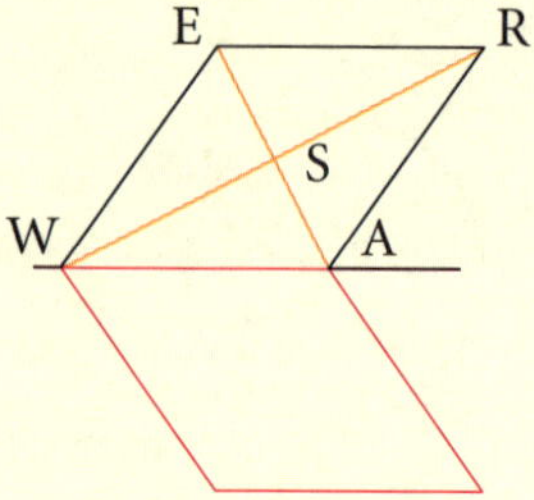

6 – **1.** Figure.

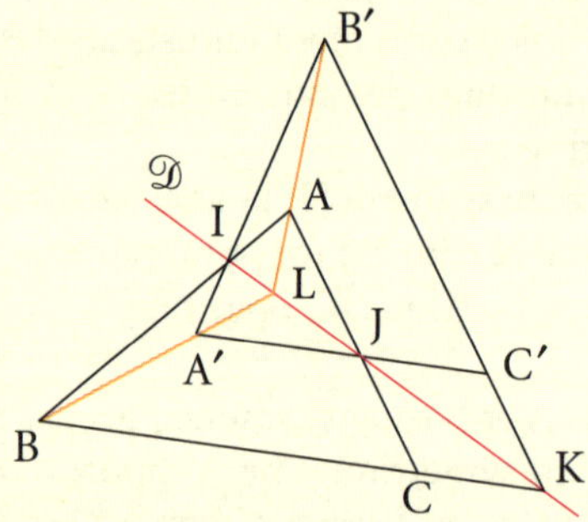

2. (AB) coupe 𝒟 en I ; (A′B) coupe 𝒟 en L.
(AI) a pour symétrique (A′I) et (A′L) a pour symétrique (AL). Le symétrique B′ de B appartient à la droite (A′I) symétrique de (AI) et à la symétrique (LA) de la droite (BA′). Le point C′ est l'intersection de (B′K) et de (A′J).

Symétrie centrale

7 – Le symétrique de B est C, celui de C est B et celui de A est D ; donc : le symétrique du triangle ABC est le triangle DCB. Le cercle circonscrit au triangle DCB est le symétrique du cercle circonscrit au triangle ABC.

8 – **1.** La corde a pour longueur le rayon, donc AB = OA = OB ; le triangle AOB est équilatéral.

2. Le point O est le centre de symétrie du cercle donc le symétrique d'un point du cercle est un point du cercle. Le point R appartient au cercle.

3. Les droites (AB) et (RT) sont parallèles, donc les angles alternes-internes $\widehat{TRB}$ et $\widehat{RBA}$ sont égaux ; $\widehat{TRB} = \widehat{ABR}$. Les angles d'un triangle équilatéral mesurent 60° ; donc $\widehat{ABO} = 60°$; $\widehat{TRB} = \widehat{ABR} = \widehat{ABO} = 60°$.

Symétries axiale et centrale

9 –

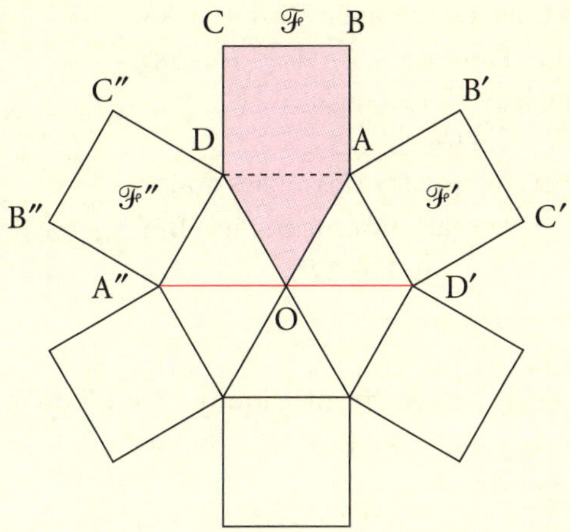

10 – 1. Par la symétrie d'axe (AC).

2. a) Le symétrique du triangle OLA par rapport au point O est le triangle OJC.
b) Le symétrique du trapèze ADOI par rapport au point O est le trapèze CBOK.
c) Le symétrique du carré AIOL par rapport au point O est le carré CKOJ.

3. Le symétrique du rectangle ABJL par rapport à la droite (AC) est le rectangle ADKI.

11 – 1. Le périmètre est $2(4 + 3)$ cm soit 14 cm. L'aire est 3×4 cm^2 soit 12 cm^2.

2. Toute symétrie conserve les longueurs, les angles et les aires.
Le symétrique du rectangle est un rectangle de mêmes dimensions que $\mathcal{R}$, de même périmètre et de même aire.

Angles et quadrilatères

12 – **1.** La droite (EH) est perpendiculaire à $\mathscr{D}$, elle est donc sa symétrique par rapport à $\mathscr{D}$. Les symétriques des points E et H sont les points F et K de la droite (EH) et J appartient à (EH) ; donc les points E, F, J, H et K sont alignés.
Le symétrique de AEH est BFK.

2. Les droites $\mathscr{D}$ et (AH) perpendiculaires à (EH) sont parallèles. Les angles $\widehat{EIJ}$ et $\widehat{EAH}$ sont correspondants, donc $\widehat{EAH} = \widehat{EIJ} = 58°$.
Dans le triangle AHE rectangle en H :
$\widehat{AHE} = 90°$; $\widehat{AEH} = 90° - 58° = 32°$.
La symétrie axiale conserve les angles donc :
$\widehat{FBK} = 58°$; $\widehat{BKF} = 90°$, donc le triangle BFK est rectangle en K ; $\widehat{BFK} = 32°$.

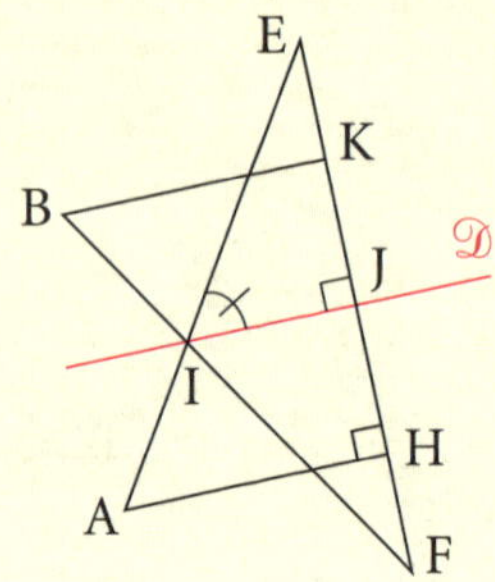

13 – **1.** Figure.
Le symétrique de J est K, le symétrique de A est B donc G est le milieu de [JK] et [AB]. Les angles $\widehat{KGB}$ et $\widehat{AGJ}$ opposés par le sommet sont égaux. $\widehat{KGB} = \widehat{AGJ} = 70°$.
Le symétrique de A est B, le symétrique de J est K, donc la droite (AJ) a pour symétrique la droite (BK). La symétrique d'une droite est une droite parallèle, donc (AJ) et (BK) sont parallèles. Les angles $\widehat{JAB}$ et $\widehat{GBK}$ alternes-internes (ou symétriques) sont égaux. $\widehat{KBG} = 50°$. Dans le triangle KGB : $\widehat{GKB} = 180° - (50° + 70°) = 60°$.
2. Les droites (JK) et (AC) sont parallèles, donc les angles correspondants $\widehat{KGB}$ et $\widehat{CAB}$ sont égaux $\widehat{CAB} = \widehat{KGB} = 70°$.
$\widehat{ACB} = \widehat{GKB} = 60°$ (correspondants) ; $\widehat{ABC} = 50°$.

14 – **1.** $\widehat{FRE} = 180° - (40° + 80°) = 60°$.
2. Figure.

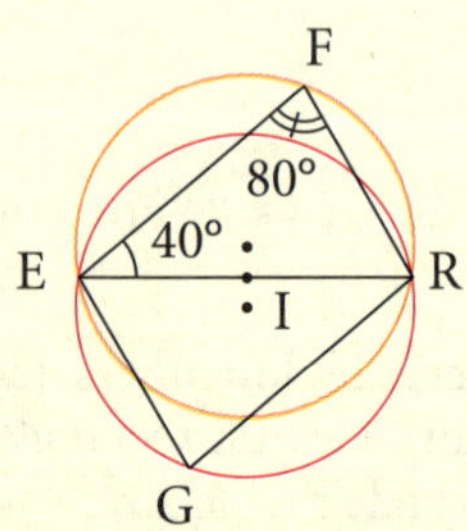

Toute symétrie centrale conserve les angles. Les mesures des angles du triangle GER sont celles du triangle EFR ($\widehat{ERG} = 40°$; $\widehat{EGR} = 80°$; $\widehat{REG} = 60°$). (La symétrique d'une droite est une droite parallèle donc (EG) // (RF) et (RG) // (EF)). On peut aussi déterminer les mesures des angles en utilisant les angles alternes-internes $\widehat{FER}$ et $\widehat{ERG}$, ainsi que $\widehat{ERF}$ et $\widehat{REG}$. Le quadrilatère EFRG a un centre de symétrie (ou I centre de symétrie est le milieu de [ER] et de [FG], donc les diagonales ont même milieu ou les côtés sont parallèles deux à deux), c'est un parallélogramme.

3. Figure.

15 – 1. Figure.

2. O est le milieu de [FF′] et [LL′] ; le quadrilatère FLF′L′ ayant ses diagonales de même milieu est un parallélogramme.

16 – 1. Les diagonales du quadrilatère ACBD sont deux diamètres [AB] et [CD] qui ont même longueur et même milieu O ; donc ACBD est un rectangle.

2. Si (AB) et (CD) sont perpendiculaires, le rectangle ACBD est un carré.

17 – 1. Figure.

2. Les droites $\mathcal{D}_1$ et $\mathcal{D}_2$, perpendiculaires à (AB), sont parallèles ; de plus (BC) est parallèle à (AD) ; le quadrilatère ACBD est un parallélogramme.
Aire (ACBD) = base × hauteur ; [AB] est une hauteur de ACBD ;
Aire (ACBD) = AC × AB = (5×7) cm^2 = 35 cm^2.

3. Les diagonales d'un parallélogramme ont le même milieu ; I est le milieu de [AB], donc I est aussi le milieu de [CD] : les points C, I et D sont alignés.

18 – 1. Figure.

2. AM = BN et (AM) // (BN), le quadrilatère convexe AMNB a deux côtés opposés de même longueur et de supports parallèles, c'est un parallélogramme. Les deux autres côtés du parallélogramme ont aussi leurs supports parallèles : (AB) et (MN) sont parallèles.

3. Si on choisit les points M et N tels que AM = BN = AB, alors le parallélogramme est un losange.

19 – 1. Le point D est le symétrique de A par rapport à I, donc I est le milieu de [AD] ; de plus I est le milieu de [BC] ; le quadrilatère ABDC ayant ses diagonales de même milieu est un parallélogramme.

Dans le triangle ABC rectangle en A, l'angle $\widehat{A}$ est droit.
Le parallélogramme ABDC a un angle droit, c'est un rectangle.

2. AB = AC ; le rectangle a deux côtés consécutifs de même longueur, c'est un carré.

20 – 1. Figure.

2. Dans le parallélogramme ABCD, (AB) est parallèle à (DC) ; la droite (AH) perpendiculaire à (DC) est aussi perpendiculaire à (AB). (AH) ⊥ (AB), (AH) ⊥ (DC), (CK) ⊥ (AB), le quadrilatère AHCK a trois angles droits, c'est un rectangle.

21 – Dans le carré ABCD, les diagonales sont perpendiculaires et ont le même milieu O.

$OI = \frac{OB}{2}$, $OJ = \frac{OD}{2}$, OB = OD, donc OI = OJ ; les points O, I et J étant alignés, on en déduit que O est le milieu de [IJ].
Le quadrilatère AICJ a ses diagonales perpendiculaires et de même milieu, c'est un losange.

22 – 1. Le point L étant le symétrique du point M par rapport N, N est le milieu de [ML] ; les diagonales [AC] et [ML] du quadrilatère AMCL ont le même milieu N, c'est un parallélogramme.
On en déduit que les côtés opposés [AM] et [CL] ont des supports parallèles et ont la même longueur : (AB) // (LC) et AM = LC.

2. On a : AM = MB et AM = LC, d'où MB = LC et (MB) // (LC).
Le quadrilatère convexe MBCL est donc un parallélogramme ; on en déduit que (MN) est parallèle à (BC).

Translation

23 – 1. Figure.

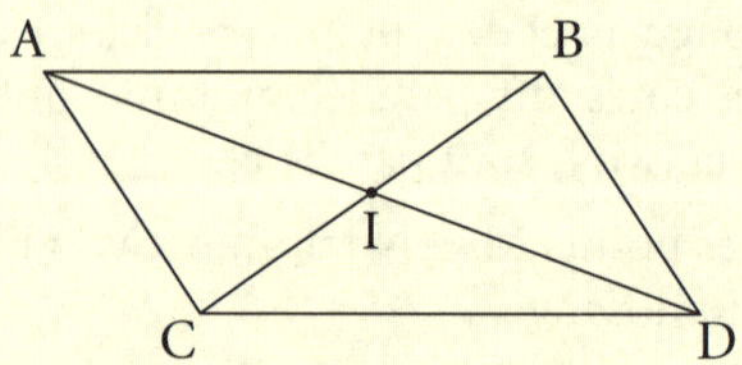

2. Le point I est le milieu de [BC]. D est le symétrique de A par rapport à I, donc I est aussi le milieu de [AD].
Je sais que [AD] et [BC] ont même milieu ; je peux dire que le point D est l'image du point C par la translation qui fait correspondre B à A.

24 – Exactement la même démonstration que pour l'exercice 23.

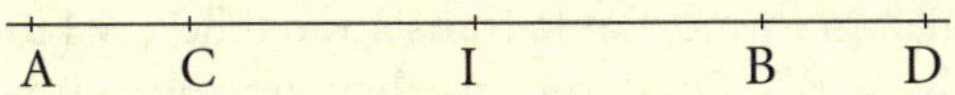

25 – 1. Figure.

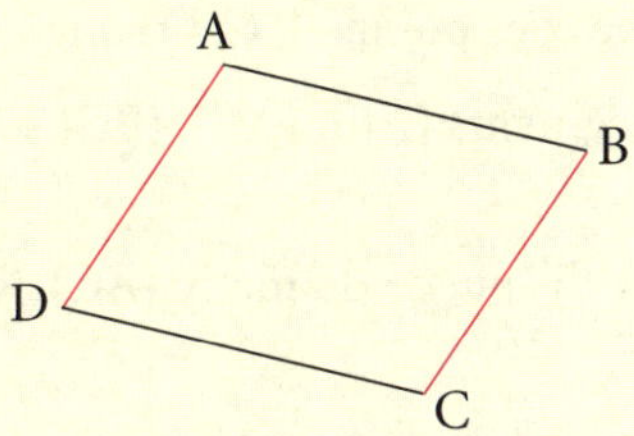

2. Je sais que D est l'image de A et que C est l'image de B par la même translation ; je peux dire que le quadrilatère ABCD est un parallélogramme.

26 – Je sais que ABCD est un parallélogramme et l'image de A est B ; je peux dire que l'image de D est C.
je sais que CDEF est un parallélogramme et que l'image de D est C ; je peux dire que l'image de E est F.
Je sais que EFGH est un parallélogramme et que l'image de E est F ; je peux dire que l'image de H est G.

27 – 1. Les points A′ et B′ sont les symétriques de A et B par rapport à D, donc D est le milieu de [AA′] et [BB′]. Le quadrilatère ABA′B′ dont les diagonales ont même milieu est un parallélogramme. De même ACA′C′ a ses diagonales de même milieu D, et A′B′A″B″, A′C′A″C″ ont des diagonales de même milieu C. Ce sont des parallélogrammes.

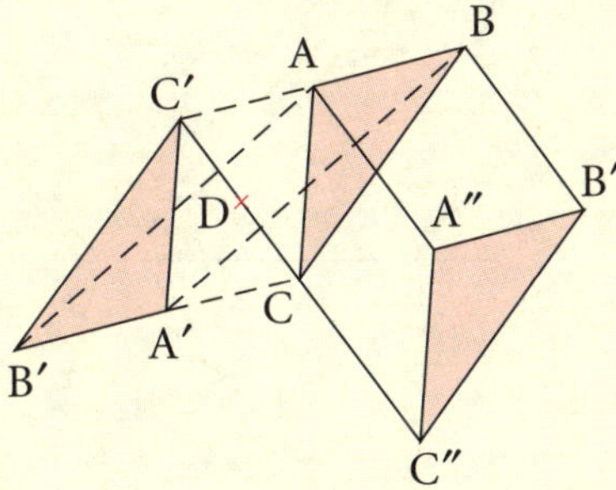

2. ABA′B′ est un parallélogramme. La translation qui fait correspondre A à B, fait correspondre B′ à A′. (B ↦ A et A′ ↦ B′)

A′B′A″B″ est un parallélogramme. Par la translation telle que A′ ↦ B′, on a B″ ↦ A″.
Par la même translation B ↦ A et B″ ↦ A″, le quadrilatère ABB″A″ est un parallélogramme. Par la translation telle que l'image de A soit A″, l'image de B est B″. On démontre de même que l'image de C est C″.

Image d'une figure par translation

28 – **1.** Les images des points B, C, O sont les points B′, C′, O′.

2. Les images des segments [AB], [AC], [BC] sont les segments [A′B′], [A′C′], [B′C′].

3. L'image du demi-disque de diamètre [AC] est le demi-disque de diamètre [A′C′].

4. L'image de la figure $\mathscr{F}$ est la figure $\mathscr{F}'$.

29 –

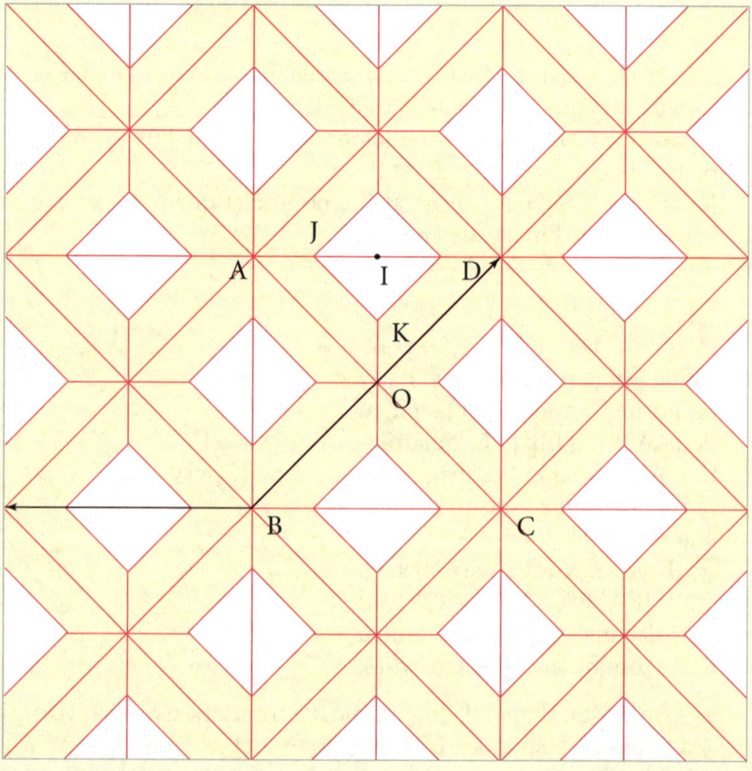

30 – 1. 2. 3. Figure.

4. On peut réaliser un pavage.

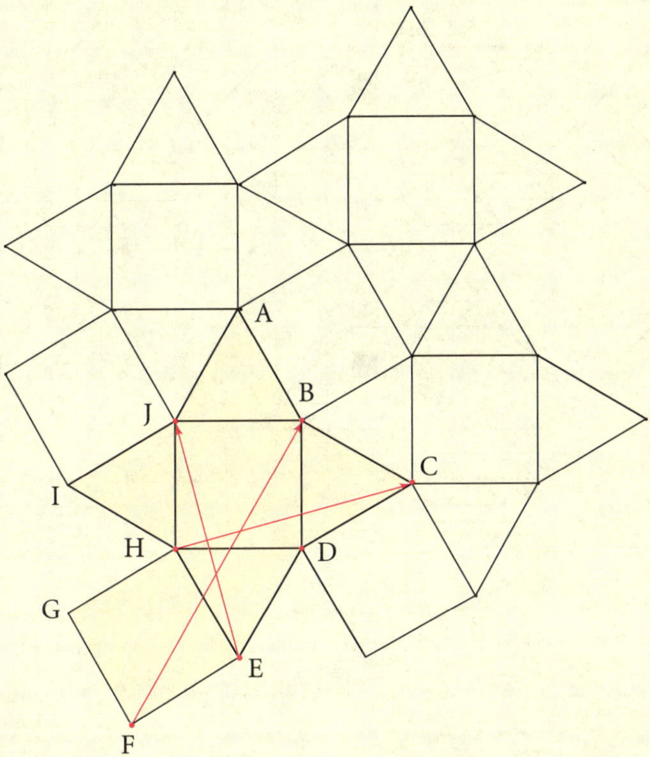

31 – 1. Le périmètre est $(5 + 3) \times 2$ cm, soit 16 cm. L'aire est (5×3) cm^2, soit 15 cm^2.

2. Toute translation conserve les longueurs, les angles et les aires, la figure obtenue est un rectangle de mêmes dimensions, de même périmètre et même aire.

32 –

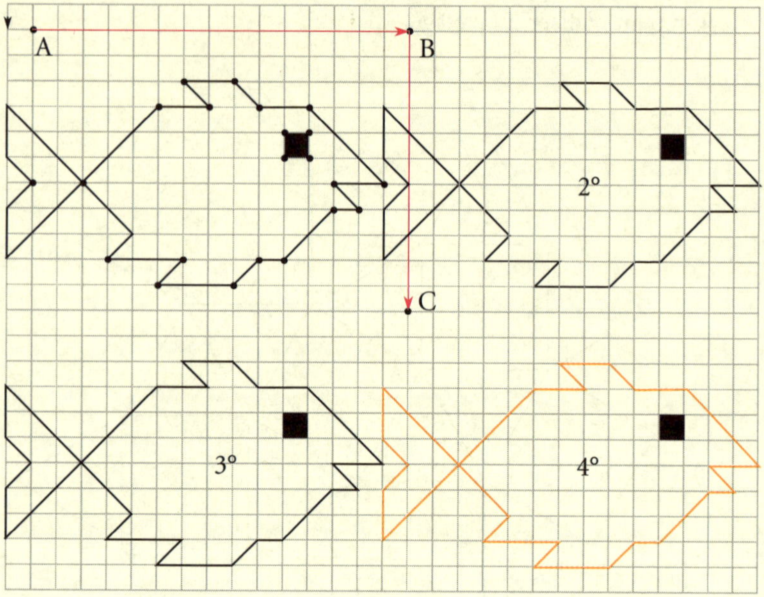

33 –

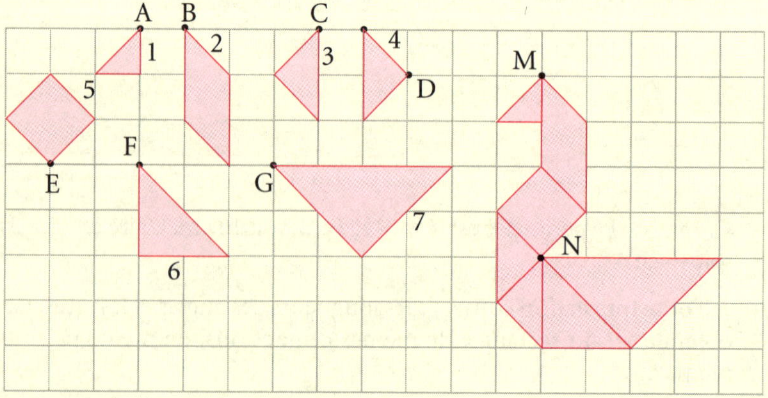

Problèmes

34 – Par une translation, l'image d'une droite est une droite parallèle. Donc $\mathcal{D}_1 \,//\, \mathcal{D}'_1$ et $\mathcal{D}_2 \,//\, \mathcal{D}'_2$. Le quadrilatère IJKL ayant ses côtés parallèles deux à deux est un parallélogramme.

35 – **1.** Par la translation, l'image de la demi-droite $[Ox)$ est la demi-droite $[Ax)$.

2. L'image de la demi-droite $[Oy)$ est la demi-droite $[Ay')$, telle que $(Oy) \mathbin{/\!/} (Ay')$, et que ces demi-droites soient du même côté de la droite (OA).

3. Les angles $\widehat{xAy'}$ et $\widehat{xOy}$ sont correspondants, ils sont égaux. On retrouve ainsi la propriété de conservation des angles de la translation.

36 – **1.** Par la translation, l'image de la demi-droite $[Ox)$ est la demi-droite $[Ax')$, telle que $(Ox) \mathbin{/\!/} (Ax')$. Il y a deux cas de figures selon la position de A par rapport à l'angle $\widehat{xOy}$.

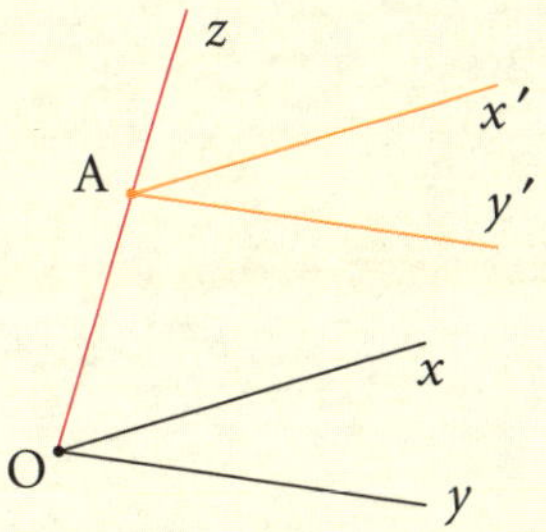

La demi-droite [OA) ne traverse pas les angles.

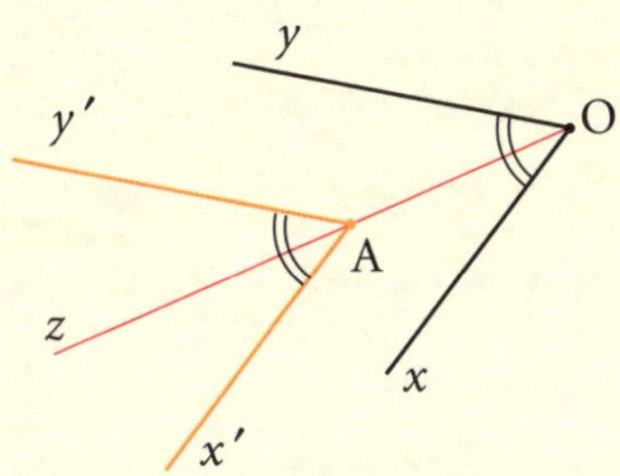

Les deux angles contiennent la demi-droite [OA).

2. Les angles sont les sommes ou les différences d'angles correspondants égaux, ils sont égaux. On retrouve encore la propriété de conservation des angles de la translation.

Pour la première figure, $\widehat{yOx}$ est la différence des angles $\widehat{yOA}$ et $\widehat{xOA}$.

Les angles $\widehat{y'Az}$ et $\widehat{x'Az}$ sont leurs angles correspondants.

Donc $\widehat{yOA} - \widehat{xOA} = \widehat{y'Az} - \widehat{x'Az}$
$= \widehat{y'Ax'}$

D'où $\widehat{xOy}$ et $\widehat{x'Ay'}$ sont égaux.

Pour la deuxième figure, $\widehat{yOx}$ est la somme des angles $\widehat{yOA}$ et $\widehat{AOx}$. On applique la même propriété.

6

TRIANGLE, MILIEUX ET PARALLÈLES PROPRIÉTÉ DE THALÈS

COURS

- Triangle, milieux et parallèles
- Propriété de Thalès

MÉTHODE

- Démontrer que deux droites sont parallèles
- Calculer la longueur d'un segment et le périmètre d'un triangle
- Démontrer qu'un point est le milieu d'un segment
- Appliquer la propriété de Thalès

EXERCICES

- Triangle, milieux et parallèles
- Propriété de Thalès
- Corrigés

6

TRIANGLE, MILIEUX ET PARALLÈLES PROPRIÉTÉ DE THALÈS

Ce chapitre comporte deux parties souvent traitées à deux époques différentes de l'année scolaire, mais toujours dans cet ordre.
Les exercices s'y rapportant sont bien séparés.

Les résultats, tous très importants, sont à retenir, ils sont très souvent utilisés.

Triangle, milieux et parallèles

Propriété 1

ENREG.

Dans un triangle, la droite passant par les milieux de deux côtés est parallèle au troisième côté.

Dans le triangle ABC :
Si je sais que :
- M est le milieu du côté [AB]
- N est le milieu du côté [AC]

je peux dire que :
la droite (MN) est parallèle à la droite (BC).

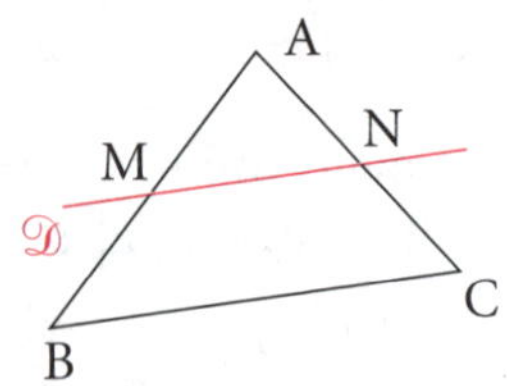

Propriété 2

ENREG.

Dans un triangle, la longueur du segment joignant les milieux de deux côtés est la moitié de celle du troisième côté.

Dans le triangle ABC :

Si je sais que :
- M est le milieu du côté [AB]
- N est le milieu du côté [AC]

je peux dire que : $MN = \frac{1}{2}BC$.

Les longueurs des côtés du triangle AMN sont la moitié de celles des côtés du triangle ABC. Le triangle AMN est une réduction du triangle ABC à l'échelle $\frac{1}{2}$.

Propriété 3

ENREG.

Dans un triangle, la droite passant par le milieu d'un côté et parallèle à un second côté coupe le troisième côté en son milieu.

Dans le triangle ABC :

Si je sais que : $\begin{cases} \text{M est le milieu du côté [AB]} \\ \text{la droite } \mathscr{D} \text{ est parallèle à la droite (BC)} \end{cases}$

je peux dire que : N est le milieu du côté [AC].

Propriété de Thalès

ENREG.

Si on trace une parallèle à un côté d'un triangle, elle coupe les deux autres côtés en formant avec eux un deuxième triangle dont les côtés ont des longueurs proportionnelles à celles des côtés du premier triangle.

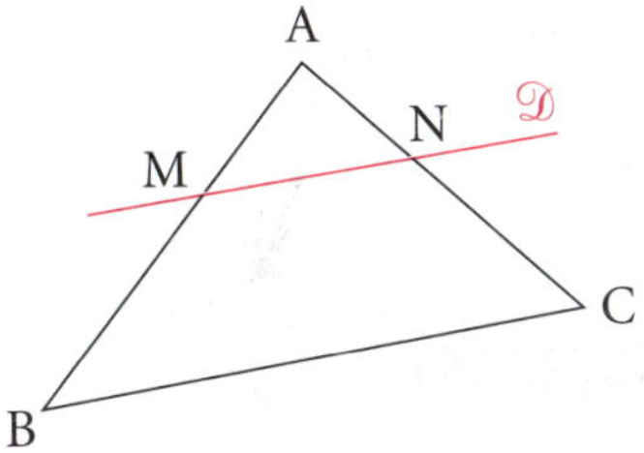

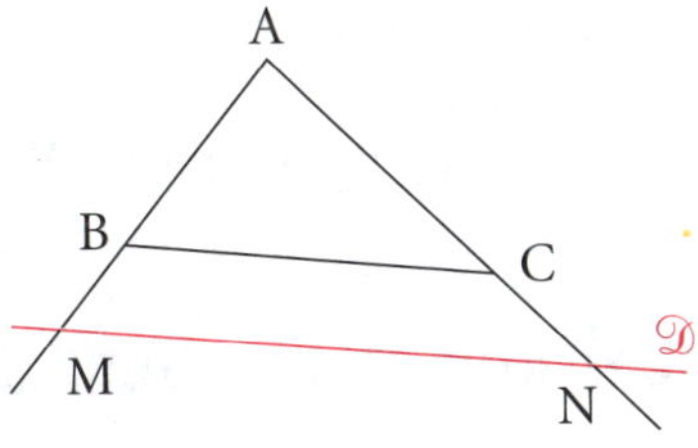

Dans le triangle ABC ; M ∈ [AB), N ∈ [AC).

Si je sais que : (MN) est parallèle à (BC)

je peux dire que : $\frac{AM}{AB} = \frac{AN}{AC} = \frac{MN}{BC}$.

Les longueurs des côtés de AMN sont proportionnelles à celles des côtés de ABC.

11 **L'étude de la propriété de Thalès est complétée en 3e.**

Démontrer que deux droites sont parallèles

Énoncé

Dans un triangle ADF, on désigne par P le milieu de [DF] et par Q le milieu de [AD]. Démontrer que (PQ) est parallèle à (AF).

Méthode 1

La propriété 1 fournit une méthode pour démontrer que deux droites sont parallèles.

Résolution

Dans le triangle ADF :

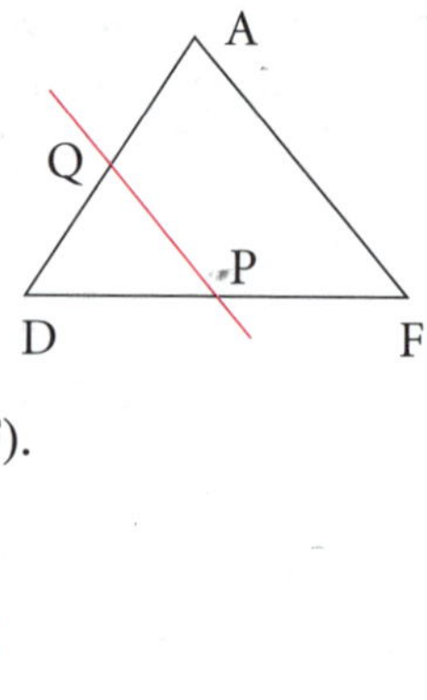

On sait que : $\begin{cases} \text{P est le milieu de [DF]} \\ \text{Q est le milieu de [AD]} \end{cases}$

Or : Dans un triangle, la droite passant par les milieux de deux côtés est parallèle au troisième côté.

Donc : on peut dire que (PQ) est parallèle à (AF).

Calculer la longueur d'un segment

Énoncé

Dans un triangle LRS, on désigne par B le milieu de [LR] et par D celui de [LS]. On donne LR = 7 cm ; LS = 6 cm et RS = 5 cm.

1. Calculer BD.
2. Calculer le périmètre du triangle LBD.

Méthode 2

On utilise la propriété 2.

Résolution

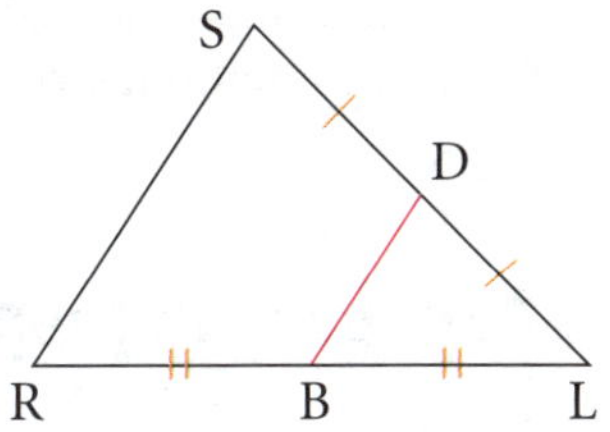

1. Calcul de BD.
Dans le triangle LRS :
On sait que : B est le milieu de [LR] et D celui de [LS].
Or : Dans un triangle, la longueur du segment joignant les milieux de deux côtés est égale à la moitié de celle du troisième côté.

Donc : $BD = \frac{1}{2}RS$; comme RS = 5 cm , BD = 2,5 cm.

2. Calcul du périmètre de LBD.

Pour calculer le périmètre, on peut dire que le triangle LBD est une réduction du triangle LRS à l'échelle 1/2.

Le périmètre est $\frac{LR + LS + RS}{2} = \frac{7 + 6 + 5}{2}$ cm = 9 cm.

On peut aussi calculer LB, LD et la somme LB + LD + BD.
$LB = \frac{1}{2}LR = 3{,}5$ cm ; $LD = \frac{1}{2}LS = 3$ cm ; BD = 2,5 cm.
Périmètre de LBD = (3,5 + 3 + 2,5) cm = 9 cm.

Démontrer qu'un point est le milieu d'un segment

Énoncé

Dans le triangle DEF : I est le milieu du côté [DF], la parallèle à (DE) passant par I coupe (FE) en J. Démontrer que J est le milieu de [FE].

> **Méthode 3**
>
> La propriété 3 fournit une méthode pour démontrer qu'un point est le milieu d'un segment.

Résolution

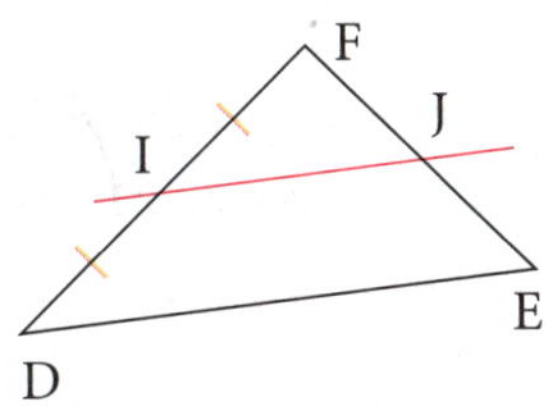

Dans le triangle DEF :
On sait que :
- I est le milieu du côté [DF]
- la droite (IJ) est parallèle à la droite (DE)

Or : Dans un triangle, la droite passant par le milieu d'un côté et parallèle à un second côté coupe le troisième côté en son milieu.
Donc : J est le milieu du côté [FE].

Appliquer la propriété de Thalès

Énoncé 1

On donne un triangle ACR tel que AC = 3,5 cm, AR = 4,2 cm, CR = 4,9 cm.
Soit E le point de [AC] tel que AE = 2,5 cm ; la parallèle à (CR) passant par E coupe (AR) en F. Calculer AF et EF.

Méthode 1

On écrit les rapports des longueurs des côtés avec les lettres, on remplace les longueurs qui sont connues par leurs valeurs. Pour calculer les autres, on utilise les produits en croix en simplifiant éventuellement le rapport connu (voir le calcul de EF).

Résolution

Dans le triangle ACR :
on a :
(EF) // (CR).
$E \in [AC)$ et $F \in [AR)$.
D'après la propriété de Thalès :

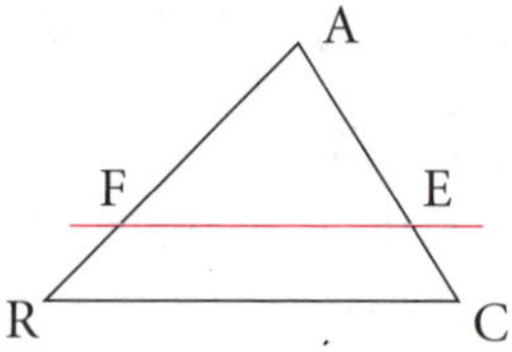

$\frac{AE}{AC} = \frac{AF}{AR} = \frac{EF}{CR}$; *d'où* : $\frac{2,5}{3,5} = \frac{AF}{4,2} = \frac{EF}{4,9}$.

1. Calcul de AF.

$\frac{AF}{4,2} = \frac{2,5}{3,5}$; $3,5 \times AF = 2,5 \times 4,2$; $AF = \frac{2,5 \times 4,2}{3,5}$; AF = 3 cm.

2. Calcul de EF.

On peut procéder de la même manière, on peut aussi écrire $\frac{2,5}{3,5} = \frac{5}{7}$, les calculs ultérieurs sont plus simples.

$\frac{EF}{4,9} = \frac{5}{7}$; $7 \times EF = 5 \times 4,9$;
EF = 3,5 cm.

Énoncé 2

On donne un triangle RST tel que RS = 3 cm, RT = 2 cm, ST = 2,5 cm. Soit P le point de [ST) tel que $SP = \frac{3}{2}ST$; la parallèle à (RT) passant par P coupe [SR) en U. Calculer SU et PU.

Méthode 2

On exprime la proportionnalité des longueurs des côtés des triangles en utilisant le coefficient de proportionnalité.

Résolution

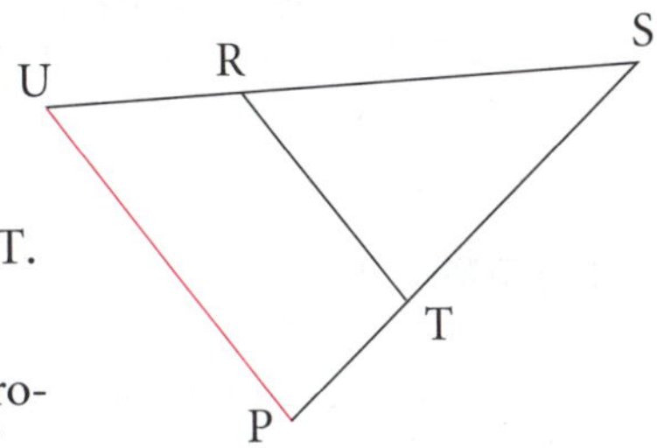

Dans le triangle RST :
On a :
(UP) // (RT).
$P \in [ST)$ et $U \in [SR)$, et $SP = \frac{3}{2}ST$.
Or, d'après la propriété de Thalès :
les longueurs des côtés de SUP sont proportionnelles à celles des côtés de SRT.
Donc : $SU = \frac{3}{2}SR$ et $UP = \frac{3}{2}RT$.
D'où : $SU = \frac{3}{2} \times 3\text{ cm} = 4{,}5\text{ cm}$ et $UP = \frac{3}{2} \times 2\text{ cm} = 3\text{ cm}$.

Les deux énoncés traitent les deux cas de figures que l'on peut rencontrer.

EXERCICES

Triangle, milieux et parallèles

Propriété 1

1 — Tracer un triangle ABC. Marquer les milieux E, F, G des côtés [BC], [CA] et [AB].

1. Démontrer que (EF) est parallèle à (BA).
2. Démontrer que (FG) est parallèle à (CB).
3. Quelle est la nature du quadrilatère EBGF ?

2 – Tracer un triangle CES. On désigne par P le milieu de [CS] et Q celui de [CE], M le symétrique de C par rapport à E et N le symétrique de C par rapport à S.
1. Démontrer que les droites (PQ) et (ES) sont parallèles.
2. Démontrer que les droites (PQ), (ES) et (MN) sont parallèles.

3 – Soit MPC un triangle, A le milieu de [MC] et B le milieu de [MP]. La parallèle à (MC) passant par P coupe (AB) en R.
1. Démontrer que (AB) est parallèle à (CP).
2. Démontrer que le quadrilatère ARPC est un parallélogramme.

(corrigés p. 190)

Propriété 2

4 – ABC est un triangle équilatéral ; I, J, K sont les milieux des côtés [BC], [CA] et [AB].
Quelle est la nature du triangle IJK ? Justifier la réponse.

5 – 1. Tracer un triangle ABC tel que AB = 4 cm, AC = 5 cm et BC = 6 cm.
2. Calculer le périmètre du triangle ABC.
3. Marquer le milieu I du côté [AB] et le milieu J du côté [AC]. Quelle est la longueur du segment [IJ] ?
4. Calculer le périmètre du quadrilatère IBCJ.

6 – Tracer un triangle FLM tel que ML = 7 cm, MF = 4 cm et LF = 5 cm. Placer les milieux A de [ML], B de [LF].
1. Calculer le périmètre du triangle LAB.
2. Placer le point D symétrique de L par rapport à M et le point E symétrique de L par rapport à F. Calculer le périmètre du triangle LDE.

(corrigés p. 191)

Propriété 3

7 – Soit BRS un triangle et I le milieu du segment [BR].
1. La parallèle à (RS) passant par I coupe [BS] en J.
Démontrer que J est le milieu de [BS].
2. La parallèle à (RB) passant par J coupe [RS] en K.
Démontrer que K est le milieu de [RS].

8 – Soit ABC un triangle, D le milieu de [BC] et M le milieu de [AD]. La droite (CM) coupe (AB) en F. La parallèle à (CM) qui passe par D coupe (AB) en E.
1. Démontrer que E est le milieu de [BF] (utiliser le triangle BFC).
2. Démontrer que F est le milieu de [AE] (utiliser le triangle ADE).
3. En déduire que BE = EF = FA.

9 – Soit CES un triangle rectangle en E, A le milieu de [CS]. La parallèle à (EA) passant par S coupe (CE) en T.
1. Démontrer que E est le milieu de [CT].
2. Démontrer que CS = ST.

(corrigés p. 192)

Problèmes

10 – Soit A, B, C trois points d'une droite $\mathscr{D}$ et E un point non situé sur $\mathscr{D}$. On appelle F et G les milieux respectifs des segments [EA] et [EB]. La droite (FG) coupe la droite (EC) en K.
1. Démontrer que (FG) est parallèle à (AB).
2. Démontrer que K est le milieu de [EC].

11 – Dans un triangle CPL on appelle E le milieu de [PL] et B le milieu de [PC]. On trace la droite $\mathscr{D}$ parallèle à (LC) passant par P. La droite (CE) coupe $\mathscr{D}$ en A.
1. Démontrer que (BE) est parallèle à (PA).
2. Démontrer que E est le milieu de [AC].
3. En déduire que CPAL est un parallélogramme.

12 – Soit ABC un triangle isocèle en A, I le milieu de [AB], J le milieu de [AC], K le milieu de [BC].
1. Démontrer que (IK) // (AC) et (KJ) // (AB).
2. Démontrer que AJ = AI.
3. Quelle est la nature du quadrilatère AIKJ ?

13 – Soit ABC un triangle rectangle en A, I le milieu de [AB], J le milieu de [AC], K le milieu de [BC].
Quelle est la nature du quadrilatère AIKJ ?

14 – Choisir quatre points A, B, C, D non alignés trois à trois. Placer le milieu E de [AB]. La parallèle à (BC) passant par E coupe (AC) en F. La parallèle à (CD) passant par F coupe (AD) en G.

1. Démontrer que F est le milieu de [AC].
2. Démontrer que G est le milieu de [AD].
3. Démontrer que (EG) est parallèle à (BD).

15 – Un triangle ABC est rectangle en C, M est le milieu de [BC] et N celui de [AB].
1. Démontrer que (MN) est perpendiculaire à (BC).
2. Que représente la droite (MN) pour le segment [BC] ? En déduire que NA = NB = NC.

16 – 1. Tracer un triangle ABC tel que BC = 6 cm, $\widehat{B} = 70°$, $\widehat{C} = 30°$. Calculer la mesure de l'angle $\widehat{A}$.
2. Placer les milieux D de [AB] et E de [AC]. Calculer les mesures des angles du triangle ADE.

17 – Soit ABC un triangle et D le symétrique de A par rapport à B. La parallèle à (AC) passant par B coupe (CD) en E. On désigne par F le milieu de [BC]. La droite (EF) coupe (AC) en G.
1. Démontrer que E est le milieu de [CD].
2. Démontrer que (EF) est parallèle à (BD).
3. Démontrer que G est le milieu de [AC].

18 – Soit DEF un triangle rectangle en D, A le milieu de [DE] et C celui de [DF].
1. Démontrer que (AC) est parallèle à (EF).
2. La perpendiculaire à (DF) passant par F coupe (AC) en G. Démontrer que le quadrilatère AGFE est un parallélogramme.
3. Démontrer que $AC = \frac{1}{2}EF$.
4. Démontrer que C est le milieu de [AG].

19 – Dans un triangle GKB, on appelle R, S et T les milieux respectifs des côtés [GK], [GB] et [KB]. Les droites (GT) et (RS) se coupent en I. Démontrer que I est le milieu de [RS] et [GT].

20 – 1. Tracer un trapèze ABCD de bases [AB] et [DC]. Placer le milieu I de [AD]. Tracer la parallèle à (AB) passant par I ; elle coupe (AC) en J et (BC) en K.
2. Démontrer que J est le milieu de [AC] et K celui de [BC].
3. Démontrer que $IJ = \frac{1}{2}DC$ et que $JK = \frac{1}{2}AB$.
En déduire que $IK = \frac{DC + AB}{2}$.

21 – Soit ABC un triangle rectangle en A tel que AB = 9 cm et AC = 6 cm. On appelle D le milieu de [AB], E le milieu de [BC] et F le symétrique de D par rapport à E.
1. Démontrer que (DE) est parallèle à (AC).
2. Démontrer que BDCF est un parallélogramme.
3. Démontrer que ACFD est un rectangle.

(corrigés p. 193)

Propriété de Thalès

Appliquer la propriété de Thalès

22 – On considère les figures ci-dessous. Sachant que (BD) // (CE), (IG) // (HJ) et (MO) // (NL), en utilisant la propriété de Thalès, compléter les égalités suivantes :

$\frac{AB}{AC} = \frac{...}{...} = \frac{...}{...}$; $\frac{FH}{FG} = \frac{...}{...} = \frac{...}{...}$; $\frac{MO}{LN} = \frac{...}{...} = \frac{...}{...}$.

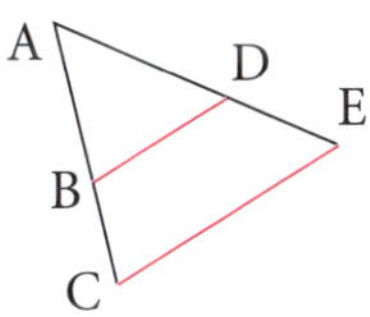

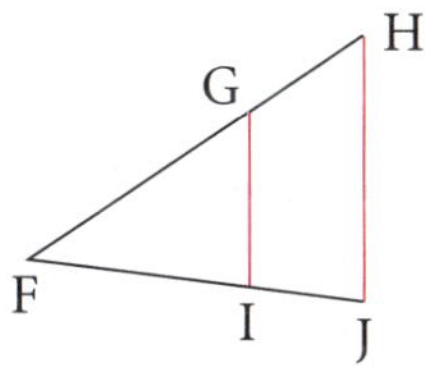

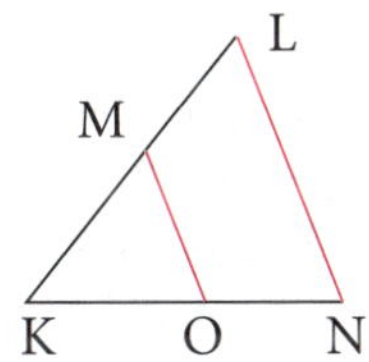

Exercices 23 à 28. Faire une figure et vérifier les résultats en mesurant les longueurs calculées.

23 – Soit ABC un triangle tel que AB = 4 cm, BC = 6,5 cm, CA = 5 cm et M le point de [AB] tel que AM = 3,2 cm. La parallèle à (BC) passant par M coupe (AC) en N. Calculer AN et MN.

24 – On donne un triangle DEF tel que DE = 4,2 cm, EF = 3,5 cm, FD = 5,6 cm et le point G de [EF] tel que EG = 1 cm. Par G, on mène la parallèle à (DF), elle coupe (ED) en H. Calculer EH et HG.

25 – Soit LMC un triangle tel que LM = 3 cm, MC = 4,2 cm, CL = 5,1 cm et D le point de [MC] tel que MD = 7 cm. La parallèle à (CL) passant par D coupe [ML] en R. Calculer MR ; en déduire LR. Calculer RD puis le périmètre du quadrilatère LCDR.

26 – On considère un triangle ABC tel que AB = 4,2 cm, BC = 5,7 cm, CA = 7,5 cm et le point M de [AB] tel que AM = $\frac{2}{3}$ AB. La parallèle à (BC) passant par M coupe (AC) en N. Calculer AM, AN et MN.

27 – Dans un triangle ABC, on a AB = 5 cm, BC = 4 cm, CA = 7,2 cm. Placer le point M de [BC] tel que BM = $\frac{3}{4}$BC et tracer la parallèle à (AC) passant par M ; elle coupe (AB) en N.
Calculer BM, BN et MN.

28 – Soit ABC un triangle tel que AB = 6,5 cm, BC = 4 cm, CA = 5,5 cm. Par le point M de [CA] tel que CM = $\frac{6}{5}$ CA, on trace la parallèle à (AB), elle coupe (BC) en N.
Calculer CM, CN et MN.

29 – Sur la figure ci-contre :
IQ = 3 cm ; IP = 1,8 cm ;
IM = 2,1 cm ; NQ = 3,5 cm ;
(PM) // (QN).

1. Calculer IN et PM.
2. Quelle est la nature de chacun des triangles NIQ et MIP ?

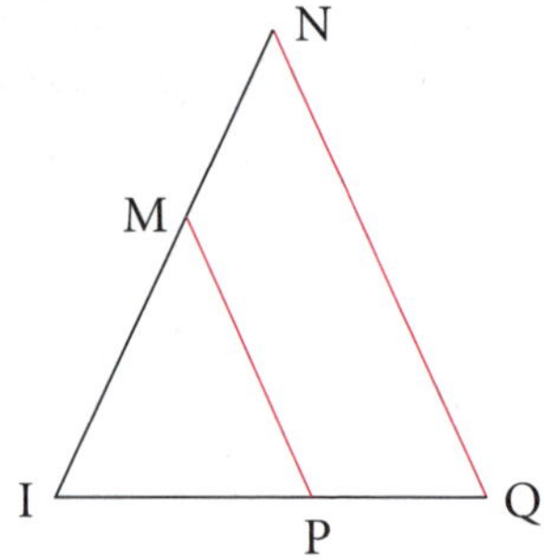

30 – Soit un triangle ORP et le point T de [OR] tel que OT = $\frac{5}{7}$ OR. La parallèle à (RP) passant par T coupe (OP) en S.

Démontrer que le périmètre de OTS est les $\frac{5}{7}$ de celui de ORP.

31 – Sur la figure ci-dessous, on a :
OA = 3 cm ; AB = 4,2 cm ; OC = 4,5 cm et (AC) // (BD).
Calculer CD.

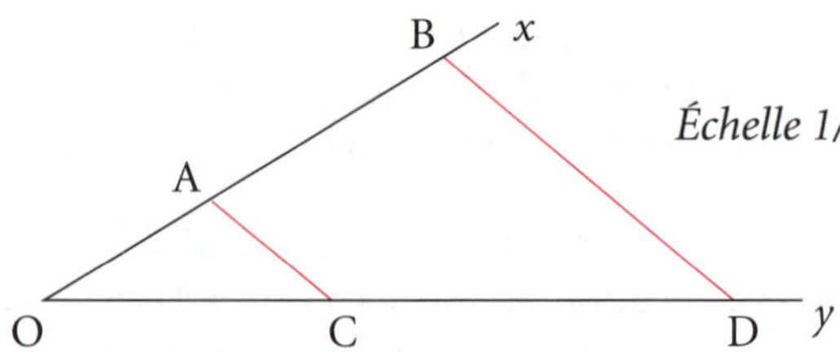

Échelle 1/2

(corrigés p. 196)

Problèmes

32 – On considère un rectangle ABCD tel que AB = 4 cm et AD = 3 cm.
Sur la demi-droite [DA) on place le point E tel que DE = 8 cm ; la droite (EB) coupe (DC) en F. Calculer DF.

33 – Soit ABC un triangle rectangle en A tel que AB = 4 cm et BC = 7,2 cm. M est le point de [AB] tel que AM = 2,5 cm. La perpendiculaire à (AB) en M coupe (BC) en N.
Calculer BN et NC.

34 – On considère un triangle MNP tel que MN = 4,5 cm, MP = 6 cm, NP = 5,1 cm. Soit T le point de [PN] tel que NT = 1,7 cm ; la parallèle à (MN) passant par T coupe (MP) en S ; la parallèle à (PN) passant par S coupe (MN) en R.
Calculer les longueurs des côtés du triangle MRS.

35 – Soit ABCD un parallélogramme et M le point de [AC] tel que $AM = \frac{1}{3}AC$. Par M, on trace la parallèle à (AD) qui coupe (DC) en N et la parallèle à (AB) qui coupe (BC) en P.

Démontrer que $CP = \frac{2}{3}CB$ et $CN = \frac{2}{3}CD$.

36 – On considère trois demi-droites [Ox), [Oy) et [Oz) de même origine O.
Une droite $\mathscr{D}$ coupe [Ox) en A, [Oy) en B, [Oz) en C. Une droite $\mathscr{D}'$ parallèle à $\mathscr{D}$ coupe [Ox) en D, [Oy) en E, [Oz) en F.

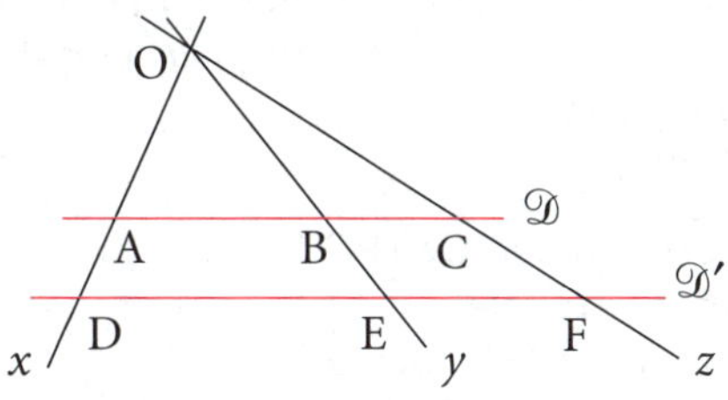

1. Démontrer que $\frac{AB}{DE} = \frac{BC}{EF}$.
2. AB = 3,5 cm ; BC = 2 cm ; DE = 5,6 cm.
Calculer EF.

(corrigés p. 198)

CORRIGÉS

Les corrigés des exercices 1 à 8 sont présentés comme des exemples de rédaction de devoirs.

Triangle, milieux et parallèles

Propriété 1

1 – 1. Démontrer que (EF) est parallèle à (BA).
Dans le triangle ABC :
on a : E milieu de [BC] et F milieu de [CA].
Or : *Dans un triangle, la droite passant par les milieux de deux côtés est parallèle au troisième côté.*
Donc : (EF) est parallèle à (BA).

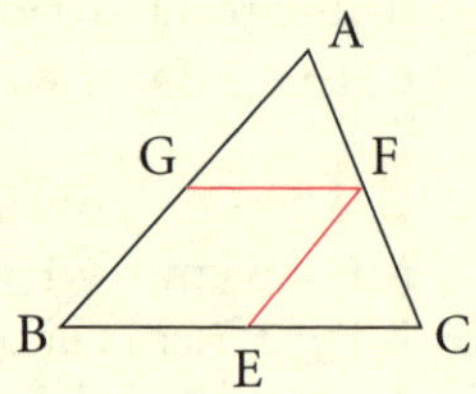

2. Démontrer que (FG) est parallèle à (CB).
Dans le triangle ABC :
on a : F milieu de [CA] et G milieu de [AB].
Or : *Dans un triangle, la droite passant par les milieux de deux côtés est parallèle au troisième côté.*
Donc : (FG) est parallèle à (CB).

3. Nature du quadrilatère EBFG
On a : (EF) // (BA) et (FG) // (CB), soit (EF) // (BG) et (FG) // (EB).
Or : *Un quadrilatère dont les côtés opposés sont parallèles est un parallélogramme.*
Donc : EBGF est un parallélogramme.

2 – 1. Démontrer que les droites (PQ) et (ES) sont parallèles.
Dans le triangle CES, **on a** : Q milieu de [CE] et P milieu de [CS].
Or : *Dans un triangle, la droite passant par les milieux de deux côtés est parallèle au troisième côté.*
Donc : (PQ) // (ES).

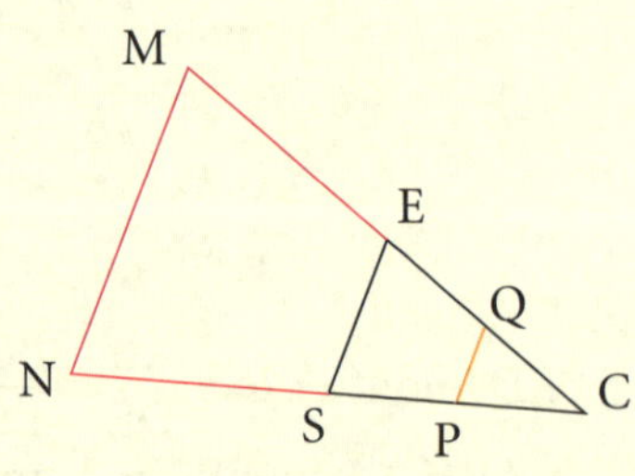

2. Démontrer que les droites (PQ), (ES) et (MN) sont parallèles.
On sait que M est le symétrique de C par rapport à E et N celui de C par rapport à S.
Donc : E est le milieu de [CM] et S le milieu de [CN].
Dans le triangle CMN :
On a : E milieu de [CM] et S milieu de [CN].

Or : *Dans un triangle, la droite passant par les milieux de deux côtés est parallèle au troisième côté.*
Donc : (ES) // (MN).
On a : (PQ) // (ES) et (ES) // (MN) ; donc (PQ) // (ES) // (MN).

3 – 1. Démontrer que (AB) est parallèle à (CP).
Dans le triangle MPC :
on a : A milieu de [MC] et B milieu de [MP].
Or : *Dans un triangle, la droite passant par les milieux de deux côtés est parallèle au troisième côté.*
Donc : (AB) // (CP).

2. Démontrer que le quadrilatère ARPC est un parallélogramme.
On a : (AB) // (CP) et (RP) // (MC).
Or : *un quadrilatère dont les côtés opposés sont parallèles est un parallélogramme.*
Donc : ARPC est un parallélogramme.

Propriété 2

4 – Nature du triangle IJK
Dans un triangle, la longueur du segment joignant les milieux de deux côtés est la moitié de celle du troisième côté.
Dans le triangle ABC :

I est le milieu de [BC] et J celui de [CA], donc $IJ = \frac{1}{2}AB$.

J est le milieu de [CA] et K celui de [AB], donc $JK = \frac{1}{2}BC$.

K est le milieu de [AB] et I celui de [BC], donc $IK = \frac{1}{2}AC$.

ABC est équilatéral, donc AB = BC = CA. Par suite, IJ = JK = KI.
Le triangle IJK est équilatéral.

Pour éviter de répéter la propriété, on l'énonce une seule fois pour les trois cas. Puis on l'applique aux différents cas.

5 – 1. Figure.

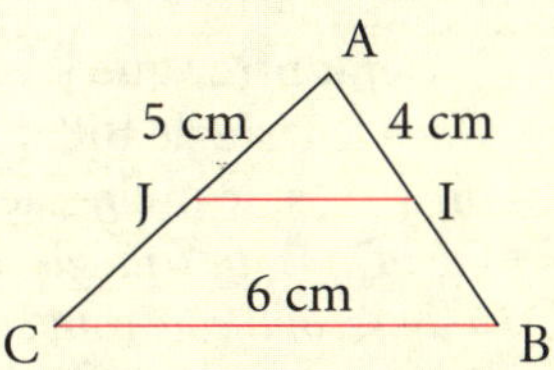

2. Calcul du périmètre du triangle ABC.
Le périmètre du triangle ABC est la somme des longueurs des côtés.
AB + BC + AC = (4 + 6 + 5) cm = 15 cm.
Le périmètre est de 15 cm.

3. Longueur du segment [IJ]
Dans le triangle ABC :
on a : I milieu de [AB] et J milieu de [AC].
Or : *Dans un triangle, la longueur du segment joignant les milieux de deux côtés est la moitié de celle du troisième côté.*
Donc : $IJ = \frac{1}{2}BC = \frac{6}{2}$ cm = 3 cm.

4. Calcul du périmètre.
Le périmètre est IB + BC + CJ + JI.
On a : I est le milieu de [AB], BA = 4 cm, donc IB = 2 cm.
J est le milieu de [AC] et CA = 5 cm ; donc CJ = 2,5 cm.
BC = 6 cm et JI = 3 cm.
IB + BC + CJ + JI = (2 + 6 + 2,5 + 3) cm = 13,5 cm.
Le périmètre de IBCJ est de 13,5 cm.

6 – 1. Calculer le périmètre du triangle LAB.
Les points A et B sont les milieux de [ML] et [LF].
Le périmètre du triangle LAB est donc la moitié du périmètre de FLM.
(*voir calcul d'un périmètre page 181*).
Périmètre de MLF = ML + MF + LF = (7 + 4 + 5) cm = 16 cm.
Périmètre de ABC = 8 cm.

2. Calcul du périmètre du triangle LDE.
D est symétrique de L par rapport à M et E symétrique de L par rapport à F, donc M est le milieu de [DL] et F le milieu de [EL] et le périmètre du triangle LMF est la moitié de celui du triangle LDE.
Le périmètre de LDE est donc le double de celui de LMF, soit 32 cm.

Propriété 3

7 – 1. Démontrer que J est le milieu de [BS].
Dans le triangle BRS :
on a : I milieu de [BR] et (IJ) // (RS).
Or : *Dans un triangle, la droite passant par le milieu d'un côté et parallèle à un second côté coupe le troisième côté en son milieu.*
Donc : J est le milieu de [BS].

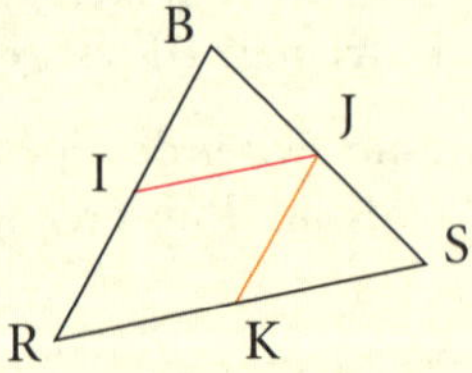

2. Démontrer que K est le milieu de [RS].
Dans le triangle BRS :
on a : J est le milieu de [BS] et (JK) // (RB).
Or : *Dans un triangle, la droite passant par le milieu d'un côté et parallèle à un second côté coupe le troisième côté en son milieu.*
Donc : K est le milieu du côté [RS].

8 – 1. Démontrer que E est le milieu de [BF].
Dans le triangle BFC :
on a : D milieu de [BC] et (DE) // (CF).
Or : *Dans un triangle, la droite passant par le milieu d'un côté et parallèle à un second côté coupe le troisième côté en son milieu.*
Donc : E est le milieu de [BF].

2. Démontrer que F est le milieu de [AE].
Dans le triangle ADE :
on a : M milieu de [AD] et (MF) // (DE).
Or : *Dans un triangle, la droite passant par le milieu d'un côté et parallèle à un second côté coupe le troisième côté en son milieu.*
Donc : F est le milieu de [AE].

3. En déduire que BE = EF = FA.
Les points E et F sont les milieux des segments [BF] et [AE].
On a : BE = EF et EF = FA, **donc** BE = EF = FA.

9 – 1. Démontrer que E est le milieu de [CT].
Dans le triangle CST :
on a : A est le milieu de [CS] et (AE) // (ST).
Or : *Dans un triangle, la droite passant par le milieu d'un côté et parallèle à un second côté coupe le troisième côté en son milieu.*
Donc : E est le milieu de [CT].

2. Démontrer que CS = ST.
Le triangle CES est rectangle en E, donc (SE) est perpendiculaire à (CT).
(SE) passe par le milieu E de [CT].
La droite (SE) est la médiatrice de [CT].
Or : *tout point de la médiatrice d'un segment est équidistant des extrémités du segment.*
Donc : SC = ST.

Problèmes

10 – 1. Dans le triangle EAB, F et G étant les milieux des côtés [EA] et [EB], (FG) est parallèle à $\mathcal{D}$.

2. Dans le triangle EBC, G est le milieu de [EB] et (GK) est parallèle à $\mathcal{D}$, elle coupe [EC] en son milieu : K est le milieu de [EC].

11 – 1. Dans le triangle CPL, B est le milieu de [PC] et E celui de [PL], donc (BE) // (CL).
(BE) // (CL) et (CL) // (PA), donc (BE) // (PA).

2. Dans le triangle CPA :
B est le milieu de [PC] et (BE) // (PA), donc E est le milieu de [AC].

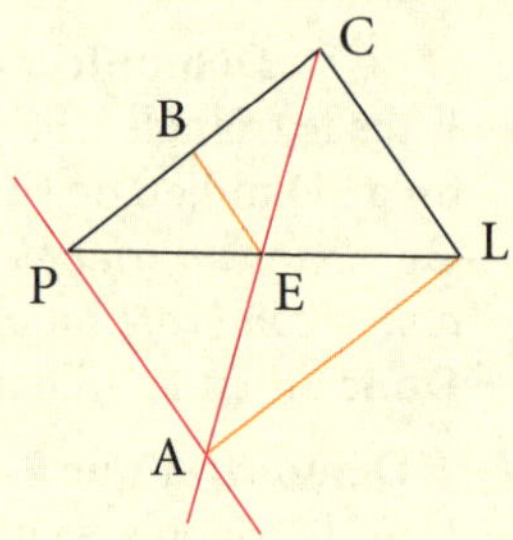

3. Dans le quadrilatère CPAL, E est le milieu de [PL] et de [AC].
Or, un quadrilatère dont les diagonales ont même milieu est un parallélogramme, donc CPAL est un parallélogramme.

12 – 1. Dans le triangle ABC :
I est le milieu de [AB], K celui de [BC], donc (IK) // (AC).
K est le milieu de [BC], J celui de [AC], donc (KJ) // (AB).

2. Le triangle ABC est isocèle en A, donc AB = AC.

I et J sont les milieux de [AB] et [AC], donc $AI = \frac{1}{2}AB$ et $AJ = \frac{1}{2}AC$.

Et par suite, AI = AJ.

3. (IK) // (AC) et (KJ) // (AB), donc AIKJ est un parallélogramme.
De plus, AI = AJ, AIKJ est un losange.

13 – Les points I, J et K étant les milieux des côtés du triangle ABC, (IK) // (AC) et (KJ) // (BA) ; le quadrilatère AIKJ est un parallélogramme.
Le triangle ABC est rectangle en A, l'angle $\widehat{A}$ est droit ; le parallélogramme AIKJ est un rectangle.

14 – 1. Dans ABC, E est le milieu de [AB] et (EF) // (BC), donc F est le milieu de [AC].

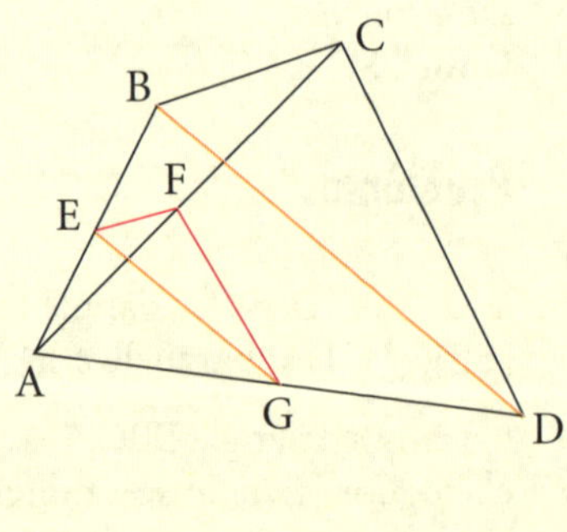

2. Dans ACD, F est le milieu de [AC] et (FG) // (CD) donc G est le milieu de [AD].

3. Dans ABD, E et G sont les milieux de [AB] et [AD] donc (EG) // (BD).

15 – 1. La droite (MN) passant par les milieux de deux côtés du triangle ABC est parallèle à (AC). Comme le triangle ABC est rectangle en C, (BC) ⊥ (AC) ; on en déduit que (CB) est aussi perpendiculaire à (MN).

2. (MN) $\perp$ (BC) et M est le milieu de [BC] : (MN) est la médiatrice de [BC].
Le point N situé sur cette médiatrice est équidistant de B et C ; de plus N est le milieu de [AB] : NA = NB = NC.

16 – 1. La somme des mesures des angles d'un triangle est 180°.
$\widehat{A} = 180° - (\widehat{B} + \widehat{C}) = 180° - (70° + 30°) = 80°$.

2. D et E étant les milieux des côtés [AB] et [AC], (DE) // (BC).
Les angles correspondants $\widehat{ADE}$ et $\widehat{ABC}$ ont la même mesure ainsi que les angles $\widehat{AED}$ et $\widehat{ACB}$: $\widehat{ADE} = 70°$, $\widehat{AED} = 30°$. $\widehat{DAE} = \widehat{BAC} = 80°$.

17 – 1. Le symétrique de A par rapport à B est D, B est le milieu de [AD].
Dans le triangle ADC, B est le milieu de [AD] et (BE) // (AC), E est donc le milieu de [DC].

2. Dans le triangle BDC, E et F sont les milieux de [DC] et [BC], donc : (EF) // (BD).

3. Dans le triangle ADC, E est le milieu de [DC] et (EF) // (DA), donc G est le milieu de [AC].
On aurait pu aussi utiliser le triangle ABC, le milieu F de [BC] et (FG) // (AB).

18 – 1. A et C étant les milieux de [DE] et [DF], (AC) // (EF).

2. EDF étant rectangle en D, (ED) $\perp$ (DF) ; comme (FG) $\perp$ (DF), on a (ED) // (FG) ; de plus (EF) // (AC), le quadrilatère AGFE est un parallélogramme.

3. Dans le triangle DEF, A est le milieu de [DE] et C celui de [DF], donc $AC = \frac{1}{2} EF$.

4. Dans le parallélogramme AGFE, les côtés opposés ont même longueur. Donc AG = EF ; or $AC = \frac{1}{2} EF$, donc $AC = \frac{1}{2} AG$; les points A, C et G sont alignés, C est le milieu de [AG].

19 – R, S et T étant les milieux des côtés du triangle, (RT) // (GB) et (ST) // (GK) ; le quadrilatère GRTS est un parallélogramme ; ses diagonales se coupent en leur milieu, I est le milieu de [RS] et de [GT].

20 – 1.

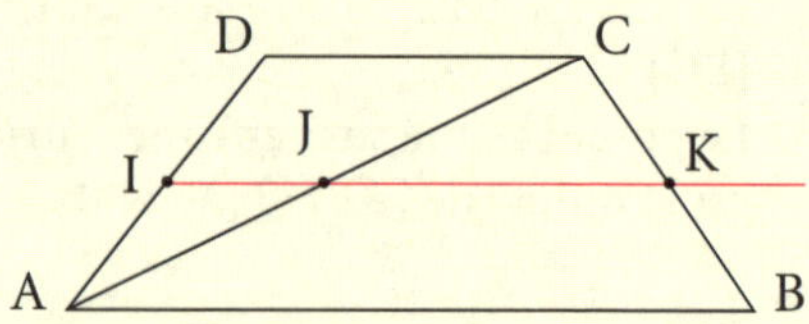

2. ABCD est un trapèze de bases [AB] et [DC], donc (AB) // (DC).
(IJ) // (AB) et (AB) // (DC), donc (IJ) // (DC).

Dans le triangle ADC, I est le milieu de [AD] et (IJ) // (DC), donc J est le milieu de [AC].
Dans le triangle ABC, J est le milieu de [AC] et (JK) // (AB), donc K est le milieu de [BC].

3. Dans les triangles ADC et ABC, les longueurs des segments [IJ] et [JK] sont la moitié de celles des côtés [DC] et [AB] ; $IJ = \frac{DC}{2}$; $JK = \frac{AB}{2}$.

$IK = IJ + JK = \frac{DC}{2} + \frac{AB}{2} = \frac{DC + AB}{2}$.

21 – 1. Dans le triangle ABC, la droite (DE) qui passe par les milieux de deux côtés est parallèle à (AC).

2. F est le symétrique de D par rapport à E, donc E est le milieu de [DF]. Or E est aussi le milieu de [BC]. Dans le quadrilatère BDCF, les diagonales [DF] et [BC] ont le même milieu E ; c'est un parallélogramme.

3. BDCF étant parallélogramme, (BD) // (CF) ; de plus (DE) // (AC), le quadrilatère ACFD est donc un parallélogramme. Le triangle ABC étant rectangle en A, l'angle $\widehat{A}$ est droit et le parallélogramme ACFD est un rectangle.

Propriété de Thalès

Appliquer la propriété de Thalès

22 – $\frac{AB}{AC} = \frac{AD}{AE} = \frac{BD}{CE}$; $\frac{FH}{FG} = \frac{FJ}{FI} = \frac{HJ}{GI}$; $\frac{MO}{LN} = \frac{KM}{KL} = \frac{KO}{KN}$.

23 – Dans le triangle ABC, (MN) // (BC) ; **d'après la propriété de Thalès :**

on a : $\frac{AM}{AB} = \frac{AN}{AC} = \frac{MN}{BC}$; $\frac{3,2}{4} = \frac{AN}{5} = \frac{MN}{6,5}$

d'où 4AN = 5 × 3,2 ; AN = **4 cm** et 4MN = 3,2 × 6,5 ; MN = **5,2 cm.**

24 – D'après la propriété de Thalès : $\frac{EH}{ED} = \frac{EG}{EF} = \frac{HG}{DF}$;
$\frac{EH}{4,2} = \frac{1}{3,5} = \frac{HG}{5,6}$; EH = **1,2 cm** ; HG = **1,6 cm**.

25 – D'après la propriété de Thalès : $\frac{MD}{MC} = \frac{MR}{ML} = \frac{RD}{LC}$.
$\frac{7}{4,2} = \frac{MR}{3} = \frac{RD}{5,1}$
MR = 5 cm d'où LR = **2 cm** ; RD = **8,5 cm**.
CD = MD – MC = 2,8 cm ; périmètre de LCDR : **18,4 cm.**

26 – AM = $\frac{2}{3}$ AB = **2,8 cm.**
Dans le triangle ABC, (MN) // (BC), AM = $\frac{2}{3}$AB ;
d'après la propriété de Thalès, on a : AN = $\frac{2}{3}$ AC et MN = $\frac{2}{3}$ BC.
AN = $\frac{2}{3} \times 7,5$ cm = **5 cm** et MN = $\frac{2}{3} \times 5,7$ cm = **3,8 cm.**

27 – BM = $\frac{3}{4}$ BC = **3 cm**.
D'après la propriété de Thalès, on a aussi :
BN = $\frac{3}{4}$ BA et MN = $\frac{3}{4}$ AC ; BN = **3,75 cm** et MN = **5,4 cm**.

28 – CM = $\frac{6}{5}$ CA = **6,6 cm**.
On a aussi CN = $\frac{6}{5}$CB = **4,8 cm** et MN = $\frac{6}{5}$ AB = **7,8 cm**.

29 – 1. $\frac{IM}{IN} = \frac{IP}{IQ} = \frac{MP}{NQ}$; d'où IN = **3,5 cm** et MP = **2,1 cm**.

2. Dans le triangle NIQ, IN = 3,5 cm et NQ = 3,5 cm ; **NIQ est isocèle en N.**
Dans MIP, MI = 2,1 cm et MP = 2,1 cm ; **MIP est isocèle en M.**

30 – Dans ORP, OT = $\frac{5}{7}$ OR et (TS) // (RP) ; d'après la propriété de Thalès, on a aussi OS = $\frac{5}{7}$ OP et TS = $\frac{5}{7}$ RP.

$$\text{Périmètre de } OTS = OT + OS + TS$$
$$= \frac{5}{7}OR + \frac{5}{7}OP + \frac{5}{7}RP$$
$$= \frac{5}{7}(OR + OP + RP)$$
$$= \frac{5}{7}\text{ Périmètre de } ORP.$$

31 – OB = OA + AB = 7,2 cm. (AC) // (BD).

Dans OAB, $\frac{OC}{OD} = \frac{OA}{OB}$. D'où : OD = 10,8 cm ; CD = OD – OC = **6,3 cm.**

Problèmes

32 – ABCD est un rectangle donc (AB) // (DC).

EA = DE – AD = 5 cm.

Dans le triangle EDF, (AB) étant parallèle à (DF), $B \in [EF)$, $A \in [ED)$ on a : $\frac{ED}{EA} = \frac{DF}{AB}$. D'où : DF = **6,4 cm.**

33 – Le triangle ABC est rectangle en A, donc $(AC) \perp (AB)$.

(AC) et (MN), perpendiculaires à (AB), sont parallèles.

BM = AB – AM = 1,5 cm.

D'après la propriété de Thalès, on a :

$\frac{BN}{BC} = \frac{BM}{BA} = \frac{1,5}{4} = \frac{3}{8}$. D'où : $BN = \frac{3}{8}BC$ = **2,7 cm** ; NC = BC – BN on en déduit NC = **4,5 cm**.

34 – Le quadrilatère RSTN ayant ses côtés opposés parallèles est un parallélogramme ; on a donc RS = NT = 1,7 cm.

Dans MNP, (RS) // (NP) ; d'après la propriété de Thalès, on a :

$\frac{MR}{MN} = \frac{MS}{MP} = \frac{RS}{NP}$. $\frac{RS}{NP} = \frac{1,7}{5,1} = \frac{1}{3}$, $MR = \frac{1}{3}MN$ et $MS = \frac{1}{3}MP$.

D'où : MR = **1,5 cm** et MS = **2 cm.**

35 – $AM = \frac{1}{3}AC$, donc : $CM = \frac{2}{3}CA$.

Dans CAB, (MP) // (AB) et $CM = \frac{2}{3}CA$; d'après la propriété de Thalès, on a aussi $CP = \frac{2}{3}CB$.

De même dans CAD, (MN) // (AD) ; on a aussi $CN = \frac{2}{3}CD$.

36 – **1.** Dans ODE, (AB) // (DE) donc $\frac{AB}{DE} = \frac{OB}{OE}$.

Dans OEF, (BC) // (EF) donc $\frac{BC}{EF} = \frac{OB}{OE}$.

On en déduit $\frac{AB}{DE} = \frac{BC}{EF}$.

2. $\frac{AB}{DE} = \frac{BC}{EF}$; on en déduit EF = **3,2 cm.**

7

DISTANCE ET DROITES DANS LE TRIANGLE

COURS

- Médiatrices et cercle circonscrit
- Distance
- Bissectrices et cercle inscrit
- Hauteurs d'un triangle et orthocentre
- Médianes d'un triangle et centre de gravité
- Les lignes remarquables dans le triangle (récapitulatif)

MÉTHODE

- Construire la tangente à un cercle en l'un de ses points
- Démontrer que deux droites sont perpendiculaires

EXERCICES

- Inégalité triangulaire (Révision)
- Médiatrices et cercle circonscrit
- Distance
- Bissectrice et cercle inscrit
- Hauteurs d'un triangle et orthocentre
- Médianes d'un triangle et centre de gravité
- Problèmes
- Corrigés

7 DISTANCE ET DROITES DANS LE TRIANGLE

Certaines parties de ce chapitre ont déjà fait l'objet d'une étude ou d'une approche en 5e (médiatrice d'un segment, cercle circonscrit, construction de médiatrices, hauteurs, bissectrices). Ces notions sont complétées ici, d'autres sont nouvelles.

Les méthodes de construction de droites perpendiculaires ou parallèles, de médiatrice d'un segment ou bissectrice d'un angle, de triangle, de hauteur et médiane sont supposées acquises. Qu'elles soient données ou non, il est bon de faire toutes les figures des exercices, (à main levée au brouillon pour se rendre compte de l'espace utile et des éléments qu'elles contiennent, puis soigneusement sur une feuille en utilisant les outils appropriés (crayon bien taillé, compas précis, rapporteur, équerre…).

Médiatrices et cercle circonscrit

Médiatrice

La **médiatrice** d'un segment [AB] est la perpendiculaire à la droite (AB) passant par le milieu du segment.

Propriétés

- *Si je sais* qu'un point appartient à la médiatrice d'un segment, *je peux dire* qu'il est équidistant des extrémités du segment.
- *Si je sais* qu'un point est équidistant des extrémités d'un segment, *je peux dire* qu'il appartient à la médiatrice du segment.

Régionnement du plan

La médiatrice d'un segment partage le plan en deux parties (demi-plans). Tous les points de la partie contenant A sont plus près de A que de B. Tous les points de la partie contenant B sont plus près de B que de A.

Cercle circonscrit à un triangle

Propriété

Les médiatrices des trois côtés d'un triangle sont concourantes en un point équidistant des sommets du triangle. Ce point est le centre du **cercle circonscrit** au triangle (il passe par les trois sommets).

Le cercle est circonscrit au triangle, le triangle est inscrit dans le cercle.

- *Si je sais que* le triangle ABC est inscrit dans un cercle de centre O, *je peux dire que* le point O appartient aux trois médiatrices des côtés du triangle.
- *Si je sais* qu'un point O est commun aux médiatrices de **deux** côtés d'un triangle,
  je peux dire que :
  – le point O appartient à la médiatrice du troisième côté ;
  – le cercle de centre O passant par l'un des sommets est le cercle circonscrit au triangle.

Distance

Distance d'un point à une droite

Soit une droite $\mathcal{D}$ et un point A n'appartenant pas à $\mathcal{D}$. La perpendiculaire à $\mathcal{D}$ passant par A coupe $\mathcal{D}$ en H. La distance du point A à la droite $\mathcal{D}$ est la longueur du segment [AH].
Si A est un point de $\mathcal{D}$, sa distance à $\mathcal{D}$ est nulle.

Pour tout point M de $\mathcal{D}$ autre que H : AM > AH.
AH est la plus courte distance du point A à un point de $\mathcal{D}$.

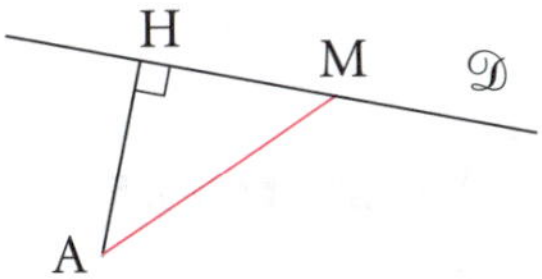

Distance de deux droites parallèles

Soit $\mathcal{D}$ et $\mathcal{D}'$ deux droites parallèles, une perpendiculaire à $\mathcal{D}$ et $\mathcal{D}'$ coupe $\mathcal{D}$ en H et $\mathcal{D}'$ en K. La distance des deux droites $\mathcal{D}$ et $\mathcal{D}'$ est la longueur HK.

Deux droites parallèles $\mathscr{D}$ et $\mathscr{D}'$ forment une bande. L'axe de symétrie $(x'x)$ de cette bande est l'ensemble des points équidistants de $\mathscr{D}$ et $\mathscr{D}'$.
Si je sais que M $\in (x'x)$,
je peux dire que M est équidistant de $\mathscr{D}$ et $\mathscr{D}'$.

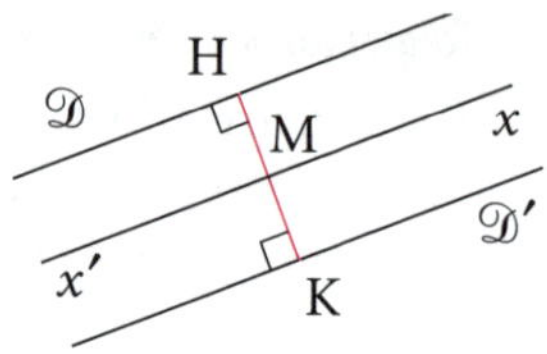

Points situés à une distance fixée d'une droite

Soit $\mathscr{D}$ une droite et d un nombre positif. L'ensemble des points situés à la distance d de la droite $\mathscr{D}$ se compose des deux droites l et l' parallèles à $\mathscr{D}$.

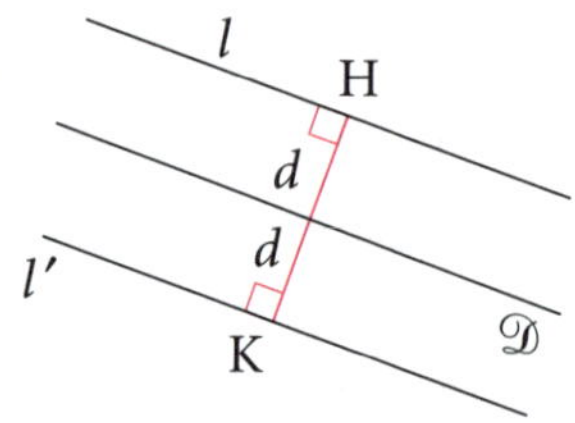

Position relative d'une droite et d'un cercle

Soit $\mathscr{C}$ un cercle de centre O, de rayon r et $\mathscr{D}$ une droite. La perpendiculaire à $\mathscr{D}$ passant par O coupe $\mathscr{D}$ en H.

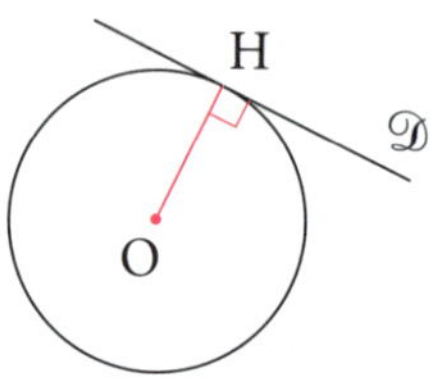

Si OH = r, alors $\mathscr{D}$ est tangente au cercle.

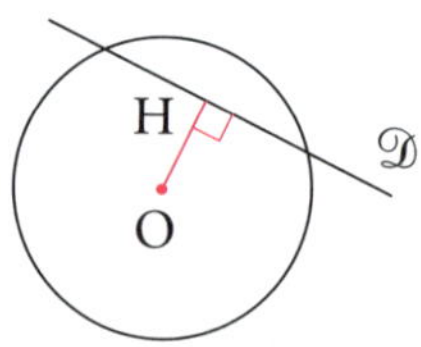

Si OH $< r$, alors $\mathscr{D}$ est sécante au cercle.

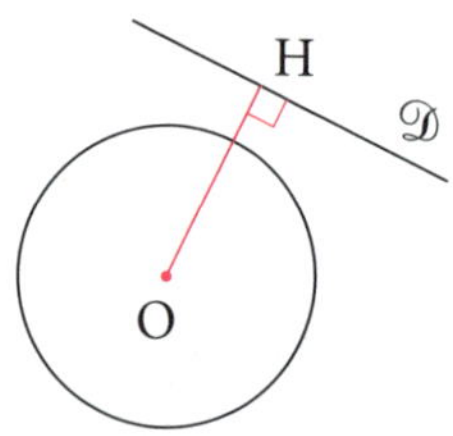

Si OH $> r$, alors $\mathscr{D}$ est extérieure au cercle.

ENREG.

Soit $\mathscr{C}$ un cercle de centre O et A un point du cercle. La tangente au cercle $\mathscr{C}$ en A est la perpendiculaire à (OA) passant par A.

Bissectrices et cercle inscrit

Bissectrice d'un angle

La **bissectrice** d'un angle partage l'angle en deux angles adjacents égaux.
La bissectrice d'un angle est une demi-droite.
La droite support de la bissectrice est l'axe de symétrie de l'angle.

Propriétés

- Si un point appartient à la bissectrice d'un angle, il est équidistant des côtés de l'angle.
- Si un point situé à l'intérieur d'un angle est équidistant des côtés de l'angle, il appartient à la bissectrice de l'angle.

M ∈ [Oz), MH = MK.

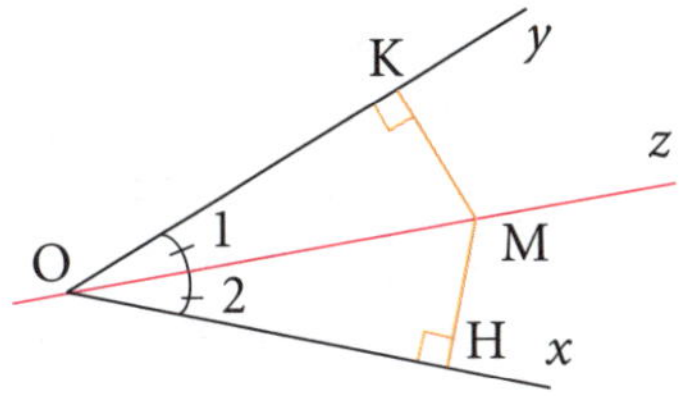

Bissectrices des angles d'un triangle. Cercle inscrit

Les bissectrices des angles d'un triangle sont concourantes en un point. Ce point est le centre du cercle inscrit dans le triangle.

Sur la figure :
[AI) est la bissectrice de l'angle $\widehat{BAC}$.
[BI) est la bissectrice de l'angle $\widehat{ABC}$.
[CI) est la bissectrice de l'angle $\widehat{BCA}$.
$\mathscr{C}$ est le cercle inscrit dans le triangle ; son centre est le point I commun aux trois bissectrices. Son rayon est la distance IP (IP = IQ = IR).
$\mathscr{C}$ est tangent aux trois côtés du triangle.

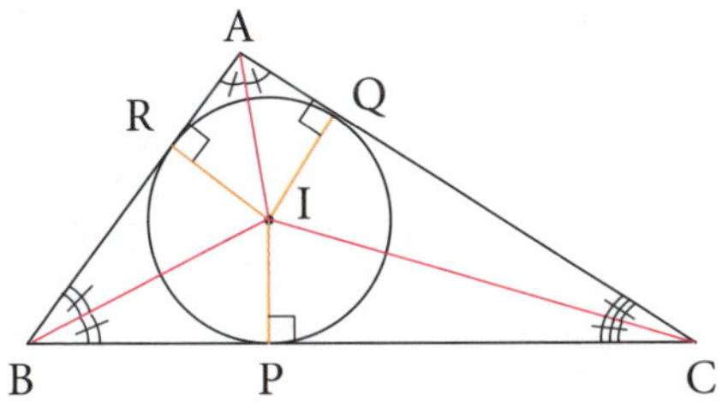

Hauteurs d'un triangle et orthocentre

Dans un triangle, on appelle **hauteur** toute droite passant par un sommet et perpendiculaire au support du côté opposé.
La hauteur passant par A s'appelle aussi hauteur relative au côté [BC].
On appelle aussi **hauteur** la longueur du segment de hauteur compris entre le sommet et le côté opposé.

Orthocentre

Les trois hauteurs d'un triangle sont concourantes en un point appelé l'**orthocentre**.

Sur la figure :
Les droites (AD), (BE), (CF) sont les trois hauteurs du triangle ABC.
Elles sont concourantes en H.
H est l'**orthocentre** du triangle.

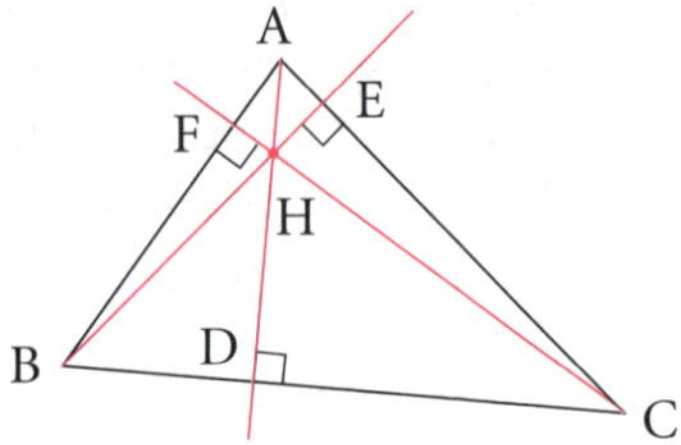

Médianes d'un triangle et centre de gravité

Dans un triangle, on appelle **médiane** tout segment joignant un sommet au milieu du côté opposé.

Centre de gravité

Les trois médianes d'un triangle sont concourantes en un point appelé le **centre de gravité** du triangle. Ce point est situé aux deux tiers de chaque médiane à partir du sommet ou au tiers à partir de la base.

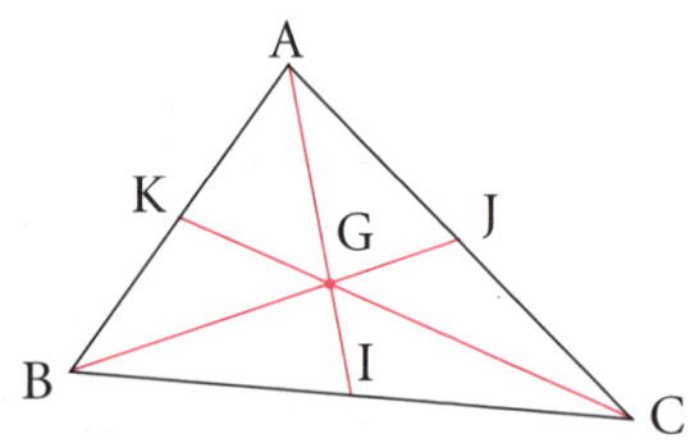

Sur la figure I, J, K sont les milieux des côtés du triangle ABC. Les segments [AI], [BJ] et [CK] sont les médianes du triangle. G est le centre de gravité.

$AG = \frac{2}{3}AI$; $BG = \frac{2}{3}BJ$; $CG = \frac{2}{3}CK$.

Les lignes remarquables dans le triangle

ENREG.

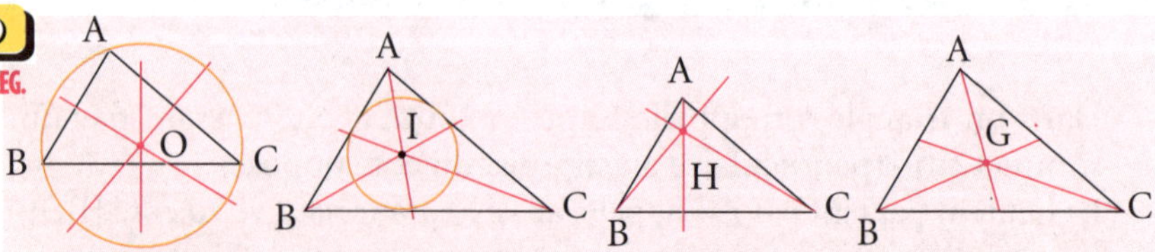

Construire la tangente à un cercle en l'un de ses points

Énoncé

Soit A un point d'un cercle $\mathscr{C}$ de centre O. Construire la tangente en A au cercle $\mathscr{C}$.

Méthode

- Pour construire la tangente en A à un cercle $\mathscr{C}$ de centre O, on construit la perpendiculaire à la droite (OA) passant par A.

Résolution

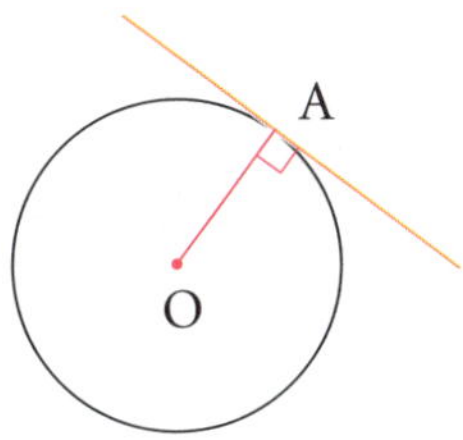

Démontrer que deux droites sont perpendiculaires

L'utilisation de l'orthocentre apporte une nouvelle manière de démontrer que deux droites sont perpendiculaires.

Énoncé

Deux triangles BLC et BKC rectangles en L et K sont tels que les segments [BK] et [CL] soient sécants en un point H. Les droites (BL) et (CK) se coupent en A. Démontrer que les droites (AH) et (BC) sont perpendiculaires.

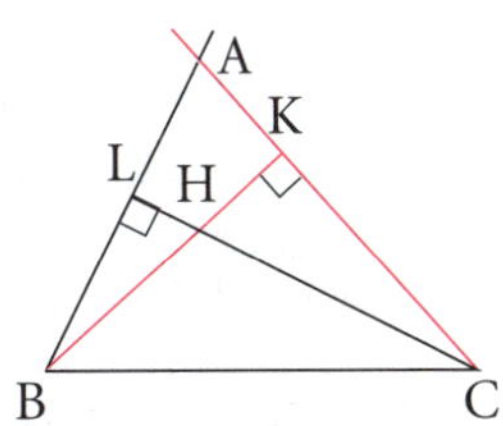

Méthode

- On recherche un triangle dont on connaît deux hauteurs.
- On connaît deux hauteurs relatives à deux sommets. Leur point de rencontre est l'orthocentre du triangle. La droite passant par le troisième sommet et par l'orthocentre est la troisième hauteur, elle est donc perpendiculaire au côté opposé à ce sommet.

DISTANCE ET DROITES DANS LE TRIANGLE

Résolution

Les triangles BLC et BKC sont rectangles en L et K. Donc (BL) ⊥ (CL) et (BK) ⊥ (KC). Les droites (BL) et (KC) se coupent en A, donc : (BA) ⊥ (CL) et (BK) ⊥ (AC). On utilise le triangle ABC : les droites (BK) et (CL) sont deux hauteurs, leur point commun H est l'orthocentre du triangle.
La troisième hauteur est la droite (AH). Les droites (AH) et (BC) sont donc perpendiculaires.

EXERCICES

Inégalité triangulaire (Révision)

1 – Peut-on construire 3 points A, B, C vérifiant les conditions données ? Lorsque cela est possible, indiquer si les points sont alignés ou s'ils sont les sommets d'un triangle.

a) AB = 5 cm ; AC = 3 cm ; BC = 2 cm ;
b) AB = 5 cm ; AC = 4 cm ; BC = 6 cm ;
c) AB = 3 cm ; AC = 2 cm ; BC = 6 cm ;
d) AB = AC = 7 cm ; BC = 15 cm ;
e) AB = AC = 7 cm ; BC = 6 cm.

2 – Soit ABC un triangle isocèle tel que AB = 3 cm et BC = 7 cm. Quelle est la longueur du côté [AC] ?

3 – Soit O et E deux points tels que OE = 4 cm. Colorier la partie du plan où les points M satisfont aux conditions indiquées.

a) $MO < 3$ cm et $ME < 2$ cm ;
b) $MO < 2$ cm et $ME \geqslant 3$ cm ;
c) $2 \text{ cm} \leqslant MO < 3$ et $2 \text{ cm} < ME \leqslant 4$ cm.

(corrigés p. 217)

Médiatrices et cercle circonscrit

4 – Soit MNP un triangle rectangle en N, $\mathcal{D}$ la médiatrice de [MN].
Démontrer que $\mathcal{D}$ est parallèle à (NP).

5 – Les triangles BAC et BDC sont isocèles en A et D.
Démontrer que (AD) est la médiatrice de [BC].

6 – Soit une droite $\mathcal{D}$ et A un point n'appartenant pas à $\mathcal{D}$.
On trace un cercle $\mathcal{C}$ de centre A coupant $\mathcal{D}$ en I et J, puis les cercles de centres I et J passant par A. Ils se recoupent en B.
Démontrer que $\mathcal{D}$ est la médiatrice de [AB].

7 – Tracer un triangle ABC rectangle en A. Marquer le milieu I de [AB] et le milieu O de [BC].
1. Démontrer que les droites (OI) et (AC) sont parallèles.
2. Démontrer que (OI) est la médiatrice de [AB].
3. Déduire de la question précédente que OA = OB = OC.

Cet exercice est une démonstration de la propriété du triangle rectangle énoncée p. 232.

8 – Soit O et A deux points tels que OA = 4 cm.
Colorier la partie du plan correspondant aux points M tels que MO = MA et MO $\leqslant$ 3 cm.

9 – Soit $\mathcal{D}$ la médiatrice d'un segment [AB]. Un point M est tel que le segment [MA] coupe $\mathcal{D}$ en un point I.
1. Démontrer que MB < MI + IB.
2. Démontrer que IA = IB, en déduire que MB < MA.

Cet exercice est une démonstration de la propriété énoncée dans le régionnement du plan p. 203.

10 – Soit un segment [AB] de 3 cm de longueur et M un point.
Colorier en rose la partie du plan où les points M satisfont aux conditions indiquées.
a) MB > MA et MA < 2,5 cm.
b) MA $\leqslant$ MB $\leqslant$ 3 cm.
c) MA > MB ; 2 cm $\leqslant$ MB < 3 cm.

11 – Construire un triangle ABC avec : AB = 6 cm, BC = 4 cm et AC = 3 cm. Tracer son cercle circonscrit.

12 – Tracer un cercle de centre O, marquer trois points M, N, P sur ce cercle. On désigne par I, J, K les milieux des côtés [MP], [PN], [NM]. Que représentent les droites (OI), (OJ) et (OK) pour le triangle MNP ?

13 – Soit AIO et AJO deux triangles rectangles en I et J situés de part et d'autre de la droite (AO). Construire le triangle ABC tel que I et J soit les milieux des côtés [AB] et [AC]. Démontrer que O est le centre du cercle circonscrit.

(corrigés p. 218)

Distance

14 – Tracer un segment [SG] de 5 cm de longueur. Sur la perpendiculaire à (SG) passant par S, marquer un point B situé à 4 cm de S. Quelle est la distance de B à la droite (SG) ?

15 – Tracer un segment [AJ] de 4 cm de longueur. Construire un point C situé à 3 cm de la droite (AJ). Quelle est l'aire du triangle AJC ?

16 – Dans un triangle IFM rectangle en I, la distance IM, exprimée en centimètres, est un nombre entier supérieur à 3 et FM = 5 cm. Quelle est cette distance ?

17 – Marquer un point A, puis construire une droite $\mathcal{D}$ pour que A soit situé à 2,5 cm de $\mathcal{D}$. Construire le symétrique B de A par rapport à $\mathcal{D}$. Quelle est la distance de B à $\mathcal{D}$?

18 – Sur la figure ci-contre, la droite (MO) est perpendiculaire en O à la droite $\mathcal{D}$.

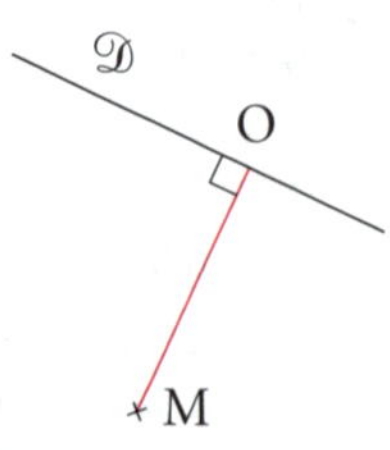

1. Quelle est la distance de M à $\mathcal{D}$?
2. Construire le symétrique N de M par rapport à O. Comparer les distances de M et N à la droite $\mathcal{D}$.

19 – Sur la figure ci-dessous, les points A et B sont équidistants de $\mathcal{D}$. (AH) $\perp$ $\mathcal{D}$ et (BK) $\perp$ $\mathcal{D}$.
Le segment [AB] coupe $\mathcal{D}$ en O.
1. Quelle est la nature du quadrilatère AHBK ?

2. Que représente le point O pour les segments [AB] et [HK] ?

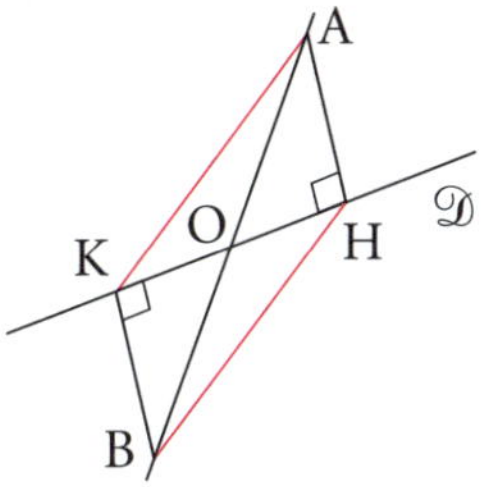

20 – Tracer deux droites $\mathscr{D}$ et $\mathscr{D}'$ sécantes en O. Construire les points du plan situés à 2 cm de $\mathscr{D}$ et à 1,5 cm de $\mathscr{D}'$.

21 – 1. Construire deux droites parallèles $\mathscr{D}_1$ et $\mathscr{D}_2$ distantes de 3 cm.
2. Une droite $\mathscr{D}_3$ coupe $\mathscr{D}_1$ et $\mathscr{D}_2$. Construire les points du plan équidistants de $\mathscr{D}_1$ et $\mathscr{D}_2$ et situés à 2 cm de $\mathscr{D}_3$.

22 – Sur une droite, marquer deux points A et B tels que AB = 4 cm.
Placer deux points C et D situés à 3 cm de (AB).
Calculer les aires des triangles ABC et ABD.

23 – Sur la figure ci-contre : ABCD est un rectangle ; AEFD et AEGH sont des parallélogrammes.
H ∈ (AB) ; I ∈ (AD) ; E ∈ (BC) ;
F ∈ (BC) ; G ∈ (HF) ; D ∈ (HF).
1. Comparer les aires de ABCD et AEFD.
2. Comparer les aires de AEFD et AEGH.
3. Comparer les aires des trapèzes AHGI et EIDF.

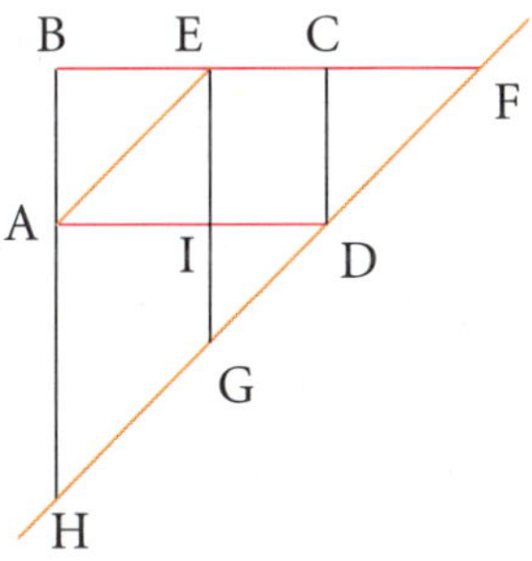

24 – Les diagonales d'un trapèze ABCD de bases [AB] et [CD] sont sécantes en un point O situé à 1,6 cm de (AB) et à 1 cm de (CD).
On donne AB = 4 cm et CD = 2,5 cm.
1. Faire une figure.
2. Calculer les aires des triangles OAB et OCD, CAB et DAB, AOD et BOC.

25 – Les diagonales d'un trapèze ABCD de bases [AB] et [CD] sont sécantes en un point O.
1. Démontrer que les triangles ADB et ACB ont la même aire.
2. Démontrer que les triangles AOD et BOC ont la même aire.

26 – $\mathscr{C}$ est un cercle de centre O de 3 cm de rayon ; A est un point situé à la distance d du point O. Tracer la droite $\mathscr{D}$ perpendiculaire à (OA) en A.

Pour chacun des cas suivants, indiquer la position de la droite $\mathscr{D}$ par rapport au cercle :

a) $d = 6$ cm ; b) $d = 2$ cm ; c) $d = 3$ cm ; d) $d = 1$ cm.

27 – Soit $\mathscr{C}$ un cercle de centre O, de diamètre [EF].

1. Tracer les tangentes à $\mathscr{C}$ en E et F.
2. Montrer que ces tangentes sont parallèles.

28 – 1. Tracer un triangle OAO′ rectangle en A, puis les cercles $\mathscr{C}$ et $\mathscr{C}'$ de centres O et O′ passant par A.

2. Démontrer que la droite (OA) est tangente à $\mathscr{C}'$ et que la droite (O′A) est tangente à $\mathscr{C}$.

29 – Soit $\mathscr{C}$ un cercle de centre O, A un point de $\mathscr{C}$, $\mathscr{D}$ la tangente à $\mathscr{C}$ en A, B un point de $\mathscr{D}$, et C le symétrique de O par rapport à A.

Quelle est la nature du triangle OBC ?

30 – Soit A un point d'un cercle $\mathscr{C}$ de centre O.

1. Tracer la droite $\mathscr{D}$ tangente à $\mathscr{C}$ en A (expliquer la construction).
2. Soit B un point de $\mathscr{D}$ autre que A, C le symétrique de B par rapport à O et A′ le point diamétralement opposé à A sur $\mathscr{C}$. Démontrer que ABA′C est un parallélogramme.
3. Démontrer que (A′C) est tangente à $\mathscr{C}$.

31 – Soit $\mathscr{D}$ une droite. Construire trois cercles tangents à $\mathscr{D}$ en un même point A de $\mathscr{D}$.

32 – Construire trois cercles de 4 centimètres de rayon, tangents à une droite $\mathscr{D}$.

33 – Construire trois cercles tangents à deux droites parallèles $\mathscr{D}_1$ et $\mathscr{D}_2$.

34 – Soit $\mathscr{D}$ une droite, F un point n'appartenant pas à la droite.

1. Sur la droite $\mathscr{D}$, marquer un point H. Tracer la perpendiculaire $\mathscr{D}'$ en H à la droite $\mathscr{D}$. Tracer la médiatrice de [HF] ; elle coupe $\mathscr{D}'$ en M. Montrer que M est équidistant de F et de $\mathscr{D}$.

2. Construire six autres points équidistants de F et de $\mathcal{D}$. Sont-ils alignés ? Sont-ils situés sur un même cercle ?

(corrigés p. 220)

Bissectrices et cercle inscrit

35 – Sur la figure ci-contre, la demi-droite [Az) est bissectrice de l'angle $\widehat{xAy}$. (IJ) ⊥ [Ax), (IK) ⊥ [Ay).

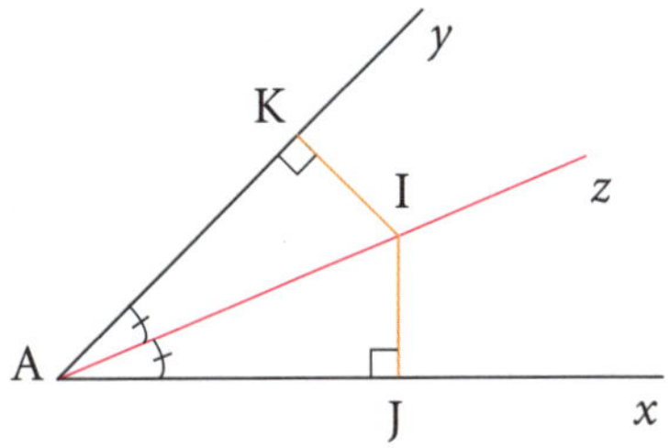

1. Par la symétrie d'axe (Az), quelle est l'image de la demi-droite [Ax) ?
De la droite (IJ) ? Du point J ?
En déduire que IK = IJ.
2. Quelle propriété de la bissectrice retrouve-t-on ainsi ?

36 – 1. Tracer un angle $\widehat{xOy}$ de 70°. Construire sa bissectrice [Oz) à la règle et au compas.
2. Mesurer les angles $\widehat{xOz}$ et $\widehat{zOy}$. Vérifier ainsi la construction faite.
3. Sur la droite support de [Oz), marquer un point M n'appartenant pas à [Oz). Calculer les mesures des angles $\widehat{MOx}$ et $\widehat{MOy}$, puis vérifier avec le rapporteur.

37 – Construire un triangle ABC avec : AB = 4 cm ; BC = 5 cm et AC = 4,5 cm. Tracer le cercle inscrit dans le triangle ABC.

38 – Construire un triangle ABC avec : AB = 6 cm ; BC = 4 cm et AC = 3 cm. Tracer le cercle inscrit dans le triangle ABC.

39 – Construire un triangle ABC avec : AB = 4,5 cm ; BC = 6 cm et AC = 7,5 cm. Tracer le cercle inscrit dans le triangle ABC.

40 – Sur un cercle de centre K, de 3 cm de rayon, marquer trois points R, S, T tels que le triangle RST ait 3 angles aigus. Tracer les tangentes au cercle en R, S et T.
La tangente en R coupe la tangente en S en un point M.
La tangente en R coupe la tangente en T en un point N.
La tangente en S coupe la tangente en T en un point P.

Que représente le cercle pour le triangle MNP ?
Que représentent les demi-droites [MK), [NK), [PK) dans le triangle ?

41 – Le triangle ABC a été coupé.

1. En utilisant la figure ci-après, construire le centre I de son cercle inscrit et tracer ce cercle.

2. Une droite $\mathcal{D}$ coupe [AB] et [AC] en E et F. Construire le centre J du cercle inscrit au triangle AEF.

3. Tracer la portion visible de la bissectrice de l'angle $\widehat{BAC}$.

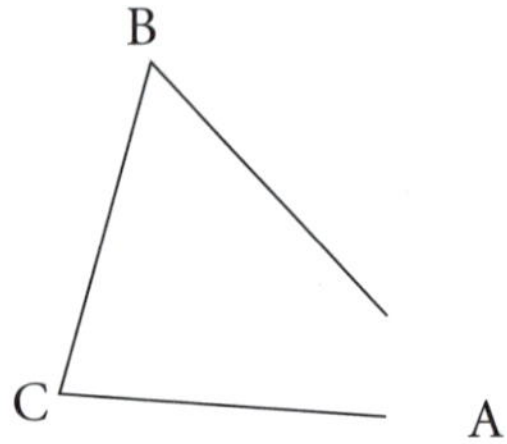

(corrigés p. 224)

Hauteurs d'un triangle et orthocentre

42 – *Pour démontrer que les hauteurs d'un triangle sont concourantes :*

1. Tracer un triangle ABC ni rectangle, ni isocèle. Tracer les hauteurs relatives aux côtés [BC] et [AC]. Elles se coupent en un point H. La droite $\mathcal{D}_1$ passant par A et parallèle à la droite (BC) coupe en R la droite $\mathcal{D}_2$ passant par B et parallèle à la droite (CA). La droite $\mathcal{D}_3$ parallèle à la droite (AB) passant par C coupe $\mathcal{D}_1$ en S et $\mathcal{D}_2$ en T.

2. Démontrer que les quadrilatères RACB, BASC, BACT sont des parallélogrammes. En déduire que B est le milieu de [RT] et A le milieu de [RS].

3. Démontrer que (AH) et (BH) sont les médiatrices des deux côtés du triangle RST. Que représente le point H pour le triangle RST ?

4. Démontrer que (CH) est la troisième hauteur du triangle ABC.

43 – 1. Tracer un triangle RAM. Soit E l'orthocentre de ce triangle. Que représentent les droites (ER), (EM), (EA) pour le triangle RAM ?

2. Quel est l'orthocentre du triangle REM ? Du triangle EAM ? Du triangle ERA ?

44 – Quel est l'orthocentre d'un triangle JAR rectangle en R ?

45 – Construire un triangle ABC d'orthocentre H tel que AH = 3 cm; BH = 4 cm et $\widehat{AHB} = 110°$.

46 – DEF est un triangle d'orthocentre H tel que $\widehat{DEF} = 50°$ et $\widehat{DFE} = 60°$.
Quelles sont les mesures en degrés des angles $\widehat{EDF}$; $\widehat{EDH}$; $\widehat{DEH}$; $\widehat{DHE}$; $\widehat{HDF}$; $\widehat{DFH}$; $\widehat{DHF}$; $\widehat{FHE}$?
On pourra nommer D′, E′, F′ les points d'intersection des hauteurs avec les côtés [EF], [FD], [DE].

47 – Soit ABCD un parallélogramme. La perpendiculaire à (AB) passant par D coupe (AB) en H et la perpendiculaire à (DB) passant par A coupe (DB) en K. Les droites (AK) et (DH) se coupent en F.
1. Démontrer que (AD) et (BF) sont perpendiculaires.
2. Quelle est la nature du triangle BFC ?

48 – Reprendre la figure de l'exercice 41. Sans chercher à placer le sommet A du triangle ABC, construire la hauteur passant par A.

(corrigés p. 226)

Médianes d'un triangle et centre de gravité

49 – 1. Dans une plaque de papier cartonné, construire un triangle MNP avec :
MN = 10 cm ; NP = 8 cm ; $\widehat{MNP} = 80°$.
2. Tracer les médianes du triangle. Vérifier qu'elles ont un point commun. Appeler G ce point. Que représente ce point pour le triangle ?
3. Découper le triangle. Poser verticalement une règle sur une table. Poser le triangle sur la règle au point G. Vérifier que le triangle reste en équilibre sur la règle.

50 – Tracer un parallélogramme ABCD de centre O. On appelle E le centre de gravité du triangle ABC et K celui du triangle ADC.
Montrer que BE = EK = KD.

51 – Sur la figure ci-dessous, le point O est le milieu des segments [MS] et [RN]. Démontrer que les triangles AMS et ARN ont le même centre de gravité.

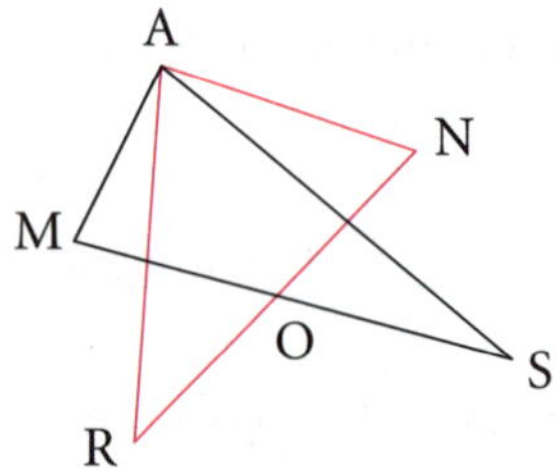

52 – Soit [DI] la médiane relative au côté [EF] d'un triangle DEF. Soit G le symétrique de D par rapport à I.

1. Démontrer que le quadrilatère DEGF est un parallélogramme.
2. Démontrer que $DG < DF + FG$.
3. Démontrer que $DI < \frac{1}{2}(DF + DE)$.

53 – Construire un triangle ABC de centre de gravité G tel que :
$GA = 4$ cm ; $GB = 6$ cm ; $AB = 5$ cm.

(corrigés p. 228)

Problèmes

Exercices 54 et 55 :

Soit deux droites $\mathscr{D}_1$ et $\mathscr{D}_2$ sécantes en O et A un point n'appartenant ni à $\mathscr{D}_1$, ni à $\mathscr{D}_2$.

54 – Construire le triangle ABC sachant que $\mathscr{D}_1$ est la hauteur passant par C et que $\mathscr{D}_2$ est la bissectrice de l'angle $\widehat{B}$.

55 – Construire le triangle OAP sachant que $\mathscr{D}_1$ est la hauteur passant par O et que $\mathscr{D}_2$ est le support de la médiane issue de O.

56 – Soit ABC un triangle isocèle de sommet A. Démontrer que l'orthocentre H, le centre de gravité G, le centre O du cercle circonscrit et le centre I du cercle inscrit sont alignés.

(corrigés p. 229)

CORRIGÉS

Inégalité triangulaire (Révision)

1 – a) $5 = 3 + 2$; d'où AB = AC + CB. On peut construire 3 points A, B, C vérifiant les conditions données, ils sont alignés ; $C \in [AB]$.
b) $6 < 5 + 4$; BC < AB + BC. On peut construire 3 points A, B, C vérifiant les conditions données, ils sont les sommets d'un triangle.
c) $6 > 3 + 2$. On ne peut pas construire 3 points A, B, C vérifiant les conditions données.
d) $15 > 7 + 7$. On ne peut pas construire 3 points A, B, C vérifiant les conditions données.
e) $7 < 6 + 7$. On peut construire 3 points A, B, C vérifiant les conditions données, ils sont les sommets d'un triangle isocèle en A.

2 – Le triangle est isocèle, la longueur du côté [AC] ne peut être que 3 cm ou 7 cm. La longueur du plus grand côté doit être inférieure à la somme des longueurs des deux autres côtés, comme $7 > 3 + 3$ et $7 < 3 + 7$; le triangle ABC a deux côtés de 7 cm de longueur, AC = 7 cm.

3 – Dans les trois cas, on trace des cercles de centres O et E.
a) Les points vérifiant les conditions sont situés à l'intérieur des deux cercles de centres O et E de 3 cm et 2 cm de rayons.

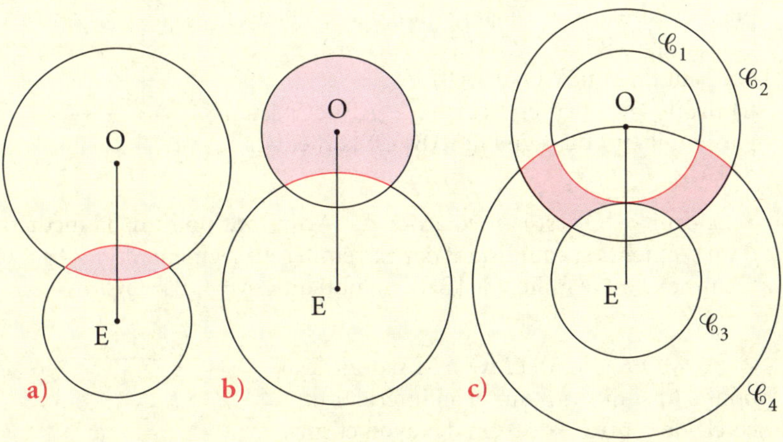

b) Les points vérifiant les conditions sont situés à l'intérieur du cercle de centre O de 2 cm de rayon et à l'extérieur ou sur le cercle de centre E de 3 cm de rayon.
c) Les points vérifiant les conditions indiquées sont les points situés entre les deux cercles $\mathscr{C}_1$ ($\mathscr{C}_1$ compris) et $\mathscr{C}_2$ de centre O de 2 cm et 3 cm et entre les deux cercles $\mathscr{C}_3$ et $\mathscr{C}_4$ ($\mathscr{C}_4$ compris) de centre E de 2 cm et 4 cm.

Médiatrices et cercle circonscrit

4 – $\mathcal{D}$ est la médiatrice du segment [MN], donc $\mathcal{D}$ est perpendiculaire à la droite (MN).
Le triangle MNP est rectangle en N, donc (NP) est perpendiculaire à (MN).
On a $\mathcal{D} \perp$ (MN) et (NP) $\perp$ (MN), donc : $\mathcal{D}$ // (NP).

5 – Les triangles BAC et BDC sont isocèles en A et D, donc : AB = AC et DB = DC. Les points A et D étant équidistants de B et C appartiennent à la médiatrice de [BC], la droite (AD) est la médiatrice de [BC].

6 – Les cercles de centres I et J passent par A et B, donc : IA = IB et JA = JB.
On a IA = IB et JA = JB ; les points I et J de la droite $\mathcal{D}$ étant équidistants de A et B, la droite $\mathcal{D}$ est la médiatrice de [AB].

7 – 1. Dans le triangle ABC, O est le milieu de [BC] et I celui de [AB] ; donc (IO) est parallèle à (AC).

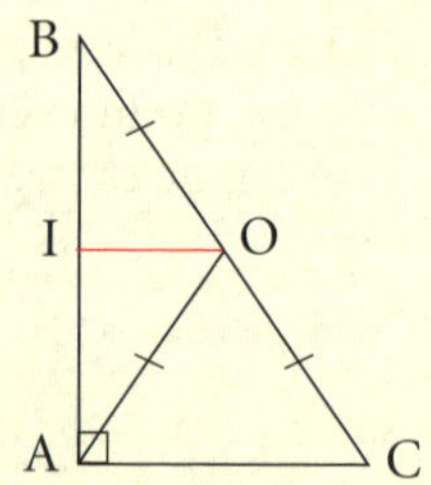

2. Le triangle ABC est rectangle en A, donc (CA) $\perp$ (AB).
Lorsque deux droites sont parallèles, toute perpendiculaire à l'une est perpendiculaire à l'autre.
On sait que (IO) // (AC) et (CA) $\perp$ (AB).
On peut dire que (IO) $\perp$ (AB).
La droite (IO) perpendiculaire à (AB) et passant par le milieu I du segment [AB] est la médiatrice de [AB].

3. La droite (IO) est la médiatrice de [AB] ; tout point de la médiatrice d'un segment est équidistant des extrémités du segment, donc OB = OA.
Comme O est le milieu de [BC], on obtient OA = OB = OC.

8 – MO $\leqslant$ 3 cm et MO = MA, donc les points M sont situés sur et à l'intérieur du cercle de centre O de 3 cm de rayon et sur la médiatrice de [OA]. Les points vérifiant ces conditions sont ceux du segment [EF].

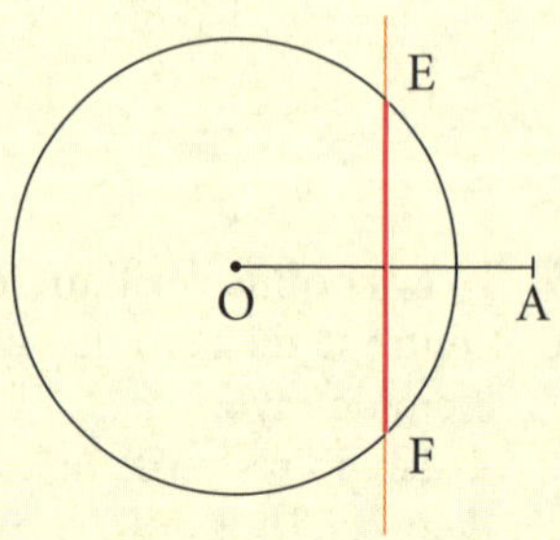

9 – 1. D'après l'inégalité triangulaire, dans le triangle MBI :

$$MB < MI + IB.$$

2. Le point I appartient à la médiatrice du segment [AB], il est équidistant des extrémités du segment, donc : IA = IB.
On a MB < MI + IB et IA = IB, donc : MB < MI + IA.
Or, I est un point du segment [MA], donc : MI + IA = MA.
On en conclut que MB < MA.

10 – Dans les trois cas, on trace la médiatrice $\mathscr{D}$ de [AB]. Les points qui vérifient les conditions sont ceux des parties coloriées en rose.

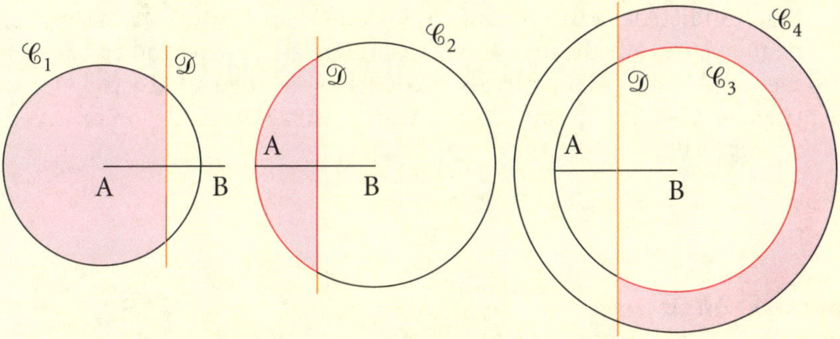

a) • Les points qui vérifient les conditions sont situés du même côté que A par rapport à $\mathscr{D}$ et à l'intérieur du cercle de centre A de 2,5 cm de rayon.

b) • Les points vérifiant les conditions sont situés du même côté que A par rapport à $\mathscr{D}$ et à l'intérieur ou sur le cercle de centre B de 3 cm de rayon.

c) • Les points vérifiant les conditions sont situés du même côté que B par rapport à $\mathscr{D}$ et entre les cercles de centre B de 2 cm et 3 cm de rayon. Les points du cercle de rayon 2 cm situés du côté de B sont solutions.

11 – On trace les médiatrices de deux côtés, elles se coupent en O centre du cercle circonscrit. Le cercle de centre O passant par A, passe par B et C, c'est le cercle circonscrit. Son centre est à l'extérieur du triangle.

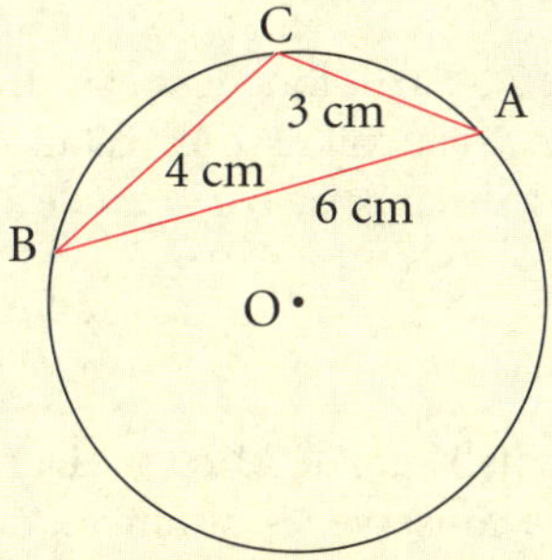

Ex. 11

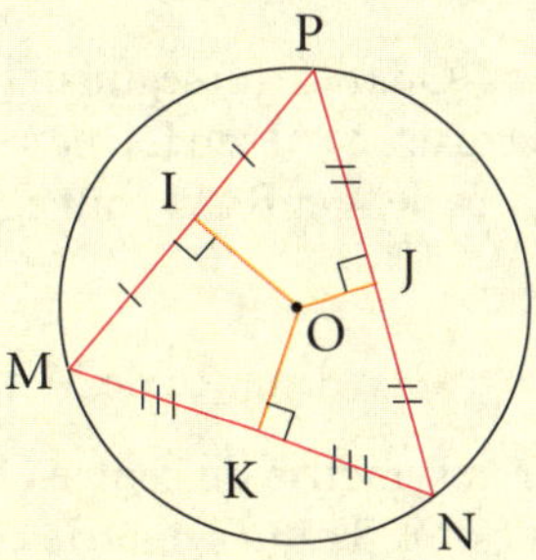

Ex. 12

12 – Les droites (OI), (OJ) et (OK) sont les médiatrices des côtés du triangle.

13 – On veut que I soit le milieu de [AB], donc B est le symétrique de A par rapport à I. On veut que J soit le milieu de [AC], donc C est le symétrique de A par rapport à J.
On sait que les triangles AIO et AJO sont rectangles en I et J, donc : (OI) ⊥ (AB) et (OJ) ⊥ (AC).
I est le milieu de [AB] et J celui de [AC], donc les droites (OI) et (OJ) perpendiculaires aux droites (AB) et (AC) et passant par les milieux des segments [AB] et [AC], sont les médiatrices des côtés [AB] et [AC] du triangle ABC, leur point commun est le centre du cercle circonscrit au triangle ABC.

Distance

14 – La droite (SB) est perpendiculaire à la droite (SG), donc la distance de B à (SG) est la longueur du segment [BS], c'est-à-dire 4 cm.

15 – La hauteur du triangle relative au côté [AJ] est de 3 cm. Donc l'aire du triangle AJC est $(4 \times 3 : 2)$ cm^2, soit 6 cm^2.

16 – Le triangle IMF est rectangle en I, donc la droite (IM) est perpendiculaire à la droite (IF) et IM est la distance de M à cette droite. Le point F est distinct de I, donc $IM < FM$. Comme $FM = 5$ cm et que $IM < 5$ cm, on a $3 < IM < 5$. La distance IM étant un entier, elle est de 4 cm.

17 – On trace un segment [AI] de 2,5 cm de longueur et la droite $\mathcal{D}$ perpendiculaire à (AI) en I. Une symétrie axiale conserve les distances, donc les distances de A et B à $\mathcal{D}$ sont égales. La distance de B à $\mathcal{D}$ est de 2,5 cm.

18 – 1. La distance de M à $\mathcal{D}$ est MO.

2. Par la symétrie de centre O, le symétrique de M est N. La symétrique de $\mathcal{D}$ est $\mathcal{D}$. Toute symétrie centrale conserve les distances, donc la distance de N à $\mathcal{D}$ est égale à la distance de M à $\mathcal{D}$.

19 – **1.** Les droites (AH) et (BK) sont perpendiculaires à $\mathcal{D}$, sont parallèles. Les points A et B sont équidistants de $\mathcal{D}$, or les distances de A et B à la droite $\mathcal{D}$ sont AH et BK donc AH = BK. (AH) // (BK) et AH = BK, le quadrilatère convexe AHBK est un parallélogramme.

2. Les diagonales d'un parallélogramme ont le même milieu, O est donc le milieu de [AB] et [HK].

20 – Les quatre points A, B, C et D répondent à la question.

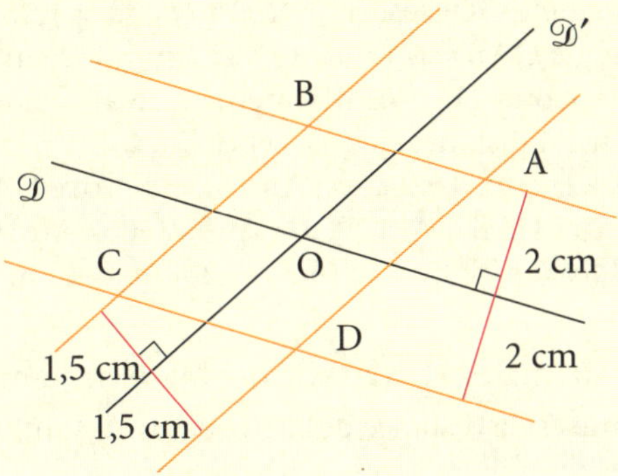

21 – Les deux points A et B répondent à la question.

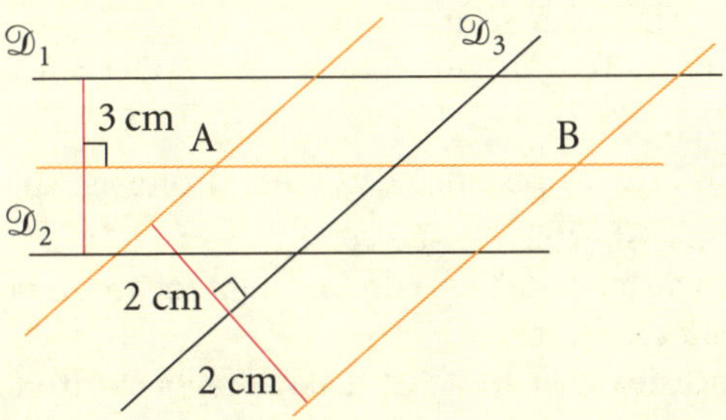

22 – En prenant le segment [AB] pour base, la hauteur des deux triangles est de 3 cm, les triangles ABC et ABD ont la même aire : $(4 \times 3 : 2)\ \text{cm}^2 = 6\ \text{cm}^2$.

23 – **1.** Les parallélogrammes ABCD et AEFD ont une base commune [AD] et même hauteur (distance de (AD) à (BF)) ; ils ont la même aire.

2. Les parallélogrammes AEFD et AEGH ont une base commune [AE] et même hauteur (distance de (AE) à (HF)) ; ils ont la même aire.

3. aire AHGI = aire AEGH – aire AEI ;
aire EIDF = aire AEFD – aire AEI.
Or, aire AEGH = aire AEFD, par suite aire AHGI = aire EIDFI.

24 – 1. Figure

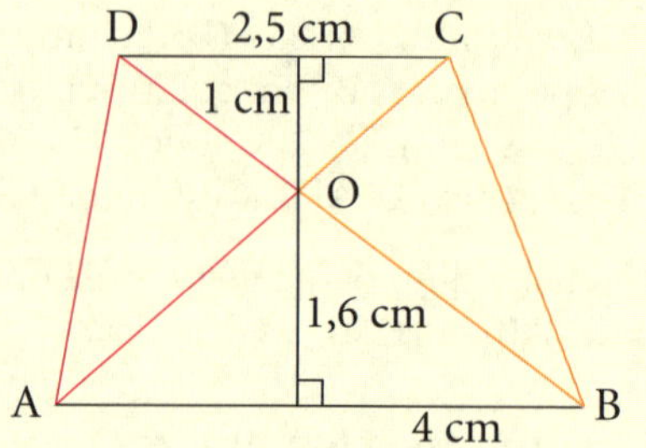

2. L'aire du triangle ODC est ((2,5 × 1) : 2) cm² = 1,25 cm².
L'aire du triangle OAB est ((4 × 1,6) : 2) cm² = 3,2 cm².
Les triangles CAB et DAB ont la même aire ayant même base [AB] et même hauteur (la distance de (AB) et (CD), soit 1,6 cm + 1 cm).
(4 × (1,6 + 1) : 2) cm² = 5,2 cm² ; Aire CAB = Aire DAB = 5,2 cm².
Aire AOD = Aire DAB – Aire OAB ; Aire BOC = Aire CAB – Aire OAB.
Donc Aire AOD = Aire BOC = (5,2 – 3,2) cm² = 2 cm².

25 – 1. Les triangles ADB et ACB ont une base commune et la hauteur correspondante est la distance des deux bases ; ils ont donc la même aire.
Aire ADB = Aire ACB.

2. Aire AOD = Aire ADB – Aire AOB ;
Aire BOC = Aire ACB – Aire AOB.
Comme Aire ADB = Aire ACB, on a : Aire AOD = Aire BOC.

26 – a) $6 > 3$; la distance de O à la droite est supérieure au rayon, donc la droite est extérieure au cercle.
b) $2 < 3$; la distance de O à la droite est inférieure au rayon, donc la droite est sécante au cercle.
c) La distance de O à la droite est égale au rayon, la droite est donc tangente au cercle.
d) $1 < 3$; la distance de O à la droite est inférieure au rayon, la droite est donc sécante au cercle.

27 – 1. Figure.

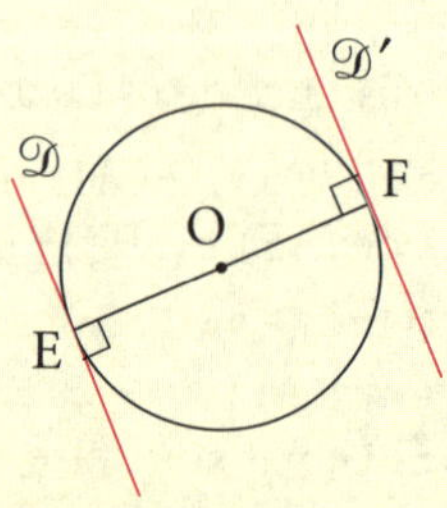

2. Les tangentes en E et F sont perpendiculaires à (EF), elles sont donc parallèles.

28 – 1. Figure.

2. Le triangle OAO′ est rectangle en A, donc les droites (OA) et (O′A) sont perpendiculaires. Par suite (OA) est la tangente à $\mathscr{C}'$ en A et (O′A) est la tangente à $\mathscr{C}$ en A.

29 – Le point C est le symétrique de O par rapport à A, donc A est le milieu de [OC]. La droite $\mathscr{D}$ tangente au cercle en A est perpendiculaire à (OA). Le point A est le milieu de [OC] et $\mathscr{D}$ est perpendiculaire à (OA) en A, donc $\mathscr{D}$ est la médiatrice de [OC].
Par suite, BO = BC et le triangle OBC est isocèle de sommet B.

30 – 1. La droite $\mathscr{D}$ est la perpendiculaire à (OA) en A.

2. Le point O est le milieu du diamètre [AA′] et C est le symétrique de B par rapport à O, donc O est le milieu de [BC]. Le quadrilatère ABA′C dont les diagonales ont le même milieu est un parallélogramme, d'où (AB) // (A′C).

3. On a (AB) // (A′C) et (AA′) ⊥ (AB), donc (AA′) ⊥ (A′C).
(A′C) est la tangente à $\mathscr{C}$ en A′.

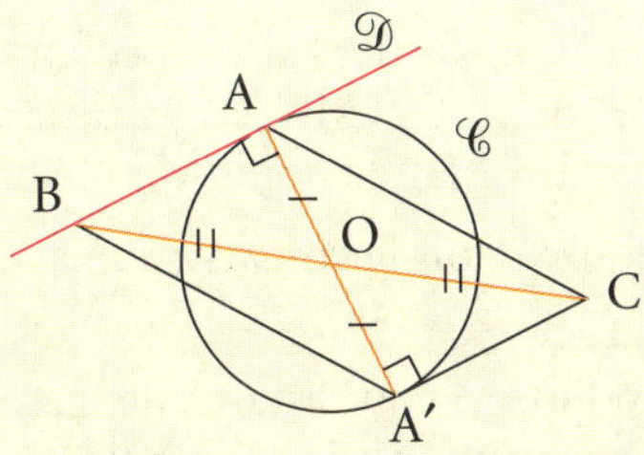

31 – La figure ci-dessous montre un exemple de solution. Les centres des cercles sont sur la perpendiculaire à $\mathscr{D}$ passant par A.

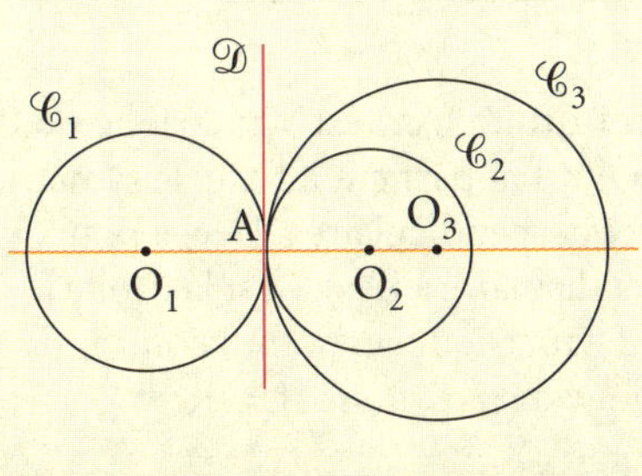

32 –

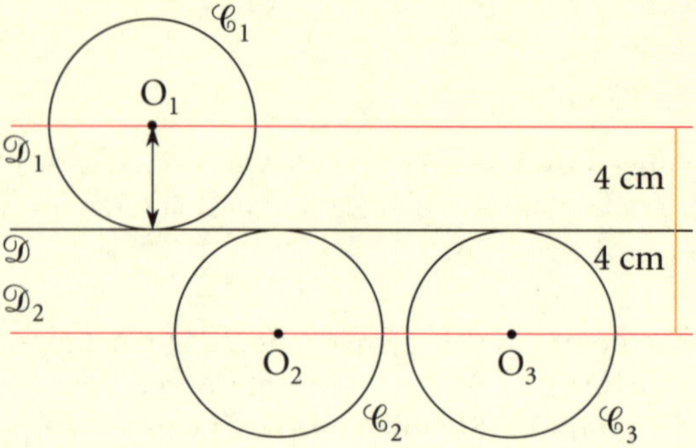

Les centres des cercles cherchés appartiennent à l'une des droites $\mathscr{D}_1$ ou $\mathscr{D}_2$ dont la distance à $\mathscr{D}$ est de 4 cm.

33 – Les centres des cercles appartiennent à l'axe de la bande formée par $\mathscr{D}_1$ et $\mathscr{D}_2$; leur rayon est la moitié de la distance des deux droites.

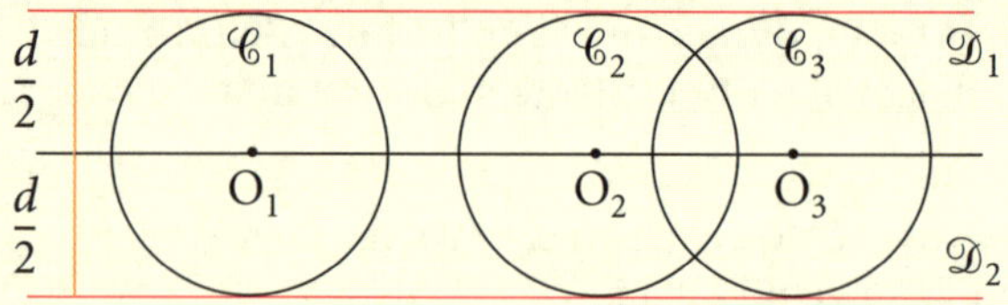

34 – **1.** Le point M appartient à la médiatrice de [HF], il est donc équidistant de H et de F. Or, MH est la distance de M à la droite $\mathscr{D}$ ((MH) $\perp$ $\mathscr{D}$). On a MF = MH, le point M est équidistant de F et de $\mathscr{D}$.

2. Il suffit de reprendre 6 fois la construction avec 6 points H différents. (H_1, H_2, …, H_6).

3. L'ensemble des points M équidistants de F et $\mathscr{D}$ n'est ni une droite, ni un cercle : c'est une courbe appelée parabole.

Bissectrice et cercle inscrit

35 – **1.** La demi-droite [A*x*) est symétrique de [A*y*) par rapport à (A*z*) (bissectrice). Le point I appartient à l'axe, le symétrique de I est I. La droite (IJ) passant par I et perpendiculaire à [A*x*) a pour symétrique la droite passant par I et perpendiculaire à [A*y*), c'est la droite (IK). Le point K commun à [A*y*) et (IK) est le symétrique du point J commun à [A*x*) et (IJ). Le segment [IK] est le symétrique de [IJ] ; donc IJ = IK.

2. Comme (Ax) ⊥ (IJ) et (IK) ⊥ (Ay), IJ et IK sont les distances de I à (Ax) et (Ay), donc I est équidistant de ces deux droites.
On retrouve la propriété « tout point appartenant à la bissectrice d'un angle est équidistant des côtés de l'angle ».

36 – 1. Rappel : Pour construire la bissectrice de l'angle $\widehat{xOy}$, on trace un arc de cercle de centre O coupant [Ox) en I et [Oy) en J, puis deux arcs de cercles de centres I et J de même rayon se coupant en K à l'intérieur de l'angle. La demi-droite [OK) est la bissectrice de l'angle.

2. $\widehat{xOz} = \widehat{zOy} = 35°$. La bissectrice partage l'angle en deux angles adjacents égaux. Il était prévisible de trouver la moitié de 70° pour chacun des angles.
En cas d'erreurs, refaire la figure. Les figures soignées sont toujours très appréciées.

3. Les angles $\widehat{MOx}$ et $\widehat{MOy}$ sont les suppléments des angles $\widehat{xOz}$ et $\widehat{zOy}$. Ils mesurent 180° – 35°, soit 145°.

37, 38, 39 – On construit le triangle ABC, puis deux bissectrices qui se coupent en I centre du cercle. La perpendiculaire à l'un des côtés passant par I coupe ce côté en K. IK est le rayon du cercle inscrit.

(Attention pour obtenir un cercle inscrit bien tangent aux côtés, la figure doit être très précise.)

fig. ex. 37

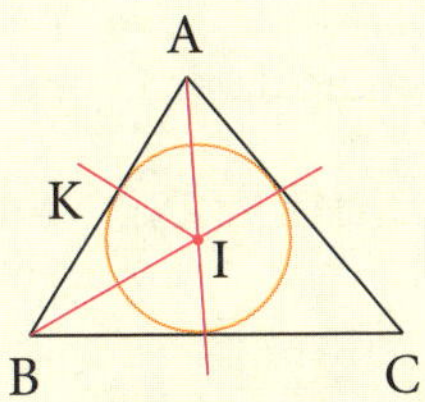

Échelle 1/2

fig. ex. 38

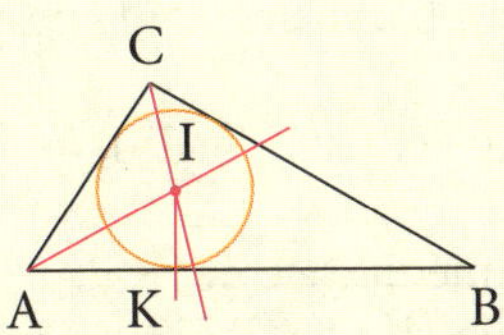

Échelle 1/2

fig. ex. 39

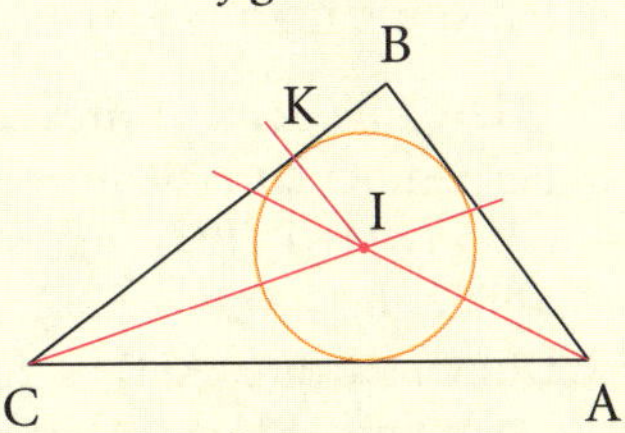

Échelle 1/2

40 – Le cercle de centre K est tangent aux trois côtés du triangle MNP. C'est le cercle inscrit dans le triangle MNP. Son centre est le point commun aux bissectrices des angles du triangle. Les demi-droites [MK), [NK), [PK) sont les bissectrices des angles du triangle.

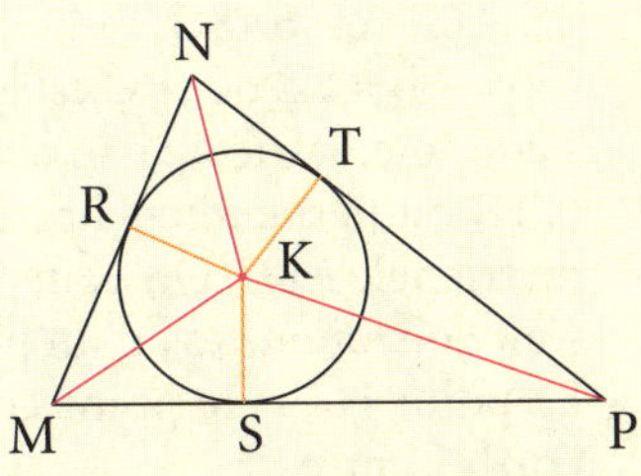

41 – 1. On trace les bissectrices des angles $\widehat{B}$ et $\widehat{C}$. Elles se coupent au centre I du cercle inscrit. La perpendiculaire à (BC) passant par I coupe (BC) en K. Le cercle inscrit est le cercle de centre I passant par K.

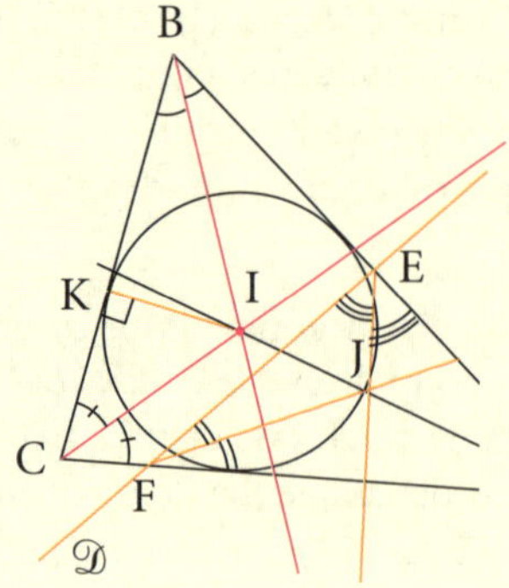

2. Les bissectrices des angles $\widehat{E}$ et $\widehat{F}$ se coupent en J. Le point J est le centre du cercle inscrit du triangle AEF.

3. Les points I et J appartiennent à la bissectrice de l'angle $\widehat{A}$. La droite (IJ) est le support de la bissectrice de l'angle $\widehat{A}$.

Hauteurs d'un triangle et orthocentre

42 – 1. Figure.

2. (RT) // (AC) et (RA) // (BC) donc RACB est un parallélogramme.
De même :
(RS) // (BC) et (ST) // (AB) donc BASC est un parallélogramme.
(TS) // (BA) et (RT) // (AC) donc BACT est un parallélogramme.
Les côtés opposés d'un parallélogramme ont même longueur :
RB = AC = BT et RA = BC = AS ; R, B, T et R, A, S sont alignés.
Par suite, B est le milieu de [RT] et A celui de [RS].

3. Lorsque deux droites sont parallèles, toute perpendiculaire à l'une est perpendiculaire à l'autre.
On a (AH) ⊥ (BC) (hauteur) et (BC) // (RS), donc (AH) ⊥ (RS), A est le milieu de [RS].
Donc la droite (AH) est la médiatrice de [RS].
De même, (BH) est la médiatrice de [RT].
Le point H est le centre du cercle circonscrit au triangle RST.

4. BACT et BASC sont des parallélogrammes, S, C, T sont alignés CT = AB = CS donc C est le milieu de [ST]. Dans le triangle RST, la troisième médiatrice passe par C et par H, c'est la droite (CH). La droite (CH) est perpendiculaire à (ST) donc à (AB), c'est la troisième hauteur du triangle ABC. On a ainsi démontré que les trois hauteurs d'un triangle sont concourantes en un point.
Le point H est le point commun aux trois hauteurs du triangle, c'est l'orthocentre.

43 – **1.** (ER), (EM), (EA) sont les hauteurs du triangle RAM.

2. L'orthocentre du triangle REM est A. Celui du triangle EAM est R, celui du triangle ERA est M.

44 – Dans un triangle rectangle, le support de chaque côté de l'angle droit est la hauteur relative à l'autre côté de l'angle droit. L'orthocentre est donc le sommet de l'angle droit. Le point R est l'orthocentre du triangle JAR rectangle en R.

45 – On construit le triangle HAB. Le point C est le point commun aux perpendiculaires menées de A à (BH) et de B à (AH).

46 – Dans le triangle EDF : $\widehat{EDF} = 180° - (50° + 60°) = 70°$.
Dans le triangle EDD′ : $\widehat{EDH} = 90° - \widehat{DEF} = 40°$.
Dans le triangle DEE′ : $\widehat{DEH} = 90° - \widehat{EDF} = 20°$.
Dans le triangle DHE : $\widehat{DHE} = 180° - (\widehat{DEH} + \widehat{EDH}) = 120°$.
Dans le triangle FDD′ : $\widehat{FDH} = 90° - \widehat{DFE} = 30°$.
Dans le triangle DFF′ : $\widehat{DFH} = 90° - \widehat{EDF} = 20°$.
Dans le triangle DHF : $\widehat{DHF} = 180° - (30° + 20°) = 130°$.
$\widehat{FHE} = 360° - (130° + 120°) = 110°$.

47 – **1.** Les droites (DH) et (AK) perpendiculaires à (AB) et (DB) sont deux hauteurs du triangle ABD, leur point commun F est l'orthocentre du triangle.
La droite (BF) étant la troisième hauteur est perpendiculaire à (AD).

2. ABCD est un parallélogramme, donc (AD) // (BC).
On a (BF) ⊥ (AD) et (AD) // (BC) ; donc (BF) ⊥ (BC).
Le triangle BFC est rectangle en B.

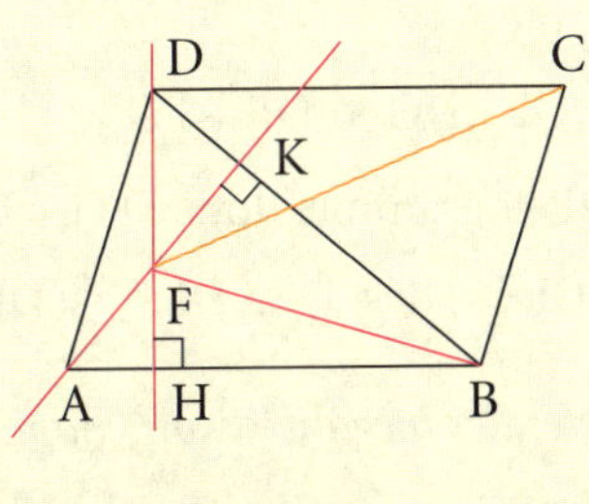

48 – On trace les hauteurs passant par B et C ; elles se coupent au point H orthocentre du triangle. La troisième hauteur est la perpendiculaire à (BC) passant par H.

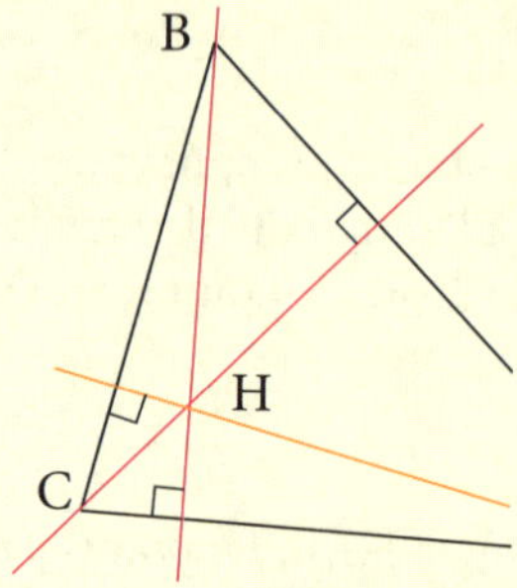

Médianes d'un triangle et centre de gravité

49 – 2. G est le centre de gravité du triangle.

3. Il tient en équilibre sur la règle.

50 – Le centre de gravité du triangle ABC appartient à la médiane [BO].

Donc $BE = \frac{2}{3}BO = \frac{1}{3}BD$ $(BD = 2BO)$.

De même, le centre de gravité du triangle ADC appartient à [DO].

$DK = \frac{2}{3}DO = \frac{1}{3}DB$.

On a : $BE = \frac{1}{3}BD$ et $DK = \frac{1}{3}DB$, on en déduit : $BE = EK = KD$.

51 – Les deux triangles ont une médiane commune [AO], ils ont même centre de gravité. C'est le point G de [AO] tel que $AG = \frac{2}{3}AO$.

52 – 1. I est le milieu de [DG] et de [EF], donc le quadrilatère DEGF est un parallélogramme.

2. Dans le triangle DGF : $DG < DF + FG$.

3. DEGF est un parallélogramme, donc : $FG = DE$;

$DG = 2DI$. D'où : $2DI < DF + DE$. $DI < \frac{1}{2}(DF + DE)$.

On utilise les propriétés des inégalités, voir chapitre 2.

53 – On construit un triangle ABG connaissant les longueurs des trois côtés [GA], [GB], [AB], puis on marque le milieu I du segment [GA] et le point J symétrique de I par rapport à G. [AJ] est la médiane issue de A et J le milieu de [BC]. Le point C est alors le symétrique de B par rapport à J. Il ne reste plus qu'à tracer les côtés [CA] et [CB].
On peut aussi marquer le point M milieu de [AB], puis le symétrique N de M par rapport à G. Le point C est le symétrique de G par rapport à N (MG = GN = NC).

Problèmes

54 – $\mathcal{D}_1$ est la hauteur passant par C, donc $\mathcal{D}_1 \perp (AB)$;
$\mathcal{D}_2$ est la bissectrice de l'angle $\widehat{B}$; donc B appartient à $\mathcal{D}_2$. Le point B est le point d'intersection de $\mathcal{D}_2$ et de la perpendiculaire à $\mathcal{D}_1$ passant par A. La droite $\mathcal{D}_2$ étant la bissectrice de l'angle $\widehat{B}$, les droites (BA) et (BC) sont symétriques par rapport à $\mathcal{D}_2$.
On construit la symétrique de (AB) par rapport à $\mathcal{D}_2$; Elle coupe $\mathcal{D}_1$ en C.
Le triangle ABC est la solution.

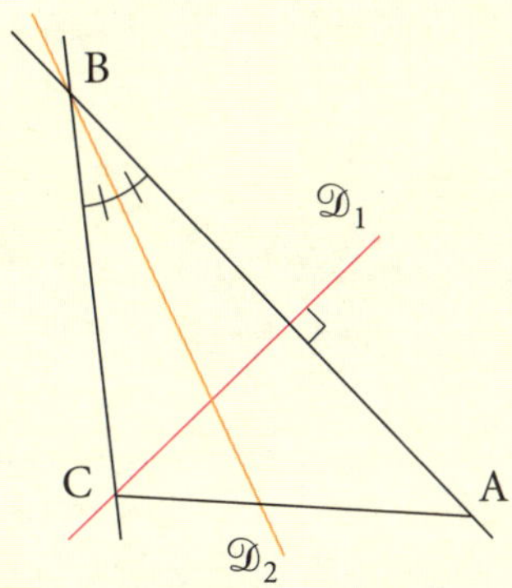

55 – La hauteur $\mathcal{D}_1$ est perpendiculaire à (AP). Le point P appartient à la perpendiculaire à $\mathcal{D}_1$ passant par A. Cette droite coupe $\mathcal{D}_2$ au point I milieu de [AP]. P est le symétrique de A par rapport à I. Le triangle OAP est la solution.

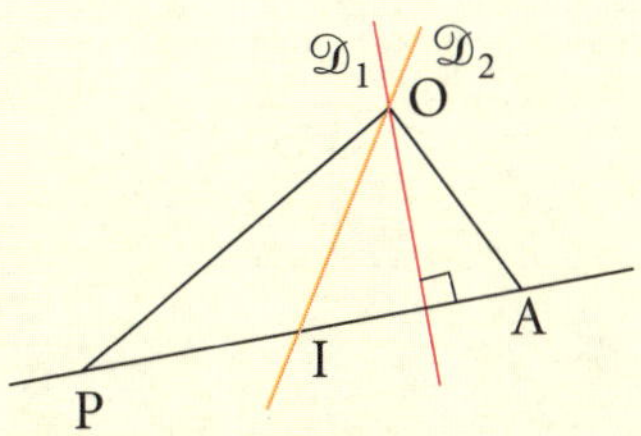

56 – Le triangle étant isocèle de sommet A, l'axe de symétrie du triangle est aussi la hauteur relative au côté [BC], la médiatrice du côté [BC], le support de la médiane relative à [BC] et de la bissectrice de l'angle $\widehat{A}$. Donc le centre du cercle circonscrit, le centre du cercle inscrit, l'orthocentre, le centre de gravité sont alignés sur cette droite.

8

TRIANGLE RECTANGLE

COURS

- Triangle rectangle et cercle circonscrit
- Propriété de Pythagore
- Cosinus d'un angle

MÉTHODE

- Reconnaître si un triangle est rectangle ou non
- Calculer la longueur d'un côté d'un triangle rectangle

EXERCICES

- Triangle rectangle et cercle circonscrit
- Propriété de Pythagore et réciproque
- Cosinus d'un angle
- Problèmes sur tout le chapitre
- Corrigés

8 TRIANGLE RECTANGLE

Ce chapitre important comporte trois parties qui sont souvent étudiées dans cet ordre. Pour chaque partie sont proposés des exercices et des problèmes spécifiques, les problèmes de synthèse utilisent une ou plusieurs de ces parties.

Les résultats tous très importants sont à retenir, ils sont avec la propriété de Thalès les points forts de la géométrie de 4e.

Triangle rectangle et cercle circonscrit

Rappel : Le cercle circonscrit à un triangle est le cercle passant par ses trois sommets. Il a pour centre le point commun aux trois médiatrices des côtés.

Propriétés

ENREG.

Le cercle circonscrit à un triangle rectangle a pour diamètre l'hypoténuse du triangle.
Dans un triangle rectangle, la médiane relative à l'hypoténuse a pour longueur la moitié de celle de l'hypoténuse.

Si je sais que le triangle ABC est rectangle en A,
je peux dire que :
– [BC] est un diamètre de son cercle circonscrit.
– le milieu O de [BC] est le centre du cercle.
– $AO = \frac{1}{2} BC$.

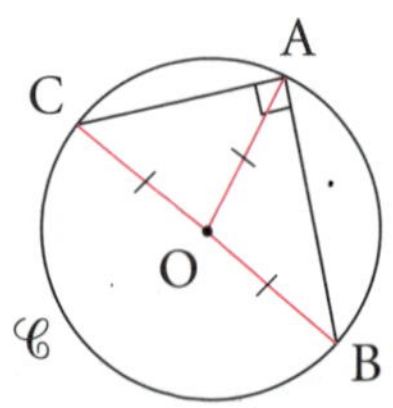

Réciproque

Énoncé 1

ENREG.

Si un côté d'un triangle est un diamètre du cercle circonscrit, alors le triangle est rectangle. Ce diamètre est l'hypoténuse du triangle.

Si je sais que le triangle ABC est inscrit dans le cercle de diamètre [BC], *je peux dire que* le triangle ABC est rectangle en A.

Énoncé 2

Si dans un triangle la longueur de la médiane relative à un côté est la moitié de celle de ce côté, alors le triangle est rectangle.
Ce côté est l'hypoténuse du triangle.

Si je sais que la médiane [AO] du triangle ABC est telle que $AO = \frac{1}{2}\ BC$, *je peux dire que* le triangle est rectangle en A. Son hypoténuse est [BC].

Propriété de Pythagore

Propriété

ENREG.

Dans un triangle rectangle, le carré de la longueur de l'hypoténuse est égal à la somme des carrés des longueurs des côtés de l'angle droit.

Si je sais que ABC est un triangle rectangle en A,
je peux dire que $BC^2 = AB^2 + AC^2$.

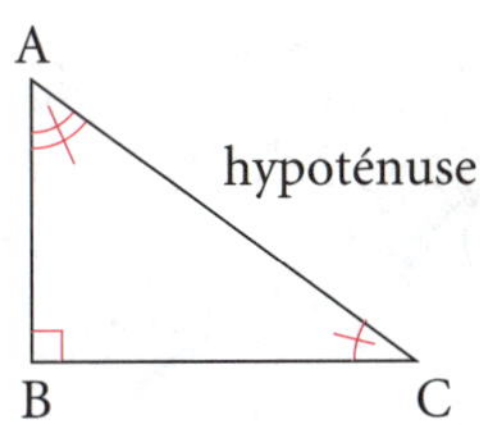

Réciproque

ENREG.

Si dans un triangle le carré de la longueur d'un côté est la somme des carrés des longueurs des deux autres côtés, alors le triangle est rectangle. Le plus grand côté est l'hypoténuse.

Soit ABC un triangle, le plus long côté étant [BC].
Si je sais que $BC^2 = AB^2 + AC^2$,
je peux écrire que : ABC est rectangle en A.

Cosinus d'un angle

Dans un triangle rectangle le **cosinus** d'un angle aigu est égal au quotient de la longueur du côté adjacent à cet angle par celle de l'hypoténuse.

ENREG.

Si je sais que ABC est rectangle en A,
je peux dire que :

$\cos\widehat{B} = \frac{BA}{BC}$ et $\cos\widehat{C} = \frac{CA}{CB}$.

$\text{cosinus} = \frac{\text{côté adjacent}}{\text{hypoténuse}}$.

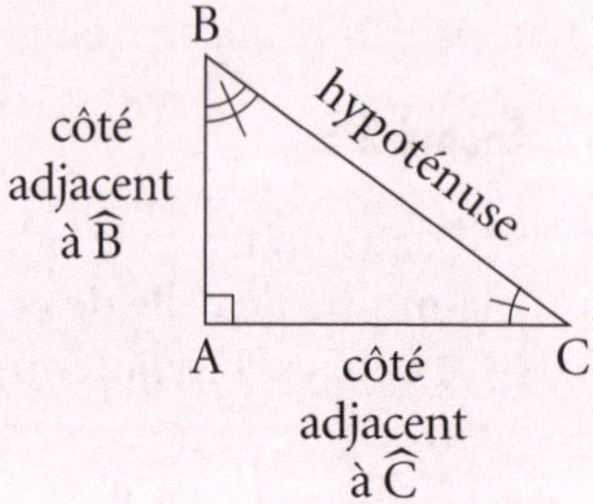

Si AB = 2 cm et BC = 5 cm, $\cos\widehat{B} = \frac{2}{5} = 0{,}4$.

À l'aide d'une calculatrice, on obtient $\widehat{B} \approx 66°$ (arrondi au degré).

Le cosinus d'un angle aigu est un nombre compris entre 0 et 1.
Pour calculer un angle de cosinus donné ou le cosinus d'un angle, on utilise une calculatrice (voir la notice de la calculatrice qui précise la démarche).

MÉTHODE

Reconnaître si un triangle est rectangle ou non

Selon les données, on utilise le cercle circonscrit, la propriété de Pythagore ou sa réciproque.

À partir du cercle circonscrit

Énoncé

Soit M un point d'un cercle $\mathscr{C}$, de diamètre [AB].
Démontrer que le triangle AMB est rectangle en M.

Méthode 1

- On connaît le cercle circonscrit au triangle, un de ses côtés est un diamètre.
- On utilise la propriété suivante :
  si le cercle circonscrit à un triangle a pour diamètre l'un de ses côtés, alors ce triangle est rectangle et ce diamètre est l'hypoténuse.

Résolution

On sait que : [AB] est un diamètre de $\mathscr{C}$ et M appartient au cercle donc $\mathscr{C}$ est le cercle circonscrit au triangle AMB.
Or : si un côté d'un triangle est un diamètre du cercle circonscrit, alors le triangle est rectangle. Ce diamètre est l'hypoténuse du triangle.
Donc : le triangle AMB est rectangle, [AB] est son hypoténuse. Il est rectangle en M.

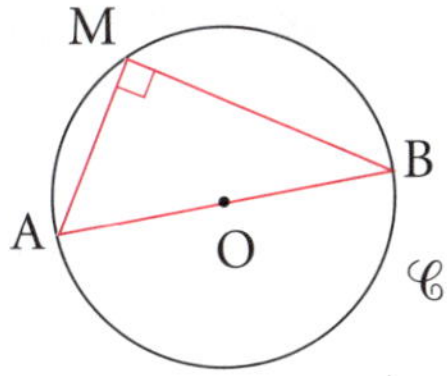

II **On peut aussi utiliser la propriété de la médiane.**

À partir de la propriété de Pythagore ou de sa réciproque

Énoncé

1. Dans le triangle MON :
OM = 2,1 cm, NO = 2,8 cm,
MN = 3,5 cm.
Le triangle MON est-il rectangle ?
2. Dans le triangle PAF : PA = 1,7 cm,
AF = 2,2 cm, PF = 2,8 cm.
Le triangle PAF est-il rectangle ?

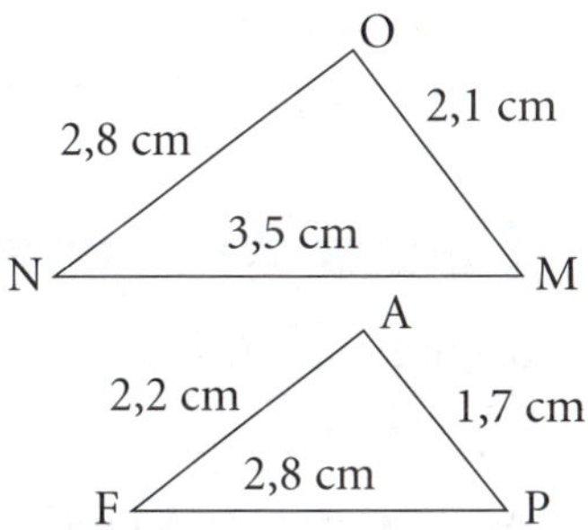

ENREG.

Un peu de logique :
Soit ABC un triangle.
- **D'après la propriété de Pythagore :**
  si ABC est rectangle en A, alors $BC^2 = AB^2 + AC^2$.
  Le plus grand côté est [BC].

On en déduit que :
si [BC] est le plus grand côté et si $BC^2 \neq AB^2 + AC^2$, alors le triangle ABC n'est pas rectangle.
- **D'après la réciproque de la propriété de Pythagore :**
  si $BC^2 = AB^2 + AC^2$, alors le triangle ABC est rectangle en A.

Méthode 2

On connaît les longueurs des 3 côtés, on compare le carré de la longueur du plus grand côté à la somme des carrés des longueurs des deux autres côtés.

- Si le carré de la longueur du plus grand côté est la somme des carrés des longueurs des deux autres côtés, en appliquant la **réciproque** de la propriété de Pythagore, on peut dire que **le triangle est rectangle**.
- Si le carré de la longueur du plus grand côté n'est pas la somme des carrés des longueurs des deux autres côtés, en appliquant la **propriété de Pythagore**, on peut dire que **le triangle n'est pas rectangle**.

Résolution

1. **Étude du triangle MON**
Le plus long côté est [MN]. $MN^2 = 3,5^2 = 12,25$;
$OM^2 + ON^2 = 2,1^2 + 2,8^2 = 4,41 + 7,84 = 12,25$.
On a : $MN^2 = OM^2 + ON^2$. D'après la **réciproque** de la propriété de Pythagore, le triangle MON est rectangle en O.

2. **Étude du triangle PAF**
Le plus long côté est [PF].
$PF^2 = 2,8^2 = 7,84$ et $PA^2 + AF^2 = 1,7^2 + 2,2^2 = 7,73$.
7,84 ≠ 7,73, d'où : $PF^2 \neq PA^2 + AF^2$.
D'après la propriété de Pythagore, le triangle n'est pas rectangle.

Calculer la longueur d'un côté d'un triangle rectangle

Selon les données, on utilise la propriété de Pythagore ou le cosinus d'un angle.

Avec la propriété de Pythagore

Énoncé

1. Dans un triangle ABC rectangle en A,
AB = 1,5 cm ; AC = 2 cm.
Calculer BC.
2. DEF est un triangle rectangle en E ;
DF = 5 cm ; ED = 2 cm. Calculer EF.

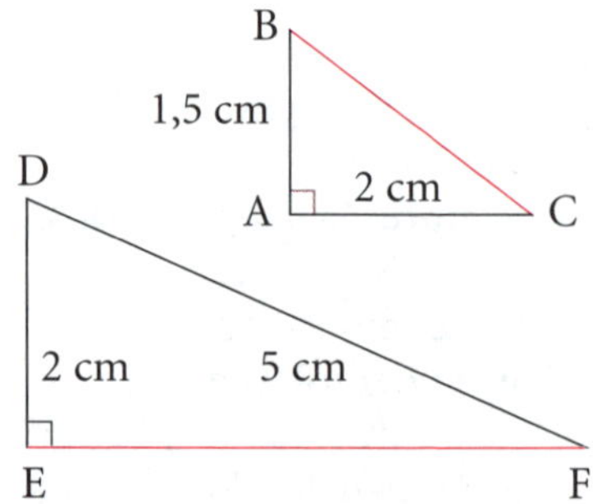

On donnera la valeur exacte et la valeur approchée arrondie au dixième de centimètre.

Méthode 3

- Les triangles sont rectangles, on connaît les longueurs de deux côtés, on écrit l'égalité fournie par la propriété de Pythagore.

  Pour calculer la longueur du troisième côté,
- s'il s'agit de l'hypoténuse, le calcul est simple,
- s'il s'agit d'un côté de l'angle droit, il faut écrire la différence entre le carré de la longueur de l'hypoténuse et le carré de la longueur du côté connu.

Résolution

1. On a AB = 1,5 cm et AC = 2 cm.
D'après la propriété de Pythagore : $\mathbf{BC^2 = AB^2 + AC^2}$.
D'où $BC^2 = 1{,}5^2 + 2^2 = 2{,}25 + 4 = 6{,}25$;
BC est une longueur ; on peut écrire $BC = \sqrt{6{,}25}$ cm, 6,25 est le carré d'un nombre décimal ; on obtient **BC = 2,5 cm.**
2. On a DF = 5 cm et ED = 2 cm.
D'après la propriété de Pythagore : $\mathbf{DF^2 = ED^2 + EF^2}$.
On écrit $EF^2 = DF^2 - ED^2 = 5^2 - 2^2 = 25 - 4 = 21$;
EF est une longueur : $\mathbf{EF = \sqrt{21}}$ **cm.** $\sqrt{21}$ cm est la valeur exacte de EF.
Une calculatrice fournit une valeur approchée de $\sqrt{21}$.
$\mathbf{EF \approx 4{,}6}$ **cm** (arrondi au dixième de cm, ou au mm).

Avec le cosinus d'un angle

Énoncé

1. On donne un triangle TUR rectangle en U ; TR = 4 cm ; $\widehat{T} = 38°$.
Calculer la longueur du côté [TU].
2. Dans un triangle SAV rectangle en A : VA = 3 cm, $\widehat{V} = 50°$.
Calculer la longueur de l'hypoténuse [SV].

Méthode 4

- Les triangles sont rectangles, on connaît un angle et la longueur d'un côté (l'hypoténuse ou le côté adjacent à l'angle).
- On utilise la formule : $\text{cosinus} = \dfrac{\text{côté adjacent}}{\text{hypoténuse}}$.

D'où : $\begin{cases} \text{côté adjacent} = \text{hypoténuse} \times \text{cosinus} \\ \text{hypoténuse} = \dfrac{\text{côté adjacent}}{\text{cosinus}} \end{cases}$

TRIANGLE RECTANGLE

Résolution

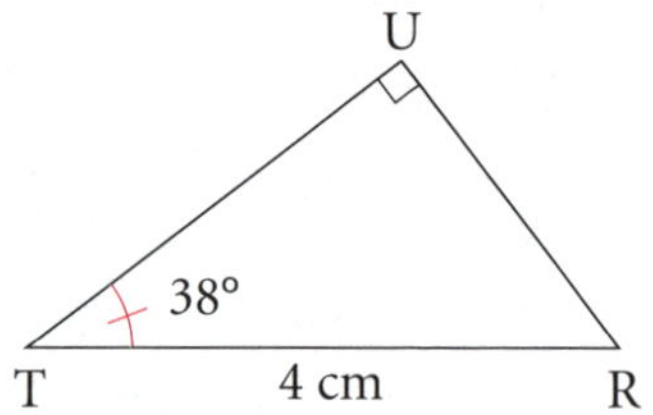

1. On a la longueur de l'hypoténuse [TR], (TR = 4 cm) et la mesure de l'angle $\widehat{T}$ ($\widehat{T} = 38°$), on cherche la longueur du côté adjacent [TU] :
on peut écrire $TU = TR \times \cos\widehat{T}$;
donc $\mathbf{TU = (4 \times \cos 38°)}$ **cm.**
En utilisant une calculatrice, on obtient **TU ≈ 3,2 cm.**

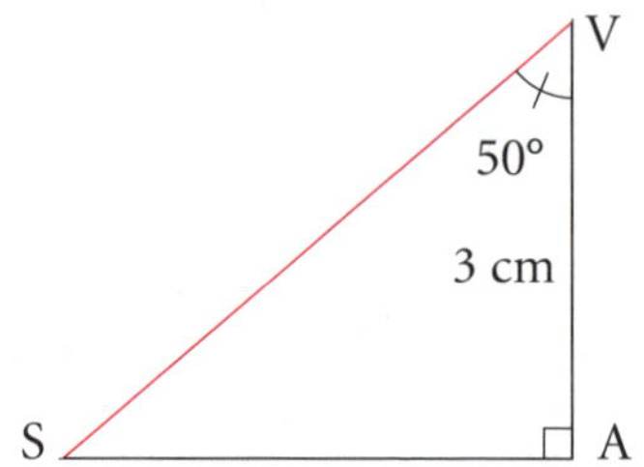

2. On a la mesure de l'angle $\widehat{V}$ ($\widehat{V} = 50°$), la longueur du côté [VA] adjacent à l'angle (VA = 3 cm), on cherche celle de l'hypoténuse :

$$SV = \frac{VA}{\cos\widehat{V}} = \frac{3}{\cos 50°} \text{ cm.}$$

Avec une calculatrice, on obtient la valeur approchée de SV avec la précision demandée.
SV ≈ 4,7 cm (arrondi au dixième soit au mm).

EXERCICES

Triangle rectangle et cercle circonscrit

Utiliser le cercle

1 — 1. Construire un triangle ABC tel que : AB = 5 cm, AC = 7 cm et $\widehat{BAC} = 90°$.
2. Construire son cercle circonscrit. Que représente [BC] pour ce cercle ?

2 — Construire un triangle CRI rectangle en R tel que : CI = 6 cm et $\widehat{CIR} = 40°$.

3 — 1. Tracer un triangle MNP ayant trois angles aigus, puis la hauteur (NQ) de ce triangle (Q ∈ (MP)).
2. Quels sont les cercles circonscrits aux triangles NPQ et NMQ ?

4 – 1. Sur les côtés d'un angle droit $\widehat{xOy}$, on marque les points A et B tels que : A ∈ [Ox), OA = 4 cm ; B ∈ [Oy) ; OB = 8 cm.
2. Démontrer que O est un point du cercle de diamètre [AB].

(corrigés p. 248)

Reconnaître si un triangle est rectangle ou non

5 – 1. Tracer un cercle de centre O de 4,5 cm de rayon. Sur ce cercle, marquer les points T, R, A tels que : TR = 9 cm, RA = 3 cm.
2. Quelle est la nature du triangle TRA ?

6 – 1. Soit IAB un triangle isocèle de sommet I. Soit J le symétrique de A par rapport à I. Faire une figure.
2. Démontrer que le triangle ABJ est rectangle.

7 – Soit ABC un triangle inscrit dans un cercle de centre O.
Soit D le point diamétralement opposé à A sur le cercle.
Démontrer que les triangles ACD et ABD sont rectangles.

(corrigés p. 248)

Problèmes

8 – Soit $\mathcal{D}$ et $\mathcal{D}'$ deux droites non perpendiculaires, sécantes en O et M un point n'appartenant pas à ces droites. La perpendiculaire à $\mathcal{D}$ passant par M coupe $\mathcal{D}$ en H, la perpendiculaire à $\mathcal{D}'$ passant par M coupe $\mathcal{D}'$ en K. Démontrer que les quatre points O, H, M, K sont sur un même cercle.

9 – 1. Tracer un cercle $\mathcal{C}$ de centre O, de 4 centimètres de rayon. Construire des points C, M, A, I du cercle $\mathcal{C}$ tels que :
- le triangle CMA soit rectangle en M ;
- M et I soient symétriques par rapport à O.

2. Quelle est la nature du quadrilatère AMCI ?

10 – L'angle $\widehat{ABC}$ d'un triangle ABC est obtus.
Le cercle de diamètre [BC] coupe (AB) en I et (AC) en J.
1. Faire une figure.
2. Démontrer que (Cl) et (BJ) sont deux hauteurs du triangle ABC.
3. Les droites (BJ) et (CI) se coupent en K. Que représentent le point K et la droite (AK) pour le triangle ABC ?

11 – Sur la figure ci-contre, le point O est le milieu de [AB]. $\mathscr{C}_1$ et $\mathscr{C}_2$ sont les demi-cercles de diamètres [AO] et [AB], les points A, I, J sont alignés. $I \in \mathscr{C}_1$; $J \in \mathscr{C}_2$.

Démontrer que (OI) et (BJ) sont parallèles.

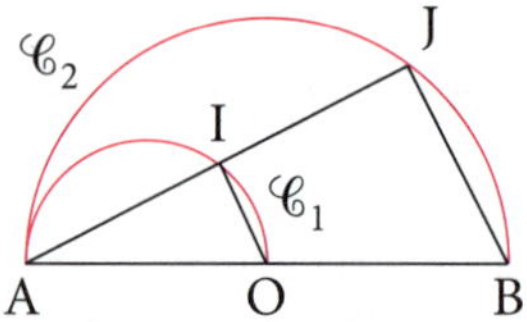

12 – **1.** Tracer une droite $\mathscr{D}$, marquer un point O sur la droite et un point A n'appartenant pas à $\mathscr{D}$. Construire le point B symétrique de A par rapport à $\mathscr{D}$ et le point C symétrique de A par rapport à O.

2. Démontrer que le triangle ABC est rectangle.

13 – Soit $\mathscr{C}$ un cercle de diamètre [AB], D un point de $\mathscr{C}$, et $\mathscr{C}'$ le cercle de centre A passant par D.

1. Démontrer que (BD) est tangente à $\mathscr{C}'$.

2. Soit E le point diamétralement opposé à D sur $\mathscr{C}'$ et $\mathscr{D}$ la parallèle à (BD) passant par E. Démontrer que $\mathscr{D}$ est tangente à $\mathscr{C}'$.

14 – Soit $\mathscr{C}$ un cercle de centre O et A un point de $\mathscr{C}$. Sur la tangente à $\mathscr{C}$ en A, on marque le point T. Démontrer que le cercle de diamètre [OT] passe par A.

15 – Soit $\mathscr{C}$ un cercle de centre O et A un point extérieur à $\mathscr{C}$. Le cercle de diamètre [OA] coupe le cercle $\mathscr{C}$ en G et S. Démontrer que les droites (AG) et (AS) sont tangentes au cercle $\mathscr{C}$.

16 – Soit ABC un triangle ni rectangle ni isocèle ($AB < AC$) inscrit dans un cercle de centre O. On désigne par H l'orthocentre du triangle. La droite (AH) recoupe le cercle en K ; [AD] est un diamètre.

1. Démontrer que les triangles ACD, ABD et AKD sont rectangles.

2. Démontrer que le quadrilatère BDCH est un parallélogramme.

3. Démontrer que (BC) est la médiatrice de [HK]. En déduire que K est le symétrique de H par rapport à (BC).

(corrigés p. 249)

Propriété de Pythagore et réciproque

Calculer la longueur d'un côté

Exercices 17 à 23. Faire une figure pour vérifier les résultats des calculs.

17 – Le triangle ABC est rectangle en A ; AB = 12 cm ; AC = 5 cm. Calculer BC.

18 – Le triangle ABC est rectangle en B ; BC = 3,6 cm ; BA = 4,8 cm. Calculer AC.

19 – Le triangle CAE est rectangle en C. CA = 6 cm ; CE = 5 cm. Calculer AE. Donner le résultat exact et la valeur arrondie au mm.

20 – Le triangle NIM est rectangle en I ; IN = 4,1 cm ; IM = 5 cm. Calculer MN. (Résultat exact puis arrondi au dixième de cm.)

21 – Le triangle ABC est rectangle en A. AB = 3,2 cm ; BC = 4 cm. Calculer AC.

22 – Le triangle IJK est rectangle en I. JK = 6,5 cm ; JI = 2,5 cm. Calculer IK.

23 – Le triangle PAE est rectangle en P. PE = 5,5 cm ; AE = 7 cm. Calculer AP. Donner la valeur exacte et l'arrondi au mm.

(corrigés p. 251)

Déterminer si un triangle est rectangle ou non rectangle

24 – Un triangle ABC est tel que : AB = 6 cm ; AC = 8 cm ; BC = 10 cm. Est-il rectangle ?

25 – Un triangle ABC est tel que : AB = 5 cm ; AC = 4 cm ; BC = 3 cm. Est-il rectangle ?

26 – Un triangle DEF est tel que : DE = 6 cm ; DF = 5 cm ; EF = 7 cm. Est-il rectangle ?

27 – Un triangle IJK est tel que : IK = 8,4 cm ; IJ = 5,1 cm ; JK = 6,8 cm. Est-il rectangle ?

28 – Un triangle MNP est tel que : MP = $\sqrt{2}$ cm ; NP = $\sqrt{7}$ cm ; MN = 3 cm. Est-il rectangle ?

29 – Un triangle GHK est tel que : GK = 5,2 cm ; GH = 3,1 cm ; HK = 4 cm. Est-il rectangle ?

(corrigés p. 252)

Problèmes

30 – Calculer la longueur d'un côté d'un losange dont les diagonales ont 9 cm et 12 cm de longueur. Vérifier sur une figure.

31 – Un losange LOSA de centre I a 26 cm de côté. Sachant que AO = 20 cm, calculer la longueur de l'autre diagonale.
Faire une figure.

32 – Dans un triangle isocèle ABC (AB = AC), H est le milieu de [BC].
On pose : BC = 6 cm et AH = 4 cm.
Calculer l'aire et le périmètre du triangle.

33 – Dans un cercle $\mathscr{C}$ de centre O, de 5 cm de rayon, tracer une corde [AB] située à 4 cm de O. La perpendiculaire à (AB) passant par O coupe (AB) en I. Quelle est la longueur de la corde [AB] ?

34 – Dans un cercle $\mathscr{C}$ de centre O, une corde [AB] de milieu I a une longueur de 9,6 cm. La distance du point O à la droite (AB) est de 3,6 cm. Quel est le rayon du cercle ?

35 – Dans un cercle $\mathscr{C}$ de centre O, de 4 cm de rayon, tracer une corde [AB] de 4 cm de longueur. La perpendiculaire à (AB) passant par O coupe (AB) en I. Quelle est la distance du point O à la droite (AB) ?

36 – Les lunules d'Hypocrate

Première partie :

Le triangle ABC est rectangle en A.
AC = 3 cm ; AB = 4 cm.

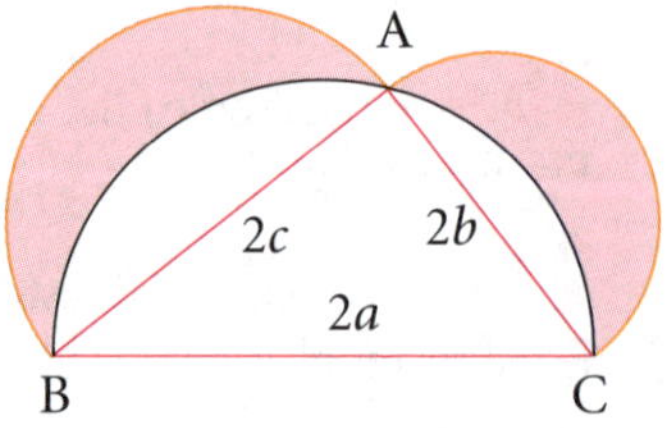

1. Calculer son aire.
2. Calculer BC.
3. Calculer la somme des aires des lunules limitées par les arcs de cercle d'extrémités A et B et d'extrémités A et C.
4. Comparer la somme des aires des lunules à celle du triangle.

Deuxième partie :
Le triangle ABC est rectangle en A. AC = $2b$, AB = $2c$ et BC = $2a$.
1. Calculer l'aire du triangle ABC en fonction de b et c.
2. Calculer la somme des aires des lunules limitées par les arcs de cercle d'extrémités A et B et des extrémités A et C.
3. En utilisant la propriété de Pythagore, comparer la somme des aires des lunules à celle du triangle.

37 – Un prisme droit a pour base un triangle AGK rectangle en G, tel que AG = 2 cm, GK = 4,8 cm. Sa hauteur est de 3 cm.
1. Représenter le prisme en perspective.
2. Calculer l'aire latérale, l'aire totale et le volume du prisme.

38 – On se propose de reproduire en vraie grandeur une boîte sans couvercle qui a la forme d'un parallélépipède rectangle dont les dimensions sont les suivantes : longueur : 8 cm ; largeur : 6 cm ; hauteur : 4 cm.

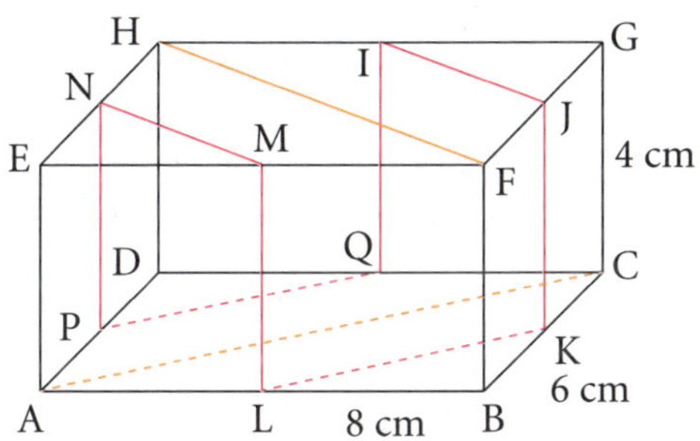

1. Disposant d'une feuille rectangulaire de 16 cm sur 14 cm, peut-on dessiner un patron de cette boîte ?
2. Sur la boîte, le long de la ligne IJKLMNPQ, on fixe un ruban. Les points I, J, K, L, M, N, P, Q sont les milieux des arêtes. Quelle est la longueur du ruban ?
3. Peut-on placer une aiguille de 10,5 cm à l'intérieur de cette boîte ?

(corrigés p. 253)

Cosinus d'un angle

Utilisation d'une calculatrice

39 – À l'aide d'une calculatrice, déterminer le cosinus de chacun des angles suivants (arrondir au 1/1 000) :

a) $\widehat{xOy} = 9°$; b) $\widehat{xOy} = 18°$; c) $\widehat{xOy} = 27°$;

d) $\widehat{xOy} = 36°$; e) $\widehat{xOy} = 45°$; f) $\widehat{xOy} = 72°$.

Le cosinus et la mesure de l'angle varient-ils dans le même sens ?
Y a-t-il proportionnalité entre les mesures des angles et leur cosinus ?

40 – Déterminer à l'aide de la calculatrice la mesure de l'angle $\widehat{xOy}$ dans chacun des cas suivants (arrondir à l'unité) :

a) $\cos\widehat{xOy} = 0{,}9$; b) $\cos\widehat{xOy} = \frac{2}{3}$; c) $\cos\widehat{xOy} = \frac{1}{2}$;

d) $\cos\widehat{xOy} = \frac{2}{5}$; e) $\cos\widehat{xOy} = 0{,}3$; f) $\cos\widehat{xOy} = 0{,}15$.

(corrigés p. 255)

Dans un triangle rectangle

Calculer un angle

41 – 1. Construire un triangle ABC rectangle en A tel que AB = 3,2 cm et BC = 5 cm.
2. Calculer $\cos\widehat{B}$; en déduire la mesure de $\widehat{B}$ puis celle de $\widehat{C}$.
3. Vérifier les résultats obtenus en mesurant sur la figure.

42 – 1. Construire un triangle CSG rectangle en G tel que : SG = 3 cm et SC = 6 cm.
2. Calculer la mesure de $\widehat{S}$ puis celle de $\widehat{C}$.
3. Vérifier les résultats obtenus en mesurant sur la figure.

43 – 1. Construire un triangle TER rectangle en E tel que : TE = 4 cm et TR = 5,5 cm.
2. Déterminer la mesure de $\widehat{T}$ arrondie à l'unité.
3. Vérifier les résultats obtenus en mesurant sur la figure.

Conseil

Exercices 44 à 49 : vérifier les résultats obtenus en mesurant sur la figure.

Calcul de la longueur d'un côté

44 – 1. Construire un triangle DEF rectangle en F tel que : $\widehat{E} = 60°$ et DE = 4,8 cm.
2. Calculer la longueur du côté [EF].

45 – 1. Construire un triangle GHK rectangle en H tel que : GK = 5 cm et $\widehat{G} = 28°$.
2. Calculer la longueur du côté [GH] arrondie au millimètre.

46 – 1. Construire un triangle RIP rectangle en I tel que : $\widehat{P} = 72°$ et PR = 7 cm.
2. Calculer une valeur approchée à un dixième de cm près de [IP].

Calcul de l'hypoténuse

47 – 1. Construire un triangle OMN rectangle en O tel que : OM = 2,8 cm et $\widehat{M} = 60°$.
2. Calculer la longueur de l'hypoténuse [MN].

48 – 1. Construire un triangle RSA rectangle en S tel que RS = 3,4 cm et $\widehat{R} = 57°$.
2. Calculer la longueur de l'hypoténuse [RA] arrondie au millimètre.

49 – 1. Construire un triangle IJL rectangle en L tel que : JL = 8 cm et $\widehat{J} = 49°$.
2. Calculer la longueur de l'hypoténuse [IJ] arrondie au millimètre.

Construction d'un angle aigu de cosinus donné

50 – 1. Construire un angle $\widehat{xOy}$ tel que $\cos\widehat{xOy} = 0{,}6$.
2. Vérifier à l'aide de la calculatrice et du rapporteur.

51 – 1. Construire un angle $\widehat{xOy}$ tel que $\cos\widehat{xOy} = \frac{5}{8}$.
2. Vérifier à l'aide de la calculatrice et du rapporteur.

(corrigés p. 256)

Problèmes

52 – Le triangle TEG est rectangle en E, $\widehat{G} = 40°$, TG = 5 cm.
Calculer TE (penser à utiliser l'angle $\widehat{T}$).

53 – 1. Tracer un angle $\widehat{xOy}$ de 60°, puis le cercle $\mathscr{C}$ de centre O de 2,5 cm de rayon ; ce cercle coupe la demi-droite [Ox) en un point A. Tracer la tangente en A au cercle $\mathscr{C}$, elle coupe la demi-droite [Oy) en un point B.
2. Calculer OB.

54 – Soit ABCD un carré de 10 cm de côté. Calculer la longueur des diagonales.

55 – 1. Faire une figure avec les données de la figure ci-contre.

2. Calculer AB et $\widehat{CAD}$.
3. La droite (AD) coupe (BC) en E. Calculer AE.

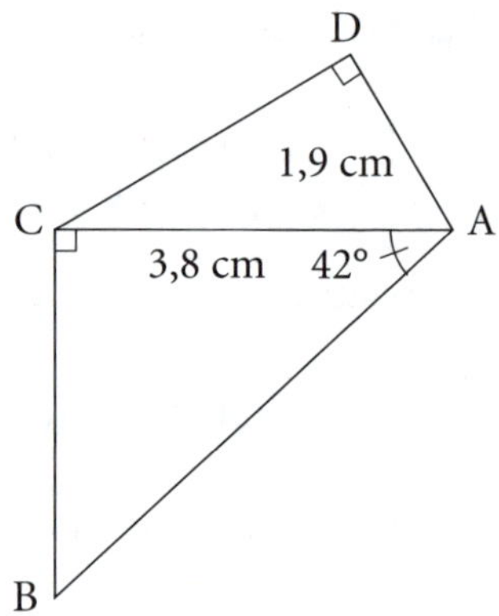

56 – Dans un rectangle MNPQ de centre O, QN = 5 cm, $\widehat{PON}$ = 40°.

1. Calculer une valeur approchée de PN à 0,1 cm près.

(On peut calculer l'angle $\widehat{ONP}$ dans le triangle ONP).
2. Calculer une valeur approchée de PQ.

57 – Soit CES un triangle isocèle en C tel que CE = 5 cm et $\widehat{C}$ = 50°. On appelle I le milieu de [ES]. Calculer CI à un millimètre près.

58 – Calculer, à un millimètre carré près, l'aire d'un triangle équilatéral de 20 cm de côté. (On peut s'inspirer de l'exercice précédent.)

59 – Tracer un parallélogramme ABCD sachant que :
AB = 6,5 cm, AD = 4,2 cm et $\widehat{A}$ = 110°.
Calculer une valeur approchée de son aire.

60 – On considère un cercle $\mathscr{C}$ de centre O et de 4 cm de rayon. Soit [AB] une corde de $\mathscr{C}$ de 7 cm de longueur et de milieu I.

Déterminer une valeur approchée de la mesure de l'angle $\widehat{AOB}$.

61 – Soit [Oz) la bissectrice d'un angle $\widehat{xOy}$ de 70° et M un point de [Oz) situé à 5 cm de O.
Calculer la distance du point M à chacun des côtés de l'angle $\widehat{xOy}$.

(corrigés p. 258)

Problèmes sur tout le chapitre

62 – On considère un cercle $\mathscr{C}$ de 3 cm de rayon. Soit [PR] un diamètre de ce cercle et [PM] une corde de 4,5 cm. Calculer la mesure de $\widehat{RPM}$.

63 – Construire un rectangle RECT de centre O, tel que RE = 8 cm et RT = 6 cm.
1. Montrer que R et C appartiennent au cercle de diamètre [ET].
2. Calculer le rayon de ce cercle. Vérifier sur une figure.

64 – Un triangle TGV est tel que GV = 6,5 cm, TG = 6 cm ; TV = 2,5 cm.
1. Le triangle est-il rectangle ? Quel est son cercle circonscrit $\mathscr{C}$? Soit O son centre.
2. La perpendiculaire à (TV) en V recoupe le cercle $\mathscr{C}$ en A. Démontrer que les points T, O, A sont alignés.
3. Calculer à 1 degré près les mesures des angles $\widehat{TGV}$ et $\widehat{TVG}$.

65 – 1. Construire un triangle ABC rectangle en A (AB < AC) inscrit dans un cercle de centre O, de 5 cm de diamètre et tel que la distance AH, de A à la droite (BC), soit de 2 cm.
2. Calculer OH, AB et AC.
3. Calculer la mesure des angles du triangle ABC. (On donnera les résultats arrondis au degré.)

66 – ABC est un triangle, (BH) est la hauteur issue de B ($H \in (AC)$).
On sait que : AB = 6 cm, BC = 8 cm, HA = HB.
1. Construire le triangle ABC.
2. Calculer AH, HC et AC.
3. Calculer la mesure de l'angle $\widehat{ACB}$ arrondie au degré.

(corrigés p. 260)

CORRIGÉS

Triangle rectangle et cercle circonscrit

1 – **1.** On trace un angle droit $\widehat{xAy}$. Sur le côté [Ax) on place le point B tel que AB = 5 cm et sur [Ay) le point C tel que AC = 7 cm.

2. On sait que le triangle ABC est rectangle en A.
Or : le cercle circonscrit à un triangle rectangle a pour diamètre l'hypoténuse.
Donc : [BC] est un diamètre du cercle circonscrit au triangle ABC.

2 – Le cercle circonscrit à un triangle rectangle a pour diamètre l'hypoténuse. Le triangle CRI est rectangle en R, son hypoténuse est [CI]. Le point R appartient donc au cercle de diamètre [CI].
Construction : On trace un segment [CI] de 6 cm de longueur, un demi-cercle de diamètre [CI] et la demi-droite [Ix) située du même côté que le demi-cercle par rapport à (CI), telle que : $\widehat{xIC} = 40°$. Elle coupe le demi-cercle en R. On trace [CR].
Le triangle CRI inscrit dans le cercle de diamètre [CI] est rectangle en R, CI = 6 cm et $\widehat{CIR} = 40°$.

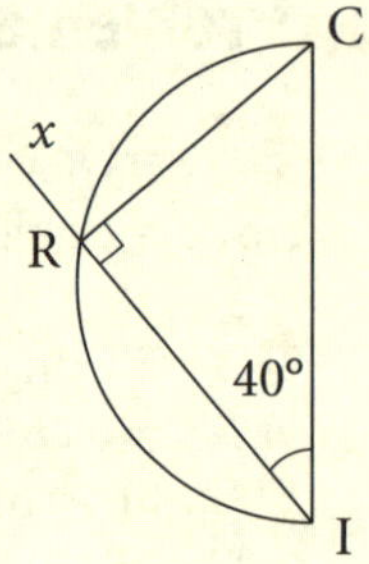

3 – **1.** Figure.

2. La hauteur (NQ) est perpendiculaire à (MP) donc les triangles MNQ et NPQ sont rectangles en Q. Leurs cercles circonscrits sont les cercles de diamètres [MN] et [NP].

4 – **1.** Pour la figure, suivre les consignes.

2. Le triangle ABO est rectangle en O. Son cercle circonscrit est le cercle de diamètre [AB], il passe par O.

Reconnaître si un triangle est rectangle ou non

5 – **1.** Figure.

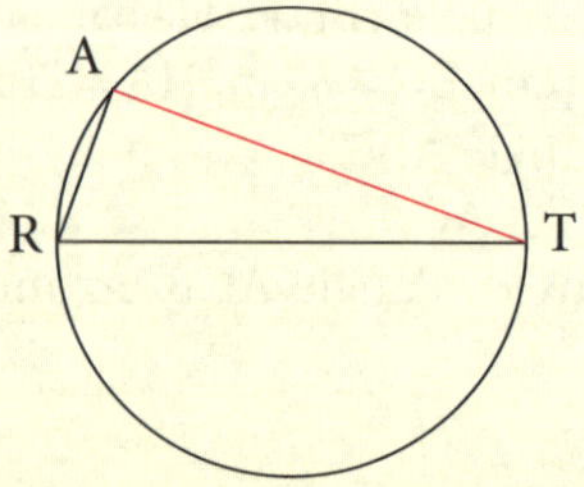

2. [TR] est une corde dont la longueur est le double du rayon, donc [TR] est un diamètre du cercle. L'un des côtés du triangle TRA est un diamètre de son cercle circonscrit, donc le triangle TRA est rectangle en A.

6 – Le triangle AIB est isocèle de sommet I ; donc : IA = IB.
On sait que J est le symétrique de A par rapport à I, donc I est le milieu de [AJ] et IA = IJ.
D'où $IB = IJ = IA = \frac{1}{2}AJ$.

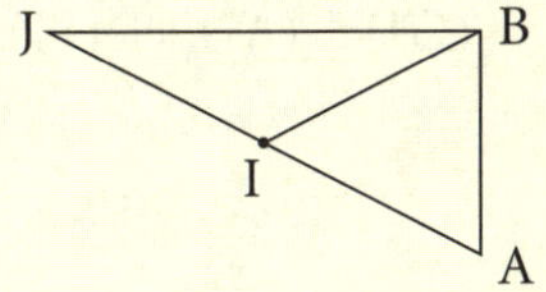

La médiane [IB] du triangle ABJ a pour longueur la moitié de AJ, le triangle ABJ est rectangle en B.

II **On a utilisé la remarque de la page 235.**

7 – [AD] est un diamètre, les triangles ACD et ABD inscrits dans un cercle dont un de leurs côtés est un diamètre, sont rectangles en C et B.

Problèmes

8 – Les triangles OMH et OMK sont rectangles en H et K, ils ont la même hypoténuse [OM], donc le même cercle circonscrit de diamètre [OM].
Les quatre points O, H, M et K sont sur ce cercle.

9 – 1. Le triangle CMA est rectangle en M, il est inscrit dans le cercle, donc [CA] est un diamètre, M et I sont symétriques par rapport au centre O, donc [MI] est un diamètre.

2. Les diagonales du quadrilatère AMCI sont les diamètres [CA] et [MI], elles ont donc même longueur et même milieu O, on en déduit que le quadrilatère AMCI est un rectangle.

10 – 1. Figure.

2. Les points I et J appartiennent au cercle de diamètre [BC], donc les triangles BIC et BJC sont rectangles en I et J. La droite (CI) est perpendiculaire à la droite (AB), c'est la hauteur relative à [AB] du triangle ABC. De même (BJ), perpendiculaire à (AC), est la hauteur relative à [AC].
Les droites (CI) et (BJ) sont deux hauteurs du triangle ABC.

3. Les droites (CI) et (BJ) sont deux hauteurs, leur point commun est l'orthocentre du triangle ABC. La droite (AK) est la troisième hauteur du triangle.

11 – Le point I appartient au cercle de diamètre [AO], donc le triangle AIO est rectangle en I : $(OI) \perp (AI)$.
Le point J appartient au cercle de diamètre [AB], donc le triangle AJB est rectangle en J ; $(BJ) \perp (AJ)$. $I \in (AJ)$ d'où $(BJ) \perp (AI)$.
$(OI) \perp (AI)$ et $(BJ) \perp (AI)$. Donc $(OI) // (BJ)$.

12 – 1. Figure.

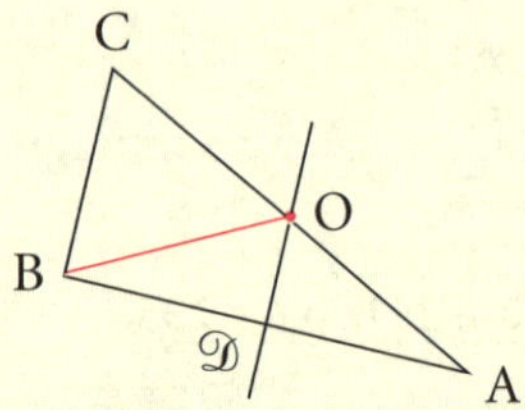

2. A et B sont symétriques par rapport à $\mathcal{D}$, donc $\mathcal{D}$ est la médiatrice du segment [AB] ; comme O appartient à $\mathcal{D}$, OA = OB.

A et C sont symétriques par rapport à O ; donc : $OA = OC = \frac{1}{2}AC$.
On a :
$OA = OB = OC = \frac{1}{2}AC$ d'où : [BO] est la médiane relative à [AC].
Dans le triangle ABC, la médiane [BO] a pour longueur la moitié de celle du côté [AC], le triangle ABC est rectangle en B. (*Méthode de l'exercice* 6.)

13 – 1. On sait que le point D appartient au cercle $\mathcal{C}$ de diamètre [AB], donc le triangle ABD est rectangle en D, $(BD) \perp (AD)$. Or la tangente au point D au cercle de centre A est la perpendiculaire à (AD) passant par D, donc (BD) est la tangente au cercle $\mathcal{C}'$ en D.

2. $\begin{cases} (BD) // \mathcal{D} \\ (ED) \perp (BD) \end{cases}$ donc $(ED) \perp \mathcal{D}$. $\mathcal{D}$ est tangente en E à $\mathcal{C}'$.

14 – La tangente à $\mathcal{C}$ au point A est la perpendiculaire à la droite (OA) en A. On a $(AT) \perp (OA)$ donc le triangle OAT est rectangle en A. Son cercle circonscrit est le cercle de diamètre [OT]. Le point A appartient donc au cercle de diamètre [OT].

15 – Les points G et S appartiennent au cercle de diamètre [OA] donc les triangles OGA et OSA sont rectangles en G et A ;
On sait alors que $(GO) \perp (GA)$ et $(SO) \perp (SA)$ donc les droites (AG) et (AS) sont tangentes au cercle $\mathcal{C}$.

16 – **1.** Les triangles ACD, ABD et AKD sont inscrits dans le cercle de diamètre [AD], ils sont rectangles et [AD] est leur hypoténuse.

2. Les triangles ACD et ABD sont rectangles en C et B.
Donc : $(CD) \perp (AC)$ et $(BD) \perp (AB)$.
H est l'orthocentre du triangle ABC, donc $(BH) \perp (AC)$ et $(CH) \perp (AB)$.

On a $\begin{cases} (CD) \perp (AC) \\ (BH) \perp (AC) \end{cases}$ donc (CD) // (BH)

On a $\begin{cases} (BD) \perp (AB) \\ (CH) \perp (AB) \end{cases}$ donc (CH) // (BD) ; le quadrilatère BDCH dont les côtés opposés sont parallèles est un parallélogramme.

3. Les diagonales d'un parallélogramme ont même milieu. Donc le milieu A′ de [BC] est aussi le milieu de [DH]. Dans le triangle HKD rectangle en K, A′ est le milieu de [DH] et [KA′] est la médiane relative à [DH] ; donc $A'K = A'H = A'D$. Le point A′ est équidistant de K et de H, il appartient à la médiatrice de [KH]. De plus $(KH) \perp (BC)$, donc (BC) est la médiatrice de [HK]. D'où K est le symétrique de H par rapport à (BC).

Propriété de Pythagore et réciproque

Calculer la longueur d'un côté

17 – Le triangle ABC est rectangle en A. D'après la propriété de Pythagore, on a : $BC^2 = AB^2 + AC^2$; $BC^2 = 144 + 25 = 169 = 13^2$;
BC est une longueur ; donc : **BC = 13 cm**.

18 – Le triangle ABC est rectangle en B. D'après la propriété de Pythagore, on a :
$AC^2 = AB^2 + BC^2$; $AC^2 = 3{,}6^2 + 4{,}8^2 = 12{,}96 + 23{,}04 = 36 = 6^2$;
AC est une longueur, donc : **AC = 6 cm**.

19 – Le triangle CAE est rectangle en C. D'après la propriété de Pythagore, on a : $AE^2 = AC^2 + CE^2$; $AE^2 = 6^2 + 5^2 = 36 + 25 = 61$; AE est une longueur ; donc : $\mathbf{AE = \sqrt{61}}$ **cm**. **AE = 7,81… cm.**
On arrondit au mm, c'est-à-dire au 1/10 de cm.
Le second chiffre après la virgule étant inférieur à 5, la valeur arrondie au dixième est la valeur approchée par défaut. **AE ≈ 7,8 cm.**

TRIANGLE RECTANGLE

20 – Le triangle NIM est rectangle en I.
$MN^2 = MI^2 + IN^2$; $MN^2 = 5^2 + 4{,}1^2 = 25 + 16{,}81 = 41{,}81$.
MN est une longueur, donc : **MN = $\sqrt{41{,}81}$ cm.**
MN = 6,46… ; (*le chiffre venant après 4 est 6, comme* $6 \geqslant 5$, *l'arrondi est la valeur approchée par excès*). **MN ≈ 6,5 cm.**

21 – Le triangle ABC est rectangle en A.
D'après la propriété de Pythagore, on a : $BC^2 = AB^2 + AC^2$.
D'où $AC^2 = BC^2 - AB^2 = 4^2 - 3{,}2^2 = 16 - 10{,}24 = 5{,}76 = 2{,}4^2$;
AC est une longueur, donc : **AC = 2,4 cm.**

22 – $JK^2 = JI^2 + IK^2$; $IK^2 = JK^2 - JI^2 = 6{,}5^2 - 2{,}5^2 = 36 = 6^2$; **IK = 6 cm.**

23 – $AE^2 = AP^2 + PE^2$; $AP^2 = AE^2 - PE^2 = 7^2 - 5{,}5^2 = 18{,}75$;
AP = $\sqrt{18{,}75}$ cm. AP ≈ 4,3 cm arrondi au mm.

Déterminer si un triangle est rectangle ou non rectangle

24 – $BC^2 = 100$; $AB^2 + AC^2 = 6^2 + 8^2 = 100$. D'après **la réciproque de la propriété de Pythagore**, le triangle est rectangle en A.

25 – $AB^2 = 5^2 = 25$; $AC^2 + BC^2 = 4^2 + 3^2 = 25$. D'après **la réciproque de la propriété de Pythagore**, le triangle est rectangle en C.

26 – $EF^2 = 7^2 = 49$; $DE^2 + DF^2 = 6^2 + 5^2 = 61$; $7^2 \neq 6^2 + 5^2$.
D'après **la propriété de Pythagore**, le triangle n'est pas rectangle.

27 – On a : $8{,}4^2 = 70{,}56$; $5{,}1^2 + 6{,}8^2 = 72{,}25$; $70{,}56 \neq 72{,}25$.
D'après **la propriété de Pythagore**, le triangle n'est pas rectangle.

28 – On a : $3^2 = 9$; $(\sqrt{2})^2 = 2$; $(\sqrt{7})^2 = 7$; $7 + 2 = 9$.
D'après **la réciproque de la propriété de Pythagore**, le triangle est rectangle en P.

29 – On a : $5{,}2^2 \neq 3{,}1^2 + 4^2$; d'après **la propriété de Pythagore**, le triangle n'est pas rectangle.

Problèmes

30 – Les diagonales d'un losange sont perpendiculaires et se coupent en leur milieu. Chaque côté est l'hypoténuse d'un triangle rectangle dont les côtés sont les moitiés des diagonales. On désigne par c la longueur du côté : $c^2 = 4{,}5^2 + 6^2 = 56{,}25$; $\mathbf{c = 7{,}5}$ **cm.**

31 – Le triangle ILO est rectangle en I. D'après la propriété de Pythagore :
$LO^2 = OI^2 + IL^2$; $IL^2 = LO^2 - OI^2$; $LO = 26$ cm ; $OI = 10$ cm ;
donc $IL^2 = 26^2 - 10^2 = 576$; $IL = 24$ cm ; **SL = 48 cm.**

32 – La médiane [AH] du triangle ABC, isocèle en A, est aussi hauteur ; donc (AH) ⊥ (BC), les triangles AHB et AHC sont rectangles en H.

Aire du triangle $= \frac{1}{2}(BC \times AH) = ((6 \times 4) : 2)\ \text{cm}^2 = 12\ \text{cm}^2$.

Calcul de AB :

$AB^2 = AH^2 + HB^2 = (16 + 9)\ \text{cm}^2 = 25\ \text{cm}^2$; **AB = 5 cm.**
Périmètre du triangle : AB + AC + BC = (5 + 5 + 6) cm = **16 cm.**

33 – Le triangle OAB est isocèle et (OI) ⊥ (AB) donc I est le milieu de [AB]. La distance de O à (AB) est OI.
Le triangle OIA est rectangle en I. $OA^2 = OI^2 + IA^2$.
$AI^2 = OA^2 - IO^2 = 5^2 - 4^2$; on obtient AI = 3 cm, puis **AB = 6 cm.**

34 – Les points A et B appartiennent au cercle de centre O, donc OA = OB. Le triangle AOB est isocèle de sommet O et I est le milieu de [AB], donc (OI) ⊥ (AB) et IA = 4,8 cm. La distance de O à (AB) est OI. OI = 3,6 cm.
Le triangle OIA est rectangle en I. $OA^2 = OI^2 + IA^2$.
$OA^2 = 3{,}6^2 + 4{,}8^2 = 36$; OA = 6 cm Le rayon du cercle est de **6 cm.**

35 – Comme pour les deux exercices précédents, $OA^2 = OI^2 + IA^2$.
$IA = \frac{1}{2}AB = 2$ cm. D'où $OI^2 = OA^2 - IA^2 = 4^2 - 2^2$. $\mathbf{OI = \sqrt{12}}$ **cm.**
$OI \approx 3{,}5$ cm.

36 – Première partie

1. Aire du triangle : $\left(\frac{1}{2} \times 3 \times 4\right)\ \text{m}^2 = \mathbf{6\ cm^2}$.

2. On calcule BC dans le triangle ABC rectangle en A.
$BC^2 = AB^2 + AC^2 = 9 + 16 = 25$; BC = **5 cm.**

TRIANGLE RECTANGLE

3. Aire des lunules = Somme des aires des demi-disques de diamètres [AB] et [AC] – (Aire du demi-disque de diamètre [BC] – Aire du triangle).

Aire des lunules $= \pi \times 2^2 + \pi \times 1{,}5^2 - (\pi \times 2{,}5^2 - 6) = 6$.
La somme des aires des lunules est **6 cm²**.

4. L'aire des lunules est égale à l'aire du triangle.

Deuxième partie

1. Aire du triangle : $\frac{1}{2}(2b \times 2c) = 2bc$.

2. Somme des aires des lunules : $\pi(c^2 + b^2 - a^2) + 2bc$.

3. D'après la propriété de Pythagore : $(2a)^2 = (2b)^2 + (2c)^2$,
soit : $4a^2 = 4b^2 + 4c^2$, donc : $a^2 = b^2 + c^2$ d'où $c^2 + b^2 - a^2 = 0$.
La somme des aires des lunules est $2bc$, c'est l'aire du triangle ABC.

37 – 1. Figure.

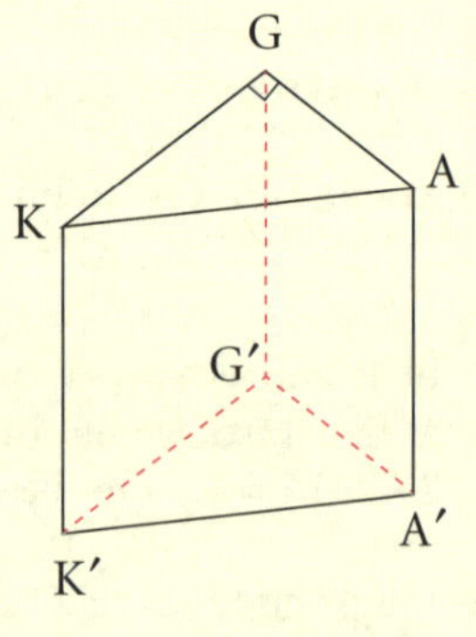

2. L'aire latérale est le produit du périmètre de base par la hauteur h du prisme, c'est aussi la somme des aires des différentes faces latérales.
Le triangle AGK est rectangle en G ;

$AK^2 = AG^2 + GK^2 = 27{,}04$; $AK = 5{,}2$ cm.

Aire latérale = (AG + GK + AK) × AA′

= ((2 + 4,8 + 5,2) × 3) cm² = **36 cm²**.

Aire des bases = (2 × (2 × 4,8 : 2)) cm² = 9,6 cm².

Aire totale = (9,6 + 36) cm² = **45,6 cm²**.

Volume : V = Aire de AGK × h ;

$V = (9{,}6 : 2) \times 3$ cm² = **14,4 cm³**.

38 – **1.** $(8 + 4 + 4)$ cm $= 16$ cm ; $(6 + 4 + 4)$ cm $= 14$ cm.
Le développement de la boîte sans couvercle peut se faire dans le rectangle (figure ci-dessous).

2. Dans le triangle HGF, I est le milieu de [HG] et J celui de [GF].
Donc $IJ = \frac{1}{2}HF$; on a de même $NM = \frac{1}{2}HF$; $PQ = KL = \frac{1}{2}AC$.

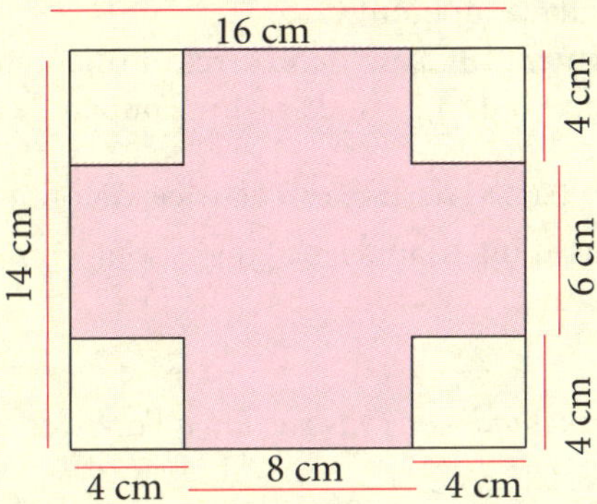

Les segments [HF] et [AC] sont les diagonales de rectangles de 8 cm de long sur 6 cm de large.
$AC^2 = AB^2 + BC^2 = 8^2 + 6^2 = 100.$
$AC = HF = 10$ cm. D'où : $IJ = NM = PQ = KL = \frac{1}{2} AC = 5$ cm.
$IQ = JK = ML = NP = 4$ cm.
La longueur de fil est :
$IJ + NM + PQ + KL + IQ + JK + ML + NP = 4IJ + 4IQ = 36$ cm.

3. On peut placer l'aiguille si la longueur de la diagonale du parallélépipède est supérieure à la longueur de l'aiguille.
Dans ECA rectangle en A : $EC^2 = EA^2 + AC^2 = EA^2 + (AD^2 + DC^2)$.
$EC^2 = 116$; $EC > 10{,}5$ cm. On peut placer l'aiguille.

Cosinus

Utilisation d'une calculatrice

39 – a) $\cos 9° \approx 0{,}988$; b) $\cos 18° \approx 0{,}951$; c) $\cos 27° \approx 0{,}891$;
d) $\cos 36° \approx 0{,}809$; e) $\cos 45° \approx 0{,}707$; f) $\cos 72° \approx 0{,}309$.
Quand la mesure de l'angle augmente, le cosinus diminue.
$18° = 2 \times 9°$ mais $\cos 18° \neq 2 \times \cos 9°$.
Il n'y a pas proportionnalité entre les mesures des angles et leur cosinus.

40 – a) $\widehat{xOy} \approx 26°$; b) $\widehat{xOy} \approx 48°$; c) $\widehat{xOy} \approx 60°$;
d) $\widehat{xOy} \approx 66°$; e) $\widehat{xOy} \approx 73°$; f) $\widehat{xOy} \approx 81°$.

TRIANGLE RECTANGLE

Dans un triangle rectangle

Calculer un angle

41 – 1. *Deux méthodes de construction :*
– on trace un segment [AB] de 3,2 cm de longueur, la perpendiculaire à [AB] passant par A. Un arc de cercle de centre B de 5 cm de rayon coupe cette perpendiculaire au point C ;
– on trace le segment [BC], un demi cercle de diamètre [BC], puis un arc de cercle de centre B de 3,2 cm de rayon, coupant le demi-cercle en A.

2. $\cos \widehat{B} = \frac{BA}{BC} = 0{,}64$; avec une calculatrice, on obtient $\widehat{B} \approx 50°$.
Les angles aigus d'un triangle rectangle sont complémentaires, donc $\widehat{C} \approx 40°$.

42 – 1. *Voir méthodes de construction à l'exercice précédent.*

2. $\cos\widehat{S} = \frac{SG}{SC} = \frac{3}{6} = 0{,}5$; $\widehat{S} = 60°$.

On en déduit $\widehat{C} = 90° - \widehat{S} = 90° - 60° = 30°$.

43 – 1. *Même méthode de construction qu'à l'exercice 41 :*

2. $\cos\widehat{T} = \frac{TE}{TR} = \frac{4}{5{,}5}$; $\widehat{T} \approx 43°$.

Calcul de la longueur d'un côté

44 – 1. *Deux méthodes de construction :*
a) sans utiliser le cercle circonscrit à un triangle rectangle :
On trace un angle $\widehat{xEy}$ de 60°. Sur le côté [E*x*), on marque le point D tel que DE = 4,8 cm, puis on trace la perpendiculaire à [E*y*) passant par D ; elle coupe [E*x*) en F.
b) avec le cercle circonscrit à un triangle rectangle :
On trace un segment [DE] de 4,8 cm de longueur, un demi-cercle de diamètre[DE], puis la demi-droite [E*y*) tel que $\widehat{yED} = 60°$ qui coupe le demi-cercle en F (*la demi-droite et le demi-cercle sont du même côté de* [DE]).

2. $EF = ED \times \cos\widehat{E} = 4{,}8 \times \cos 60°$; **EF = 2,4 cm.**

45 – 1. *Même méthode de construction qu'à l'exercice précédent :*

2. $GH = GK \times \cos\widehat{G} = 5 \times \cos 28°$; **GH ≈ 4,4 cm.**

46 – 1. *Même méthode de construction qu'à l'exercice 41 :*

2. $PI = PR \times \cos\widehat{P} = 7 \times \cos 72°$; $PI \approx 2{,}2$ cm à un dixième près par excès.

Calcul de l'hypoténuse

47 – 1. Construction : On donne un côté de l'angle droit ([OM]) et un angle $\widehat{M}$ dont le sommet est une extrémité du côté.

On trace un angle $\widehat{xMy}$ de 60°. Sur le côté [M*x*), on marque le point O tel que MO = 2,8 cm. La perpendiculaire en O à (OM) coupe [M*y*) en N.

2. $MN = MO : \cos\widehat{M} = 2{,}8 : \cos 60°$; **MN = 5,6 cm.**

48 – 1. Construction : Même méthode qu'à l'exercice précédent.

2. $RA = RS : \cos\widehat{R} = 3{,}4 : \cos 57°$; **RA ≈ 6,2 cm.**

49 – $IJ = JL : \cos\widehat{J} = 8 : \cos 49°$; **IJ ≈ 12,2 cm.**

Construction d'un angle de cosinus donné

50 – 1. Le cosinus doit être 0,6. On écrit ce nombre sous la forme d'un quotient de deux nombres qui seront les mesures des longueurs de deux côtés d'un triangle rectangle (un côté de l'angle droit et l'hypoténuse).

$\cos\widehat{AOB} = 0{,}6 = \frac{3}{5}$ (par exemple). On construit un triangle AOB rectangle en A tel que OA = 3 cm et OB = 5 cm ;

$\cos\widehat{AOB} = \frac{OA}{OB} = \frac{3}{5}\cdot$ On désigne par [O*x*) et [O*y*) les demi-droites [OA) et [OB) ; on a bien $\cos\widehat{xOy} = 0{,}6$.

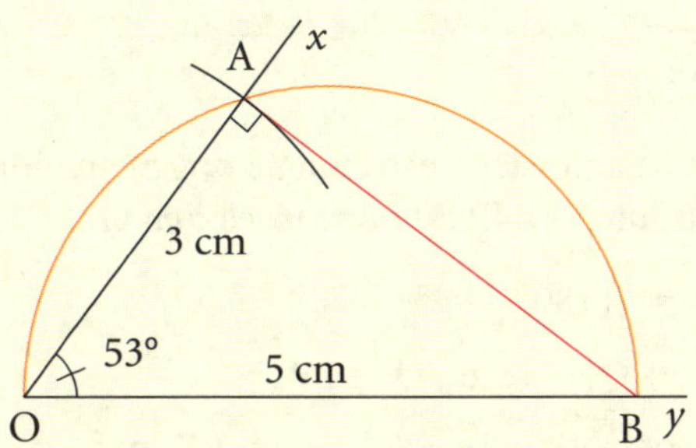

2. **Vérification** : la calculatrice nous indique que 0,6 est le cosinus d'un angle de 53° environ, le rapporteur nous indique que l'angle $\widehat{xOy}$ construit mesure environ 53°.

51 – On procède comme dans l'exercice précédent, en prenant OA = 5 cm et OB = 8 cm.

Problèmes

52 – Dans le triangle rectangle TEG, $\widehat{T} = 90° - \widehat{G} = 90° - 40° = 50°$.
$TE = TG \times \cos\widehat{T} = 5 \times \cos 50°$; **TE ≈ 3,2 cm.**

53 – 1. Figure.
2. La tangente (AB) au cercle $\mathscr{C}$ est perpendiculaire à (OA), le triangle OAB est rectangle en A.
$OA = 2{,}5$ cm ; $OB = OA : \cos\widehat{xOy} = 2{,}5 : \cos 60°$; **OB = 5 cm.**

54 – ABCD étant un carré, le triangle ABD est rectangle et isocèle en A, $\widehat{ADB} = 45°$; AD = 10 cm.
$DB = AD : \cos\widehat{ADB} = 10 : \cos 45°$; **DB ≈ 14 cm.**

On pourrait aussi utiliser la propriété de Pythagore dans le triangle ADB.

55 – 1. Figure.
2. Dans le triangle ABC rectangle en C, $AB = \dfrac{AC}{\cos\widehat{CAB}}$;
$AB = 3{,}8 : \cos 42°$; **AB ≈ 5,1 cm.**
Dans le triangle ACD rectangle en D,
$\cos\widehat{CAD} = \dfrac{AD}{AC} = \dfrac{1{,}9}{3{,}8} = 0{,}5$; $\quad$ **$\widehat{CAD} = 60°$.**
3. Dans le triangle ACE rectangle en C :
$AE = \dfrac{AC}{\cos\widehat{CAE}} = 3{,}8 : \cos 60°$; **AE = 7,6 cm.**

56 – 1. Les diagonales du rectangle ont même longueur et le même milieu O, le triangle ONP est donc isocèle en O ;
$\widehat{ONP} = \widehat{OPN} = \dfrac{1}{2}(180° - 40°) = 70°$.
Dans le triangle QPN rectangle en P :
$PN = QN \times \cos\widehat{QNP} = 5\cos 70°$; **PN ≈ 1,7 cm.**
2. Dans le triangle rectangle NPQ, $\widehat{NQP} = 90° - 70° = 20°$.
$PQ = QN \times \cos\widehat{NQP} = 5\cos 20°$; **PQ ≈ 4,7 cm.**

57 – Dans le triangle isocèle CES, (CI) est axe de symétrie ; on a donc : $\widehat{ECI} = \widehat{ICS} = 50° : 2 = 25°$ et $(CI) \perp (ES)$. Le triangle CEI est rectangle en I,

$CI = CE \times \cos\widehat{ECI} = 5\cos 25°$; **CI ≈ 4,5 cm.**

58 – On nomme ABC le triangle équilatéral et I le milieu de [BC] ; $\widehat{BAC} = 60°$. En procédant comme dans l'exercice 57, on obtient :

$AI = AB \times \cos\widehat{BAI} = 20\cos 30°$ (on conserve cette valeur exacte pour la suite des calculs).

Aire de ABC $= \frac{1}{2} \times BC \times AI = \frac{1}{2} \times 20 \times 20\cos 30° = 200\cos 30°$;

Aire de ABC ≈ **173,20 cm²** à un millimètre carré près par défaut, soit au centième de cm².

59 – On trace la perpendiculaire à (DC) passant par A ; elle coupe (DC) en H.
Dans le parallélogramme ABCD, (AB) // (DC) et $(AH) \perp (DC)$
donc $(AH) \perp (AB)$.

$\widehat{DAH} = \widehat{DAB} - \widehat{HAB} = 110° - 90° = 20°$.

Dans le triangle DAH rectangle en H : $AH = AD \times \cos\widehat{DAH} = 4{,}2\cos 20°$.
Aire de ABCD $= AB \times AH = 6{,}5 \times 4{,}2\cos 20° = 27{,}3\cos 20°$.
L'aire de ABCD est environ **25,65 cm²**, arrondie au mm².

60 – On sait que A et B appartiennent au cercle, donc OA = OB et le triangle AOB est isocèle en O.

On sait que I est le milieu de [AB] ; donc : $AI = \frac{AB}{2} = 3{,}5$ cm.

Dans le triangle isocèle AOB, I est le milieu de [AB], donc (OI) est l'axe de symétrie du triangle. $(OI) \perp (AB)$ et le triangle AIO est rectangle en I.

$\cos\widehat{OAI} = \frac{AI}{AO} = \frac{3{,}5}{4} = 0{,}875$. $\widehat{OAI} \approx 29°$; $\widehat{OAB} = \widehat{OBA}$,

$\widehat{AOB} = 180° - 2\widehat{OAB}$; $\mathbf{\widehat{AOB} \approx 122°}$.

61 – [O*z*) étant bissectrice de $\widehat{xOy}$, $\widehat{xOz} = \widehat{zOy} = 70° : 2 = 35°$.
On trace la perpendiculaire à [O*x*) passant par M, elle coupe [O*x*) en H, MH est la distance de M à [O*x*).
Le triangle OMH est rectangle en H, $\widehat{OMH} = 90° - \widehat{HOM} = 55°$;

$MH = OM \times \cos\widehat{OMH} = 5\cos 55°$; **MH ≈ 2,9 cm.**
La bissectrice [O*z*) est axe de symétrie de l'angle $\widehat{xOy}$, la distance de M à [O*y*) est la même que celle de M à [O*x*).

Problèmes sur tout le chapitre

62 – Le côté [PR] du triangle MPR est un diamètre de son cercle circonscrit, donc le triangle est rectangle en M.
La longueur du diamètre [PR] est le double du rayon : PR = 6 cm.

$\cos \widehat{RPM} = \frac{PM}{PR} = \frac{4,5}{6} = 0,75$; $\mathbf{\widehat{RPM} \approx 41°}$.

63 – **1.** Tous les angles du rectangle sont droits, donc les triangles RET et CET sont rectangles en R et C. Ils ont la même hypoténuse [ET]. Les points R et C appartiennent au cercle de diamètre [ET].

2. Le diamètre du cercle est [ET]. Dans le triangle rectangle RET, d'après la propriété de Pythagore : $ET^2 = ER^2 + RT^2 = 64 + 36 = 100$.
ET = 10 cm. Le cercle circonscrit a pour rayon **5 cm.**

64 – **1.** [GV] est le plus grand côté, $GV^2 = 6,5^2 = 42,25$;
$TV^2 + TG^2 = 6^2 + 2,5^2 = 36 + 6,25 = 42,25$; Donc $GV^2 = TV^2 + TG^2$, le triangle TGV est rectangle en T. Le centre du cercle circonscrit est le milieu de [GV]. O est le milieu de [GV].

2. Le triangle TVA est rectangle en V, il est inscrit dans le cercle $\mathscr{C}$, donc son hypoténuse est un diamètre du cercle $\mathscr{C}$. Le point O est le milieu de [TA]. Les points T, O, A sont alignés.

3. Dans le triangle TGV : $\cos \widehat{TGV} = \frac{GT}{GV} = \frac{6}{6,5}$ et $\cos \widehat{TVG} = \frac{VT}{VG} = \frac{2,5}{6,5}$.
$\mathbf{\widehat{TGV} \approx 23°}$; $\mathbf{\widehat{TVG} \approx 67°}$.

65 – **1.** On trace un cercle de centre O de 2,5 cm de rayon, un diamètre [BC] et la droite perpendiculaire à (BC) passant par O. Sur cette perpendiculaire, on marque un point I tel que OI = 2 cm. La parallèle à (BC) passant par I coupe le cercle en deux points, A est le point qui est le plus près de B. La perpendiculaire à (BC) passant par A coupe (BC) en H. Le triangle ABC répond aux conditions demandées.

2. Dans le triangle OAH rectangle en H,
d'après la propriété de Pythagore :
$OH^2 = OA^2 - AH^2 = 2,5^2 - 2^2$.
$OH^2 = 6,25 - 4 = 2,25$; **OH = 1,5 cm.**
On en déduit :
BH = OB – OH = 2,5 cm – 1,5 cm = 1 cm.
CH = CO + OH = 2,5 cm + 1,5 cm = 4 cm
(ou CH = CB – BH = 4 cm).

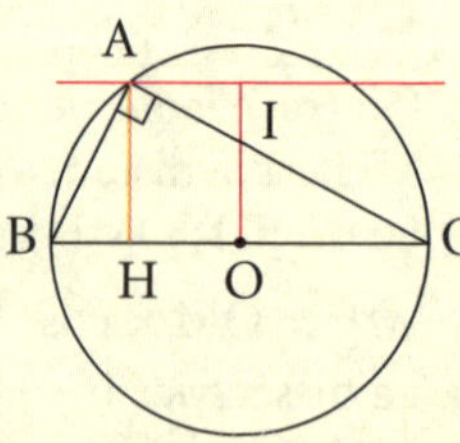

Dans le triangle ABH rectangle en H :

$AB^2 = BH^2 + AH^2 = 1 + 4 = 5$; **AB = $\sqrt{5}$ cm.**

Dans le triangle ACH rectangle en H :

$AC^2 = CH^2 + AH^2 = 16 + 4 = 20$; **AC = $\sqrt{20}$ cm.**

3. $\cos\widehat{ABC} = \frac{AB}{BC} = \frac{\sqrt{5}}{5}$; $\cos\widehat{ACB} = \frac{AC}{BC} = \frac{\sqrt{20}}{5}$; **$\widehat{ABC} \approx 63°$; $\widehat{ACB} \approx 27°$.**

66 – 1. On trace un segment [AB] de 6 cm de longueur, un demi-cercle de diamètre [AB], la médiatrice du segment [AB] coupe ce demi-cercle en H. Le cercle de centre B, de 8 cm de rayon coupe [AH) en C.

2. $AH^2 + HB^2 = AB^2$; AH = HB ; donc : $AH^2 + HB^2 = 2AH^2$.

$2AH^2 = AB^2 = 36$; $AH^2 = 18$; AH = $\sqrt{18}$ cm.

AH ≈ 4,2 cm à 0,1 cm près par défaut.

Pour les calculs, il ne faut pas utiliser de valeurs approchées.

$HC^2 = BC^2 - BH^2$;

Or $HB^2 = HA^2 = 18$;

$HC^2 = BC^2 - BH^2 = 64 - 18 = 46$; HC = $\sqrt{46}$ cm ;

HC ≈ 6,8 cm à 0,1 cm près par excès.

AC = AH + HC ; AC = $(\sqrt{18} + \sqrt{46})$ cm ; AC ≈ 11 cm.

3. $\cos\widehat{ACB} = \frac{CH}{CB} = \frac{\sqrt{46}}{8}$;

$\widehat{ACB} \approx 32°$.

TRIANGLE RECTANGLE

9

PYRAMIDE ET CÔNE

COURS

- Pyramide
- Cône de révolution
- Aire et volume

MÉTHODE

- Construire le patron d'une pyramide
- Construire le développement de la surface latérale d'un cône

EXERCICES

- Représentation de solides (Révision)
- Pyramides
- Cônes de révolution
- Aires et volumes
- Problèmes
- Corrigés

9 PYRAMIDE ET CÔNE

Après le cube, le parallélépipède, le prisme et le cylindre, l'étude des objets de l'espace se poursuit en 4ᵉ, avec la pyramide et le cône.
Le but est toujours de représenter des objets en perspective, de réaliser des patrons et de calculer des aires et des volumes. Quelques exercices porteront sur les solides étudiés en 5ᵉ.

Pyramide

Une **pyramide** est un solide dont la base est un polygone. Son sommet est un point n'appartenant pas au plan de la base. Les arêtes joignant le sommet de la pyramide à chacun des sommets de la base sont les arêtes latérales.

Le support de la hauteur d'une pyramide est la perpendiculaire au plan de la base passant par le sommet.

Exemple :
SABCDE est une pyramide de sommet S ; sa base est le pentagone ABCDE ; ses arêtes latérales sont [SA], [SB], [SC], [SD] et [SE] ; sa hauteur est [SH].
Deux types de pyramides sont principalement étudiés en classe de Quatrième : la pyramide régulière et celle dont la hauteur est une arête latérale.

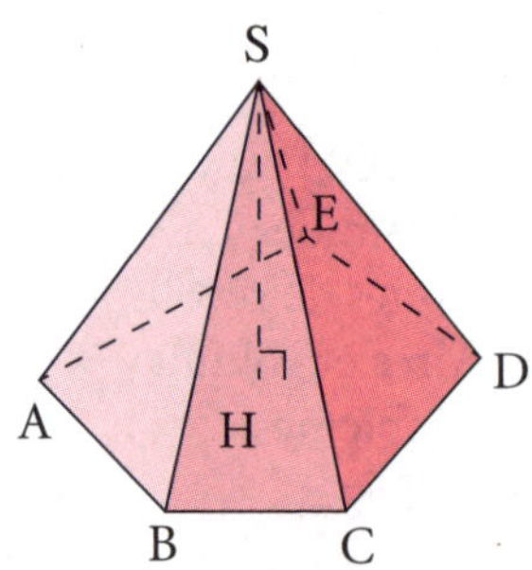

Pyramide régulière

Une **pyramide régulière** est une pyramide dont la base est un polygone régulier et dont la hauteur passe par le centre de la base.
Ses arêtes latérales ont la même longueur.

Exemple :
ABCD est un carré de centre O ; [SO] est perpendiculaire au plan de ABCD :
la pyramide SABCD est régulière,
sa hauteur est [SO] ;
SA = SB = SC = SD.

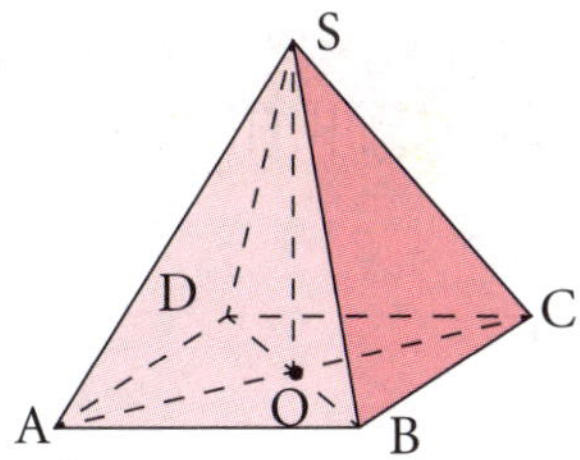

Pyramide dont une arête latérale est hauteur

La pyramide SABCD de sommet S a pour base le polygone ABCD et pour hauteur l'arête latérale [SA].

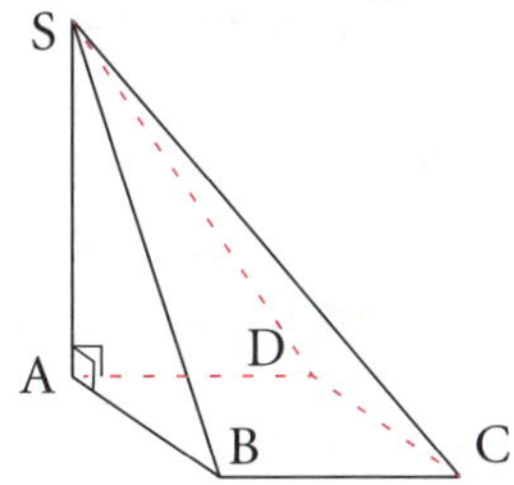

Cône de révolution

Un **cône de révolution** est un solide dont la base est un disque et dont le sommet se trouve sur l'axe de la base. Les segments joignant le sommet aux points du cercle de base sont les génératrices ; elles ont toutes la même longueur.
La hauteur d'un cône de révolution a pour extrémités le sommet du cône et le centre de la base ; elle est perpendiculaire à la base.

Exemple :
La figure représente un cône de révolution de sommet S ; O est le centre du disque de base ; (SO) est perpendiculaire au plan de la base ; [SA], [SB], [SC] sont des génératrices ; la hauteur est [SO].

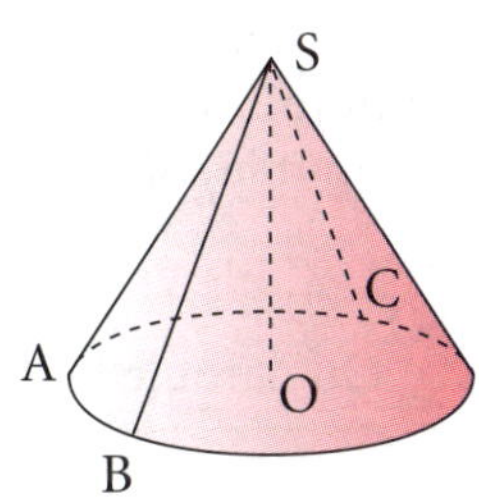

Aire et volume

Volume d'une pyramide ou d'un cône

Soit $\mathcal{B}$ l'aire de la base d'une pyramide ou d'un cône, $\boldsymbol{h}$ sa hauteur et $\mathcal{V}$ son volume.

$$\mathcal{V} = \frac{1}{3}\mathcal{B}\boldsymbol{h}.$$

Aire latérale d'un cône

Soit r le rayon de la base d'un cône, ℓ la longueur d'une génératrice et $\mathcal{A}$ l'aire latérale : $\mathcal{A} = \pi \times r \times \ell$.

Construire le patron d'une pyramide

Énoncé

SABCD est une pyramide de sommet S et de base ABCD.
Construire un patron de cette pyramide dans les cas suivants :
1. La pyramide est régulière, ABCD est un carré de 3 cm de côté, de centre O.
a) On donne SA = 4 cm.
b) On donne SO = 4 cm.
2. La base est un rectangle tel que AB = 4 cm et AD = 5 cm, la hauteur est l'arête [SA], SA = 4 cm. Les triangles SAB, SAD, SBC, SDC sont rectangles en A, A, B et D.

Deux méthodes sont couramment utilisées.

Méthode 1

On construit la **base** de la pyramide et on déploie les **faces latérales** autour de cette base. Les faces latérales sont des triangles isocèles dont le sommet est celui de la pyramide.

Méthode 2

On déroule les faces latérales et on fixe la base à l'une des faces.

Résolution

On a choisi la méthode 1 pour le 1. et la méthode 2 pour le 2.

1.

- On construit un carré ABCD de 3 cm de côté.
- Autour du carré, on construit les faces latérales SAB, SBC, SCD et SDA.

La pyramide étant régulière, ce sont des triangles isocèles en S.
a) On connaît la longueur des arêtes latérales (4 cm), on trace des arcs de cercles de centres A, B, C et D de 4 cm de rayon pour obtenir les points S.
b) On donne la hauteur SO, le point O est le centre du carré.

• La longueur des arêtes latérales est celle de l'hypoténuse d'un triangle rectangle de côtés [AO] et [SO]. Pour obtenir cette longueur, on trace un triangle auxiliaire S′AO rectangle en O, tel que S′O = 4 cm (en orange sur la figure). S′A est la longueur cherchée. On trace des arcs de cercles de centres A, B, C et D de rayon S′A pour obtenir les points S.

a)

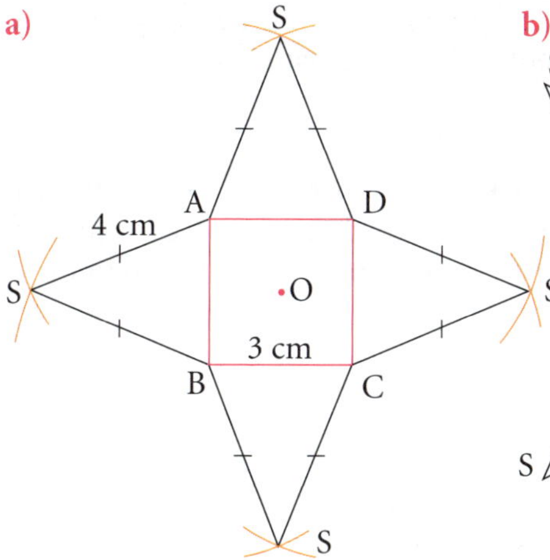

b)

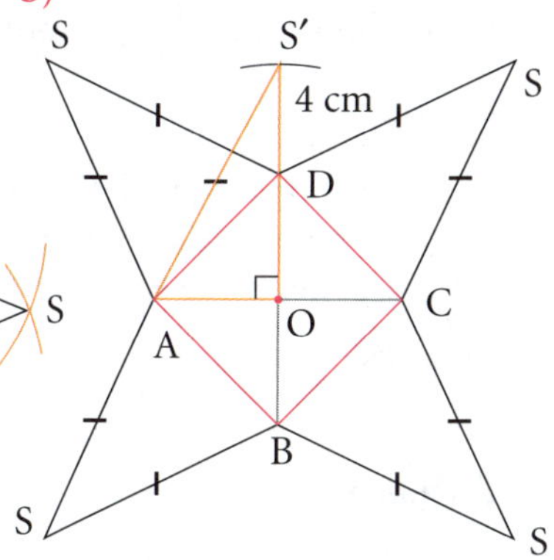

2. Les faces latérales SAB, SAD, SBC, SDC sont des triangles rectangles respectivement en A, A, B et D. On connaît SA, on construit d'abord les faces latérales SAB et SAD qui sont situées de part et d'autre de (SA) ; on a SA = AB = 4 cm et AD = 5 cm. On construit ensuite les triangles SBC et SDC (BC = AD = 5 cm et CD = AB = 4 cm). On place ensuite la base ABCD « accrochée » par l'un des côtés [AB], [BC], [CD] ou [AD], à la face latérale correspondante. Sur la figure, elle est fixée à [BC].

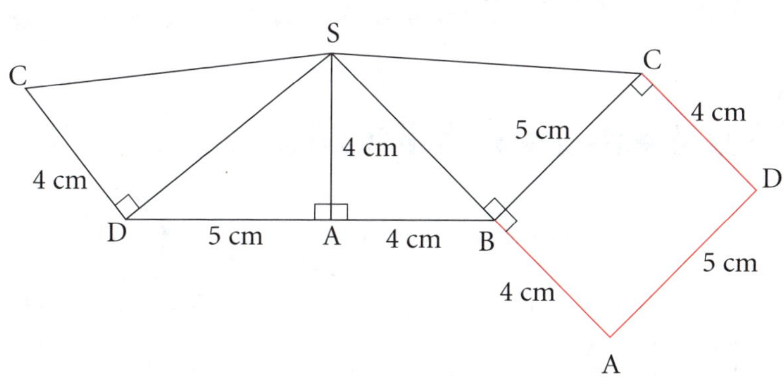

II **Ces patrons ne sont pas les seuls possibles (voir corrigé ex. 14).**

Construire le développement de la surface latérale d'un cône

Énoncé

Un cône de révolution a pour base un disque de 3 cm de rayon ($r = 3$ cm) ; la longueur des génératrices est de 5 cm ($\ell = 5$ cm). Construire le développement de la surface latérale.

Méthode 3

Le développement de la surface latérale est un secteur circulaire dont le rayon est la longueur d'une génératrice. Si ℓ est la longueur d'une génératrice et r le rayon de la base, l'angle du secteur du secteur est $\frac{r}{\ell} \times 360°$.

Résolution

Le développement de la surface latérale du cône est un secteur circulaire de centre S, sommet du cône de rayon 5 cm et d'angle $\frac{3}{5} \times 360° = 216°$.

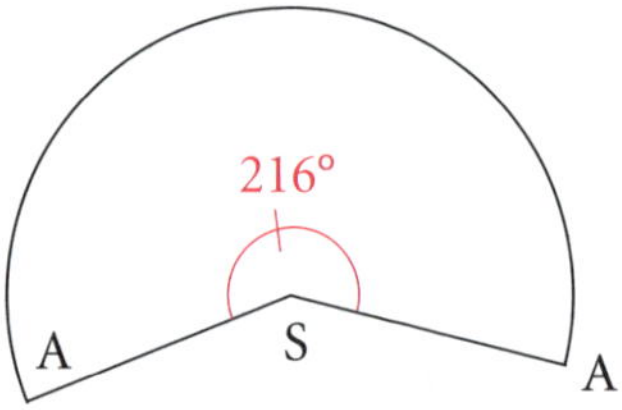

EXERCICES

Représentation de solides (Révision)

1 – La figure ci-contre représente un cube.
Indiquer la nature des triangles et quadrilatères suivants :
EHG, EAC, ECG, EGB, EBD, HFD, EHB, HFBD, EGCA, EHCB.

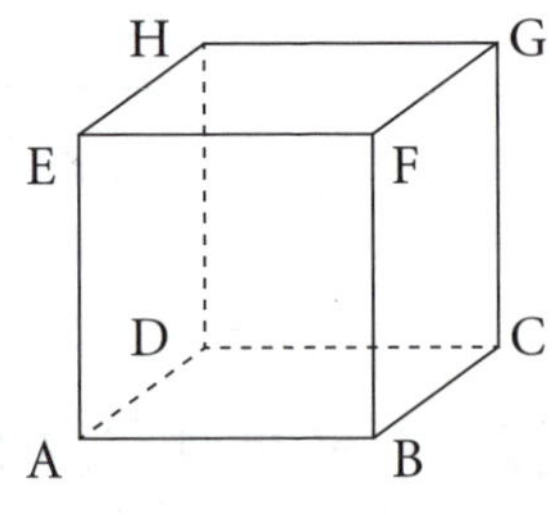

2 – La figure ci-contre représente un pavé droit.
Indiquer la nature des triangles et quadrilatères suivants :
EFG, EGC, EGCA, EFCD, EBC et OAC.

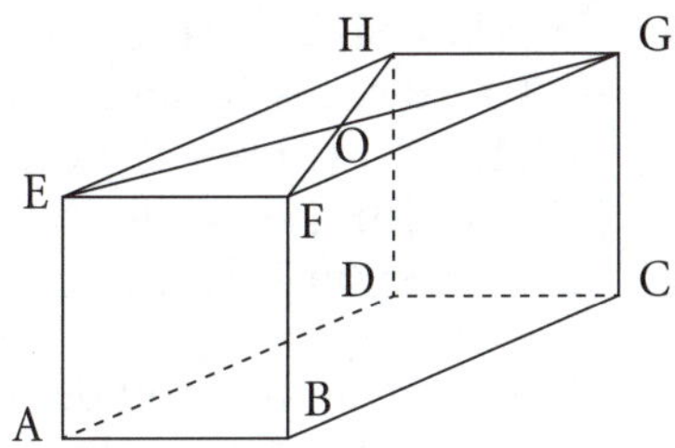

3 – La figure est celle de l'exercice 2.
On donne AB = 3 cm ; BC = 5 cm ; BF = 4 cm.
Calculer EG, EC, FC et EB.

4 – Un prisme droit a pour base un triangle équilatéral de 4 cm de côté et une hauteur de 4 cm.
Dessiner un patron de ce prisme.
Quelle est la nature des faces latérales ?

5 – La figure ci-contre représente un prisme droit.

1. Quelles sont les bases de ce prisme ?
2. Quelles sont les faces latérales ? Quelle est leur nature ?
3. Dessiner un patron de ce prisme (prendre AB = BE = 3 cm ; GT = TE = 2,5 cm ; EF = 5 cm).

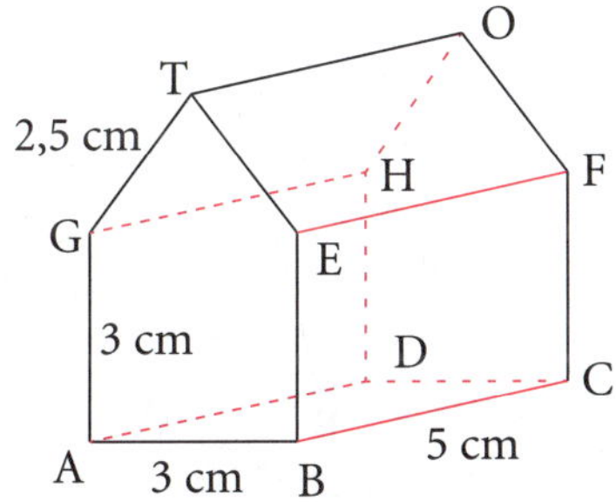

6 – Un prisme droit a pour base un triangle EDF rectangle en D tel que DE = 3,5 cm, DF = 4,5 cm et une hauteur de 4 cm.
Dessiner un patron de ce prisme.

7 – On donne les points A, B, C et D.
Le triangle ABC représente une base d'un prisme droit ABCDEF dont les arêtes latérales sont les segments [AD], [BE] et [CF]. Achever la représentation en perspective de ce prisme.

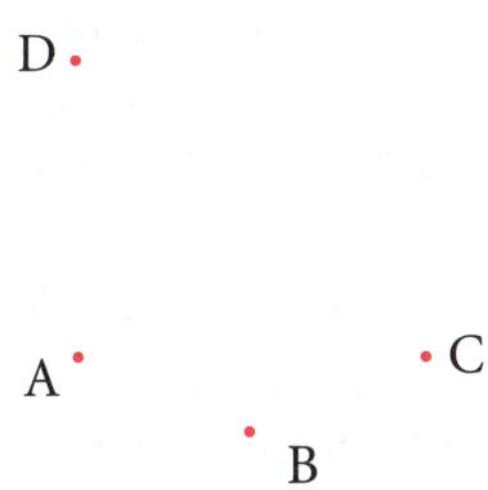

8 – Les bases $\mathscr{D}$ et $\mathscr{D}'$ du cylindre ci-contre sont des disques de centres O et O′. Reproduire la figure ci-contre et tracer les génératrices [AA′] et [BB′] du cylindre (les points A et B′ sont placés sur la figure).

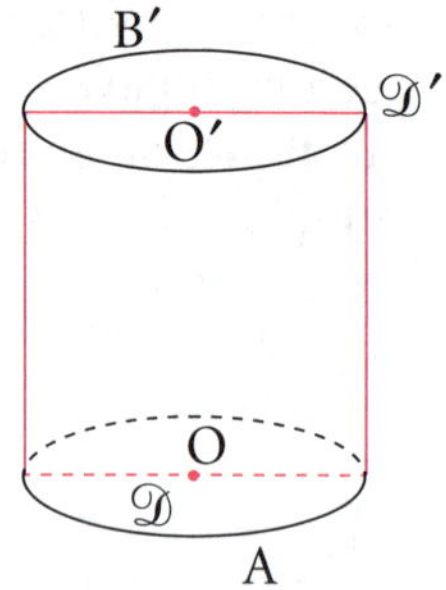

9 – Un cylindre droit de 10 cm de hauteur a pour base des disques de 15 cm de périmètre. Dessiner un patron du développement de la surface latérale de ce cylindre.

(corrigés p. 276)

Pyramides

10 – Nommer la base, le sommet, les arêtes latérales, les faces latérales, la hauteur des pyramides suivantes :

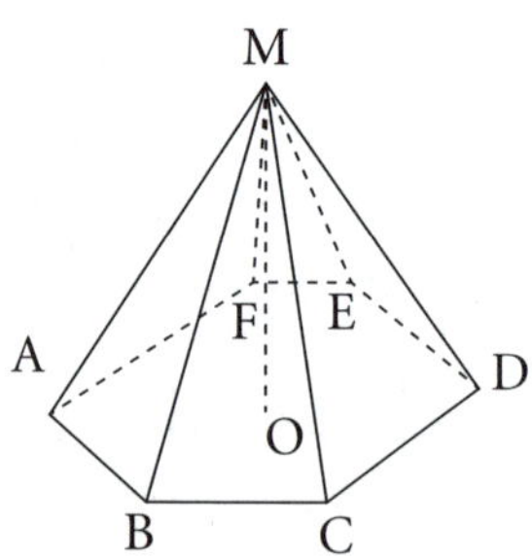

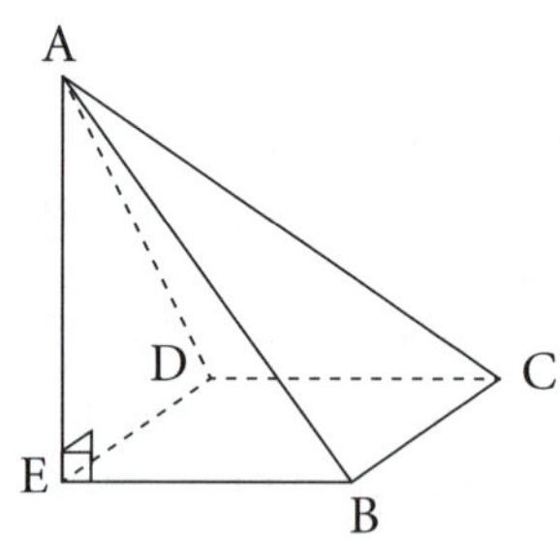

11 – La pyramide ABCD ci-contre a pour base le triangle BCD ; sa hauteur est [AB].
Quel est son sommet ?
Nommer ses faces latérales.
Quelle est la nature des faces ABC et ABD ?
Quelle est la nature du triangle ABE ?
Que représente (AE) pour la face ADC ?

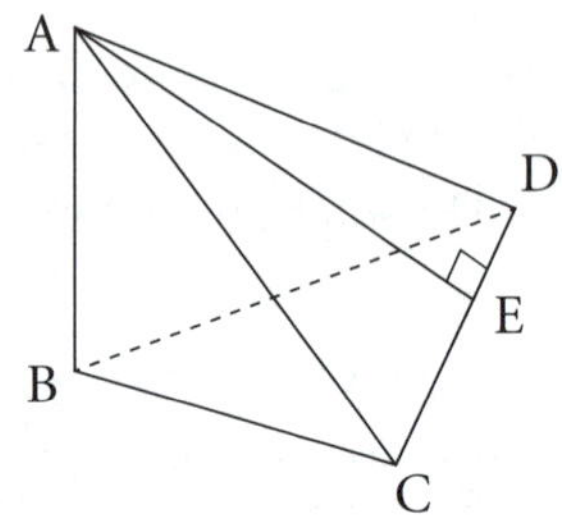

12 – On considère une pyramide SABC dont la base est un triangle ABC rectangle en A et dont la hauteur est [SA].
On donne AB = 3 cm, AC = 4 cm, SA = 2 cm.
Dessiner un patron de cette pyramide.

13 – Dessiner un patron d'une pyramide dont toutes les faces sont des triangles équilatéraux de 3,5 cm de côté.

14 – Dessiner un patron d'une pyramide régulière dont la base est un carré de 3 cm de côté et dont les arêtes latérales ont 2,5 cm de long.

(corrigés p. 278)

Cônes de révolution

15 – Un cône de révolution a pour sommet un point A et pour base un disque de centre C ; soit [CD] et [CE] deux rayons de la base. Quelle est la hauteur de ce cône ? Nommer deux génératrices.

16 – Un cône de révolution a pour base un disque de 2,8 cm de rayon et sa hauteur est de 4 cm.
Calculer la longueur des génératrices.

17 – Un cône de sommet S a pour base un disque $\mathcal{D}$ de diamètre [AB], de centre O. On donne SA = AB = 6 cm.
1. Représenter ce cône en perspective cavalière.
2. Quelle est la mesure de l'angle d'une génératrice avec l'axe du cône ($\widehat{OSA}$) ?
3. Construire le développement de la surface latérale de ce cône.

18 – Un cône de révolution a pour développement un demi-disque de centre A de diamètre [BB′] tel que BB′ = 8 cm.
1. Quelle est le rayon de la base de ce cône ?
2. Quelle est la hauteur de ce cône ? (résultat arrondi au mm).
On pourra appeler O le centre de la base et remarquer que le triangle AOB est rectangle en O.

19 – Un cône est inscrit dans un cylindre de révolution de 4 cm de hauteur dont les bases $\mathcal{D}$ et $\mathcal{D}'$ de centres O et O′ ont 6 cm de diamètre. Le sommet du cône est O′ et la base est $\mathcal{D}$.
1. Faire une figure représentant le cône à l'intérieur du cylindre.
2. Quelle est la longueur d'une génératrice du cône ?
3. Quelle est la mesure de l'angle d'une génératrice avec l'axe du cône ?

(corrigés p. 280)

Aires et volumes

20 – Compléter les égalités suivantes :

13 cm = … dm =… m ; 35 m^2 = … dm^2 = … cm^2 ;

1 a = … m^2 = ⋯ ha ; 0,5 dm^3 = ⋯ cm^3 = ⋯ mm^3.

21 – Compléter les égalités suivantes :

25 L = … dm^3 = … m^3 ; 2,3 m^3 = … L = … hL ;

350 a = … m^2 = … ha ; 730 cm^2 = … dm^2 = … mm^2.

22 – Un cube ABCDEFGH a 5 cm d'arête.

1. Calculer l'aire d'une face et l'aire totale.
2. Calculer son volume.
3. Calculer la longueur de la diagonale d'une face et celle de la diagonale du cube (arrondir au dixième de centimètre).

23 – Soit MNPQRSTU un parallélépipède rectangle tel que : MN = 2,5 cm, NP = 3 cm et MR = 7 cm.

1. Dessiner deux patrons différents du parallélépipède.
2. Calculer son aire totale.
3. Calculer son volume.

24 – La figure ci-dessous représente un prisme droit.

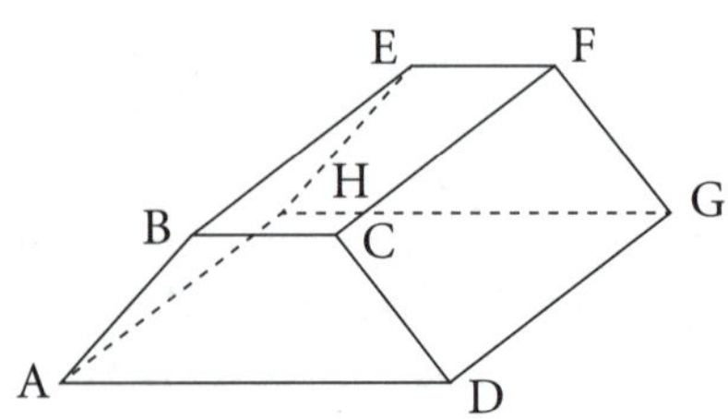

1. Nommer ses bases, ses faces latérales et ses arêtes latérales.
2. Si on donne AD = 4 dm, AB = 3 dm, BC = 1 dm, CD = 3,5 dm et BE = 10 dm, calculer l'aire latérale du prisme ; donner le résultat en m^2.

25 – Un récipient a la forme d'un prisme droit dont la base est un triangle ABC rectangle isocèle en A ; AB = AC = 32 cm.

1. Calculer l'aire de la base.
2. Si la hauteur du prisme est de 50 cm calculer son volume ; donner le résultat en litres.
3. Déterminer la hauteur du prisme pour que son volume soit multiplié par 2,5.

26 – Un cylindre de révolution a pour base un disque de 1 m de rayon ; sa hauteur est de 3 m.
1. Dessiner un patron de la surface latérale à l'échelle 1/100.
2. Calculer l'aire latérale, l'aire totale et le volume du cylindre.

27 – Compléter le tableau ; h, B, V désigne la hauteur, l'aire de base et le volume d'une pyramide.

h en cm	6	5	2,1	1		
B en cm^2	27		10		75	10
V en cm^3		72		1	100	59

28 – La plus grande des trois pyramides de Gizeh est la pyramide de Chéops. Sa base carrée a 233 m de côté et sa hauteur est de 146 m. Calculer le volume de cette pyramide (on arrondira au m^3).

29 – En utilisant du papier pointé,
1. Tracer en rose les arêtes de la pyramide de sommet D et de base ABFE.
2. Tracer en noir les arêtes (qui ne sont pas coloriées en rose) du prisme DHECGF.
3. La pyramide DABFE et le prisme DHECGF ont-ils une partie commune ?
Certaines arêtes du pavé droit ABCDEFGH n'ont pas été tracées. Les tracer en orange.
4. Sur la figure 2, tracer en orange, une représentation en perspective de la pyramide DCBF.

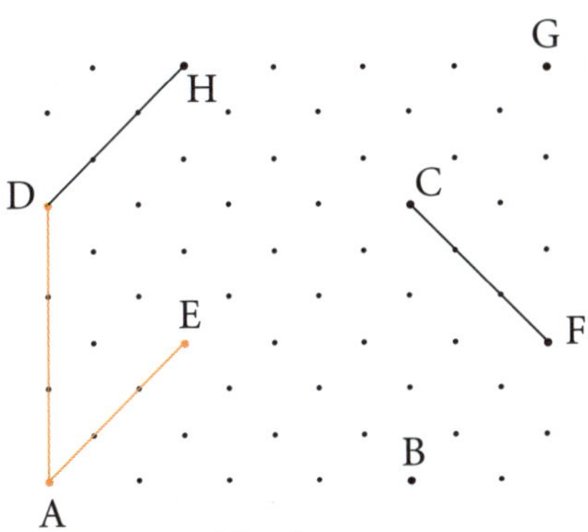

Fig. 1
(questions 1, 2, 3)

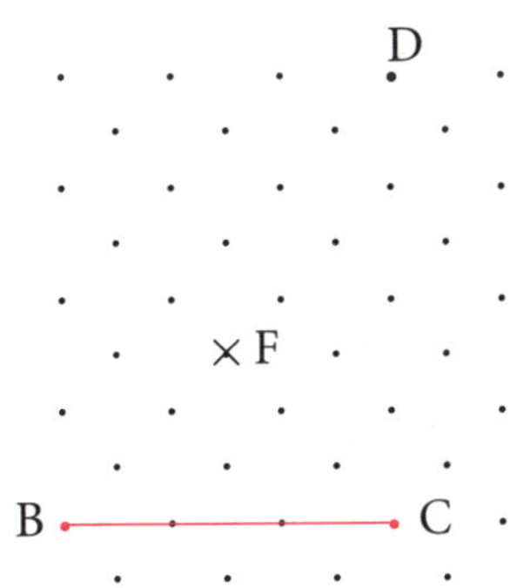

Fig. 2
(question 4)

5. On donne AB = AE = 4 cm ; AD = 3 cm.
Calculer le volume du prisme DHECGF, des pyramides DABFE et DCBF.
Comparer la somme de ce volume au volume du pavé droit ABCDEFGH.
Justifier le résultat.

30 – Calculer le volume d'un cône de révolution de 6 cm de hauteur, sachant que sa base a un rayon de 4 cm.

31 – Un cône de révolution a pour base un disque de 2,8 cm de rayon et sa hauteur est de 4 cm. Calculer son volume (arrondi au cm^3).

32 – Le volume d'un cône de révolution de 7 m de hauteur est 21 m^3. Calculer l'aire de sa base.

33 – Un cône de révolution a pour base un disque de 2 m de diamètre ; son volume est 15,7 m^3. Calculer sa hauteur.

34 – Les génératrices d'un cône de révolution ont 7,5 cm de longueur ; le rayon de sa base est de 4,5 cm.
Calculer le volume du cône.

35 – Un cône de révolution a pour base un disque de 5 cm de rayon ; ses génératrices ont une longueur de 7,5 cm.
1. Calculer le périmètre de la base du cône.
2. Le patron de la surface latérale de ce cône est un secteur circulaire ; calculer l'angle de ce secteur.
3. Calculer son aire.

36 – Dessiner un patron d'un cône de révolution de 6 cm de génératrice et de 3 cm de rayon de base.
Calculer l'aire latérale du cône.

(corrigés p. 281)

Problèmes

37 – On considère un cube ABCDEFGH de 6 cm d'arête et la pyramide EADB.
1. Calculer le volume de la pyramide.

2. On appelle I le milieu de [DB]. Calculer une valeur approchée de EI ; en déduire une valeur approchée de l'aire de la face EDB puis une valeur approchée de l'aire totale de la pyramide.

38 – Soit ABCDEFGH un cube de 3 cm d'arête, O et O′ les centres des faces ABCD et EFGH.
On considère la pyramide de sommet O′ et de base ABCD.
1. Quelle est la hauteur de cette pyramide ? Calculer le volume de la pyramide et le comparer au volume du cube.
2. À l'aide du triangle OAO′, calculer la longueur des arêtes latérales.

39 – Pour une fête costumée, Hélène veut déguiser sa fille Julie en clown. Elle décide de fabriquer un chapeau en bristol, de forme conique. Le tour de tête de Julie est de 50 cm, le chapeau doit avoir 20 cm de hauteur. Réaliser le patron du chapeau (calculer le rayon de la base et la longueur des génératrices).

40 – Une tour de forme cylindrique est surmontée d'un clocheton de forme conique. La hauteur du clocheton est de 8 m ; la hauteur totale de la tour est de 30 m ; le diamètre de la tour est de 16 m.
1. Calculer le volume total de la tour, arrondi au m^3.
2. On veut recouvrir le clocheton de tuiles.
Calculer l'aire de la surface à couvrir, en m^2.

41 – La hauteur d'un cône de révolution est égale au diamètre d de sa base.
1. Calculer son volume pour les valeurs suivantes de d :
$d = 6$ cm ; $d = 8$ cm ; $d = 9$ cm.
2. Écrire le volume du cône en fonction de d ; vérifier la formule pour les valeurs de d données dans la première question.

(corrigés p. 284)

CORRIGÉS

Représentation de solides (Révision)

1 – EHG est rectangle et isocèle en H ;
EAC est rectangle en A (la droite (EA) est perpendiculaire au plan de la face ABCD).
ECG est rectangle en G (la droite (CG) est perpendiculaire au plan de la face EFGH).
EGB et EBD dont les côtés sont des diagonales de faces, sont équilatéraux.
HFD est rectangle en H et EHB est rectangle en E.
HFBD, EGCA et EHCB sont des rectangles.

2 – EFG est rectangle en F, EGC est rectangle en G, EGCA et EFCD sont des rectangles, EBC est rectangle en B et OAC est isocèle en O.

3 – On utilise la propriété de Pythagore.
Dans le triangle EFG rectangle en F, $EG^2 = EF^2 + FG^2$;
$EF = AB = 3$ cm ; $FG = BC = 5$ cm ; $EG^2 = 34$; $EG \approx 5{,}8$ cm.
De même : dans le triangle EGC rectangle en G, $EC \approx 7{,}1$ cm ;
dans le triangle FBC rectangle en B, $FC \approx 6{,}4$ cm ;
dans le triangle EAB rectangle en A, $EB = 5$ cm.

4 – Exemple de patron

Les faces latérales sont des carrés de 4 cm de côté.

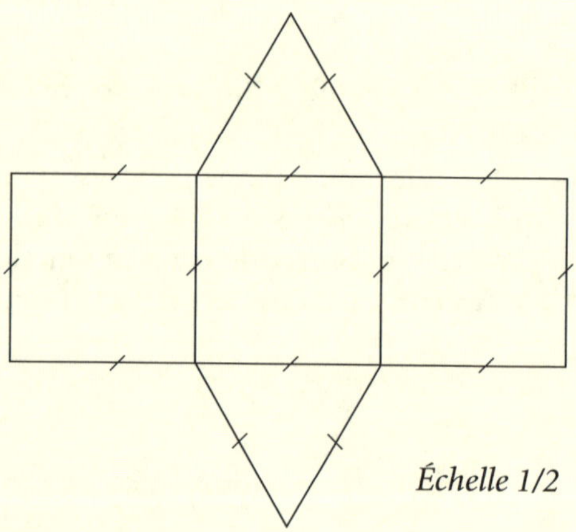

Échelle 1/2

5 – 1. Les bases sont les pentagones ABETG et DCFOH.
Le prisme est donc posé sur l'une de ses faces latérales ABCD.

2. Les faces latérales sont ABCD, BCFE, EFOT, TOHG et ADHG. Le prisme est droit, les faces latérales sont des rectangles.

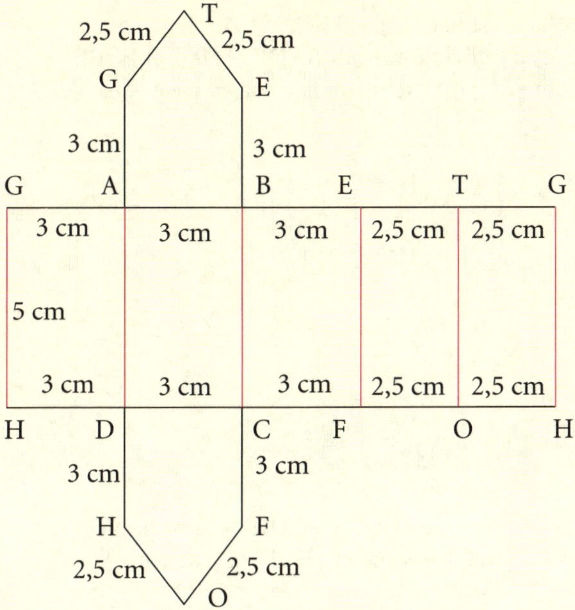

6 – On ne connaît pas la longueur du côté [EF]. On commence donc par construire un triangle DE_1F rectangle en D, tel que $DE_1 = 3,5$ cm et $DF = 4,5$ cm. Puis à l'extérieur du segment [DF], sur la droite (DF), on marque le point E_2 tel que $DE_2 = 3,5$ cm. On trace ensuite un arc de cercle de centre F passant par E_1 et coupant la demi-droite [DF) en E_3. On achève la construction, en traçant le rectangle $E_2E_3E'_3\,E'_2$ qui représente la surface latérale, les points D' et F' et le triangle $E'_1D'F'$.

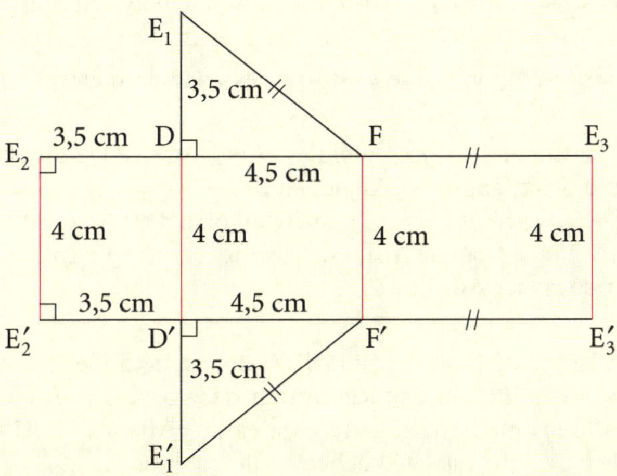

7 – La base est le triangle ABC,
on trace les parallélogrammes BADE, ADFC et FCBE.
Le segment [AC] est caché, on le trace en pointillé.

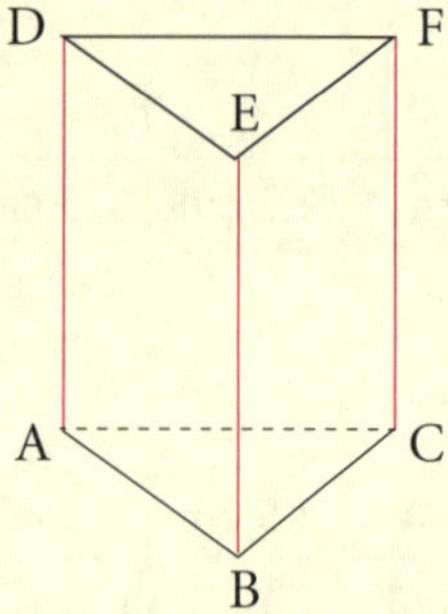

Fig. ex. 7

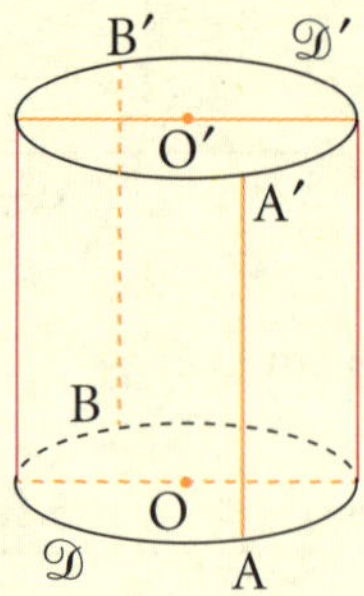

Fig. ex. 8

8 – Les génératrices [AA′] et [BB′] sont parallèles à celles qui sont déjà tracées, [AA′] est vue et [BB′] est cachée.

9 – Le développement est un rectangle de 10 cm de large et 15 cm de long.

Pyramides

10 – Pyramide 1 : base ABCDEF, sommet M, arêtes latérales [MA], [MB], [MC], [MD], [ME], [MF] ; faces latérales MAB, MBC, MCD, MDE, MEF, MFA ; hauteur [MO].
Pyramide 2 : base BCDE ; sommet A ; arêtes latérales [AB], [AC], [AD], [AE] ; faces latérales ABC, AEB, ACD, ADE ; hauteur [AE].

!! La hauteur de la pyramide 2 est une des arêtes latérales.

11 – Sommet : A ; faces latérales : ABC, ACD, ADB ; les faces ABC et ABD sont des triangles rectangles en B.
La droite (AB), étant perpendiculaire au plan de la base, est perpendiculaire à (BE) et le triangle ABE est également rectangle en B. (AE) est une hauteur de la face ACD.

12 – Le premier patron est réalisé selon la méthode 1, les faces latérales SAB, SAC, SBC sont situées autour de la base. Le second patron est réalisé selon la méthode 2, les faces latérales SAB, SAC, SBC sont déroulées et la base ABC est « accrochée » à la face SAC.

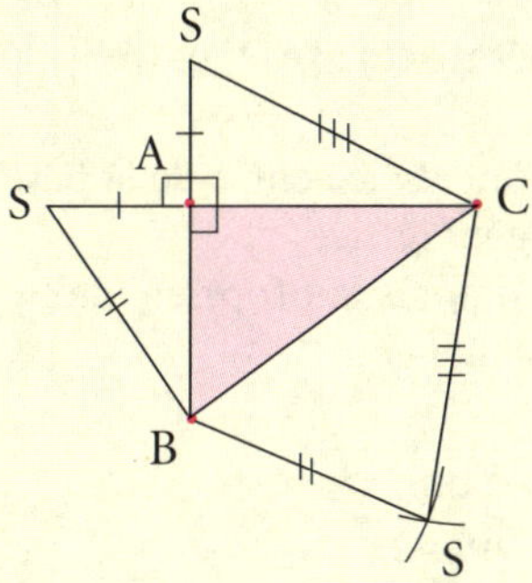

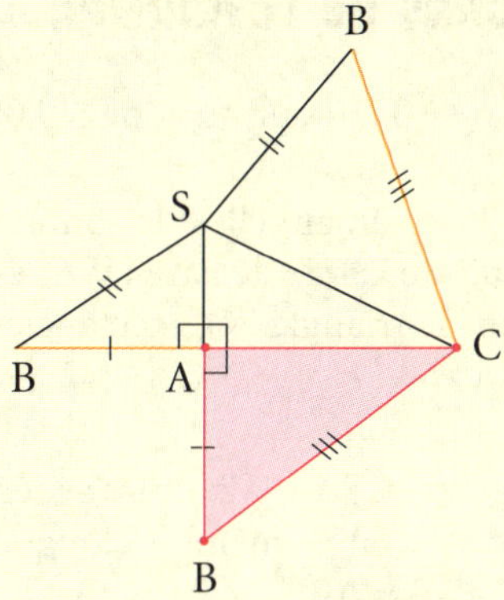

Mais on peut considérer que la pyramide a pour base SAC et pour faces latérales SAB, SBC, ABC. Le premier patron est alors selon la méthode 2 et le second selon la méthode 1.

13 – Un exemple de patron qui peut être considéré comme développement selon le modèle 1 (base au centre) ou le modèle 2 (base autre que le triangle central).

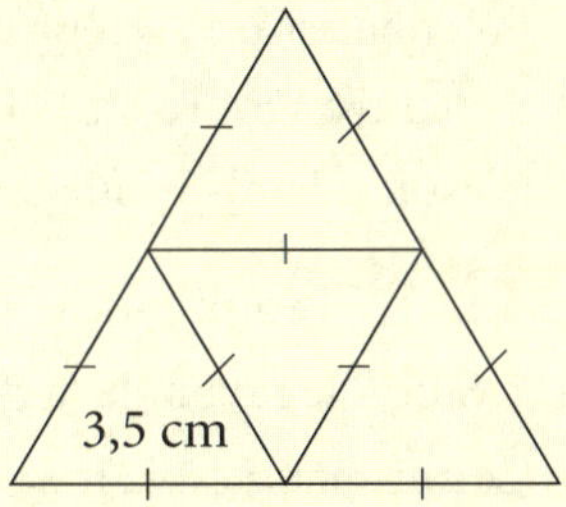

14 – Trois types de patrons

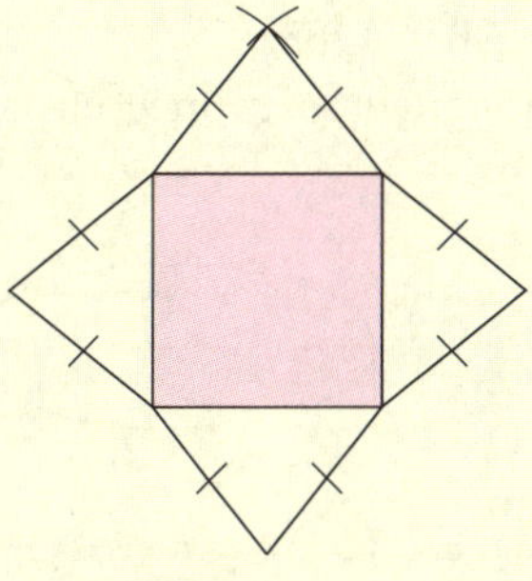

méthode 1

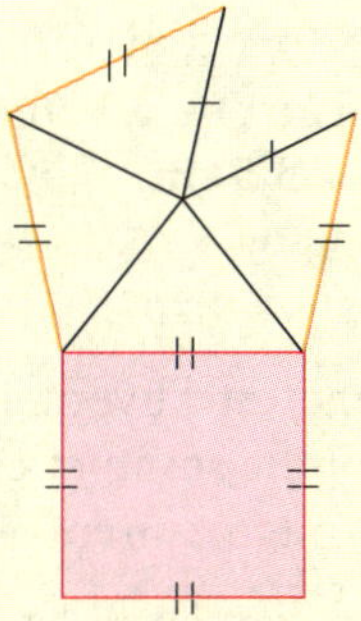

méthode 2

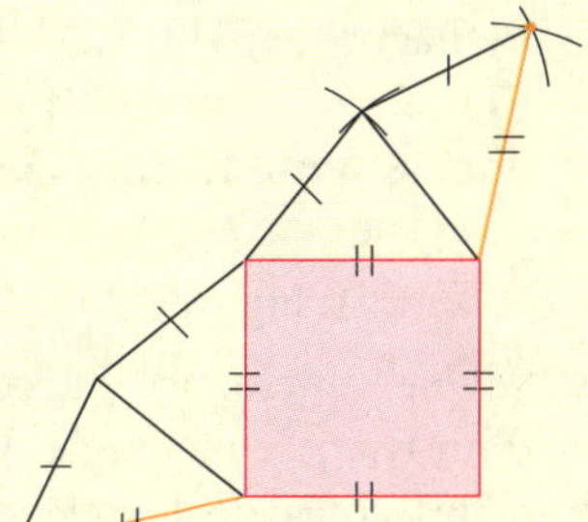

autre type de patron

Cônes de révolution

15 – Hauteur du cône : [AC] ; génératrices : [AD] et [AE].

16 – On appelle S le sommet du cône, O le centre de la base et A un point du cercle de base ; [SA] est une génératrice.
Dans le triangle SOA rectangle en O, d'après la propriété de Pythagore, on a : $SA^2 = SO^2 + OA^2 = 23{,}84$; $SA \approx 4{,}9$ cm.

17 – **1.** SA = AB, or les génératrices d'un cône ont même longueur, donc SA = SB = AB.
Le triangle SAB est équilatéral.

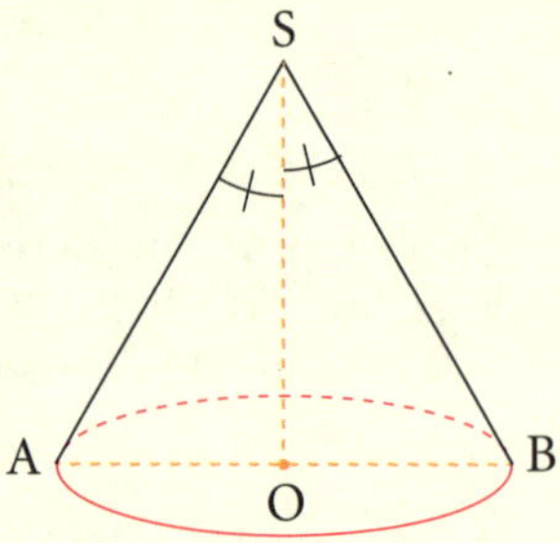

2. Le triangle SAB étant équilatéral, ses angles mesurent 60° et [SO) est la bissectrice de l'angle $\widehat{ASB}$. $\widehat{OSA} = 30°$.

3. Le développement de la surface latérale du cône est un secteur circulaire de centre S, de rayon SA (6 cm) et d'angle $\frac{r}{\ell} \times 360° = \frac{3}{6} \times 360° = 180°$.
C'est un demi-disque de 6 cm de rayon.

18 – Il est utile de faire une figure pour répondre aux questions posées.

1. Soit R le rayon de la base. Le périmètre de cette base est $2\pi R$.
Ce périmètre est la longueur de l'arc du demi-disque, soit $\frac{1}{2}(\pi \times BB')$.
On a donc $2\pi R = \frac{1}{2}(\pi \times 8)$. D'où $R = 2$ cm.

2. La longueur d'une génératrice est $\frac{1}{2}BB'$, soit 4 cm (c'est le rayon du demi-disque). Le triangle AOB est rectangle en O. D'après la propriété de Pythagore : $AB^2 = AO^2 + OB^2$, d'où $OA^2 = AB^2 - OB^2$.
$OA^2 = 4^2 - 2^2 = 16 - 4 = 12$; OA est une longueur exprimée en cm ; donc $OA = \sqrt{12}$ cm. **OA ≈ 3,5 cm.**

19 – **1.** Figure

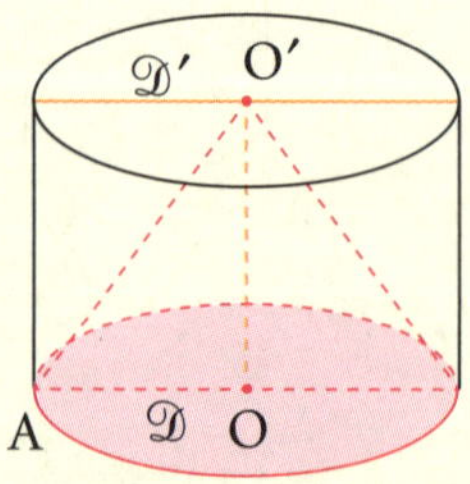

2. Une génératrice du cône est l'hypoténuse d'un triangle rectangle dont le sommet est O et les côtés de l'angle droit mesurent 4 cm (OO′) et 3 cm (rayon = $\frac{1}{2}$ diamètre). Sa longueur est $\sqrt{4^2 + 3^2}$ cm = 5 cm.

3. Soit [O′A] une génératrice du cône, l'angle recherché est $\widehat{AO'O}$.
Dans le triangle AOO′ rectangle en O, $\cos \widehat{AO'O} = \frac{O'O}{O'A} = \frac{4}{5} = 0{,}8$;
$\widehat{AO'O} \approx 37°$.

Aires et volumes

20 – 13 cm = 1,3 dm = 0,13 m ; 35 m^2 = 3 500 dm^2 = 350 000 cm^2 ;
1 a = 100 m^2 = 0,01 ha ; 0,5 dm^3 = 500 cm^3 = 500 000 mm^3.

21 – 25 L = 25 dm^3 = 0,025 m^3 ; 2,3 m^3 = 2 300 L = 23 hL ;
350 a = 35 000 m^2 = 3,5 ha ; 730 cm^2 = 7,3 dm^2 = 73 000 mm^2.

22 – 1. Aire d'une face : (5×5) cm^2 = 25 cm^2.
Aire totale : 6×25 cm^2 = 150 cm^2.

2. Volume : $(5 \times 5 \times 5)$ cm^3 = 125 cm^3.

3. On utilise la propriété de Pythagore.
Diagonale d'une face : dans le triangle ABC rectangle en B,
$AC^2 = AB^2 + BC^2 = 50$; AC est une longueur, AC ≈ 7,1 cm.
Les diagonales des six faces ont la même longueur.
Diagonale du cube : dans le triangle EAC rectangle en A,
$EC^2 = EA^2 + AC^2 = 75$; EC est une longueur, EC ≈ 8,7 cm.
Les trois diagonales du cube ont la même longueur.

23 – 1. Exemple de patron

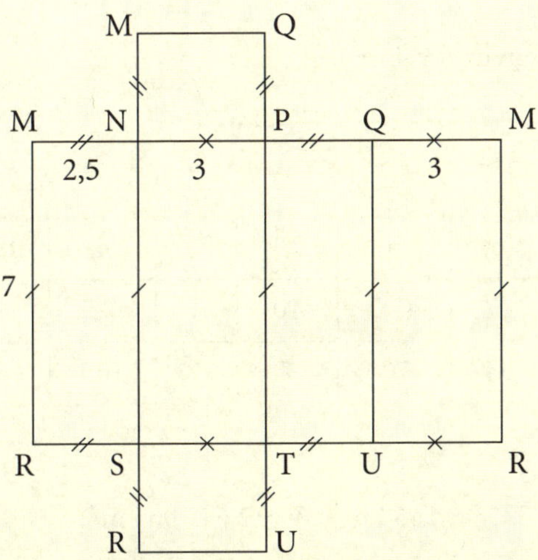

Échelle 1/2

2. Aire de MNPQ = Aire de RSTU = $(2{,}5 \times 3)$ cm^2 = 7, 5 cm^2 ;
Aire de MNSR = Aire de QPTU = $(2{,}5 \times 7)$ cm^2 = 17,5 cm^2 ;
Aire de NPTS = Aire de MQUR = (3×7) cm^2 = 21 cm^2 ;
Aire totale = $2(7{,}5 + 17{,}5 + 21)$ cm^2 = 92 cm^2.

3. Volume = $(2{,}5 \times 3 \times 7)$ cm^3 = 52,5 cm^3.

24 –

1. Bases du prisme : ABCD, EFGH.
Faces latérales : ABEH, BCFE, DCFG, ADGH.
Arêtes latérales : [AH], [BE], [CF], [DG].

2. Aire latérale du prisme = périmètre de base × hauteur du prisme ;
= (AB + BC + CD + DA) × BE
= 115 dm^2 = 1,15 m^2.

25 –

1. Aire de la base : $\dfrac{AB \times AC}{2} = 512$ cm^2.

2. Volume = aire de la base × hauteur = 25 600 cm^3 = 25,6 L.

3. Il y a proportionnalité entre le volume d'un prisme et sa hauteur pour une même base ; il faut multiplier la hauteur initiale par 2,5 ; la nouvelle hauteur est 125 cm.

26 –

1. À l'échelle 1/100, le patron de la surface latérale est un rectangle de largeur 3 cm et de longueur 2π m (environ 6,3 m).

2. Aire latérale : 6π m^2 ; aire d'une base : π m^2 ; aire totale : 8π m^2 (environ 25,1 m^2).
Volume : 3π m^3 (environ 9,4 m^3).

27 –

h en cm	6	5	2,1	1	**4**	**17,7**
B en cm^2	27	**43,2**	10	**3**	75	10
V en cm^3	**54**	72	**7**	1	100	59

28 –

$V = \left(\dfrac{1}{3} \times 233^2 \times 146\right)$ m^3 ; $V \approx 2\,642\,065$ m^3.

29 – **1.**, **2.**, **3.**, **4.**, Il suffit de tracer les segments [AB], [BF] et [DB] en trait plein puis [FE], [EA], [DE] et [DF] en pointillés. La face DEF de la pyramide est contenue dans la face DEFC du prisme.

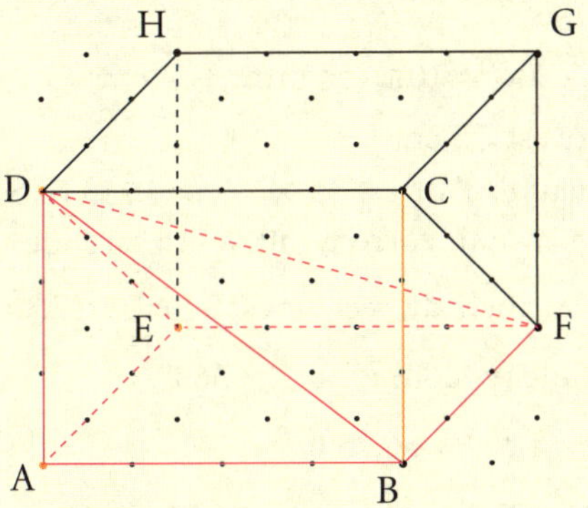

Fig. 1 (questions 1, 2, 3)

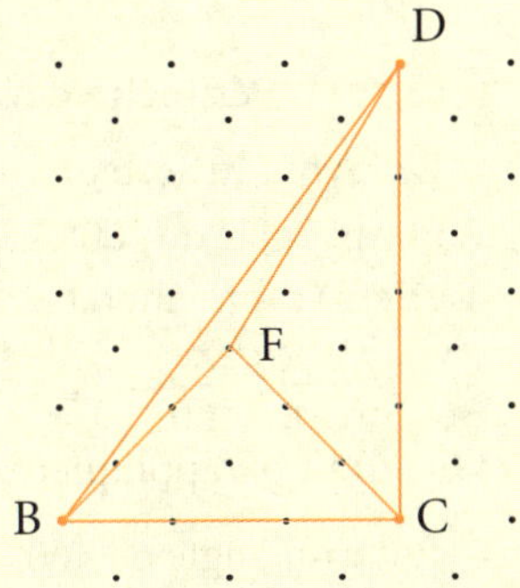

Fig. 2 (question 4)

5. Le volume du prisme DHECGF est le produit de l'aire de la base DEH par la hauteur :

$V_1 = \frac{1}{2} \times \text{DH} \times \text{HE} \times \text{HG} = \left(\frac{1}{2} \times 4 \times 3 \times 4\right) \text{cm}^3 = 24 \text{ cm}^3.$

– Le volume de la pyramide DABFE dont la base est le rectangle ABFE et la hauteur DA est :

$V_2 = \frac{1}{3} \times \text{AB} \times \text{AE} \times \text{DA} = \left(\frac{1}{3} \times 4 \times 4 \times 3\right) \text{cm}^3 = 16 \text{ cm}^3.$

– Le volume de la pyramide DCBF dont une base est le triangle CBF rectangle en B et la hauteur correspondante est l'arête [DC] a pour volume :

$V_3 = \frac{1}{3} \times \frac{1}{2}\text{BC} \times \text{BF} \times \text{DC} = \left(\frac{1}{6} \times 3 \times 4 \times 4\right) \text{cm}^3 = 8 \text{ cm}^3.$

– La somme $V_1 + V_2 + V_3 = (24 + 16 + 8) \text{ cm}^3 = 48 \text{ cm}^3$.
Le volume du pavé droit ABCDEFGH est $V = \text{AB} \times \text{BF} \times \text{AD}$.
$V = (4 \times 4 \times 3) \text{ cm}^3 = 48 \text{ cm}^3$. Le pavé droit a été partagé en trois parties formées par le prisme DHECGF et les pyramides DABFE et DCBF.

30 – $B = \pi r^2 = 16\pi$; $V = \frac{1}{3} \times 16\pi \times 6 = 32\pi$; $V \approx 100{,}5 \text{ cm}^3$.

31 – $V \approx 33 \text{ cm}^3$.

32 – $V = \frac{1}{3}Bh$ d'où $B = \frac{(3V)}{h}$; $B = 9 \text{ cm}^2$.

33 – $r = 1$ m ; $V = \frac{1}{3}Bh$ d'où $h = \frac{3V}{B}$; $h \approx 15$ m.

34 – On calcule la hauteur du cône. En désignant par g la longueur d'une génératrice, h la hauteur ; r le rayon : $h^2 = g^2 - r^2 = 36$; $h = 6$ cm. $V = 40{,}5\ \pi$; $V \approx 127$ cm^3.

35 – **1.** Périmètre de la base : $2\pi r = 10\pi$ (environ 31,4 cm).

2. Le rayon du secteur circulaire est 7,5 cm.

Pour un angle de 360°, la longueur de l'arc est $2\pi \times 7{,}5$ soit 15π (environ 47,1 cm) ; on cherche l'angle x qui correspond à un arc de 10π;

$\dfrac{x}{360} = \dfrac{10\pi}{15\pi}$; $\dfrac{x}{360} = \dfrac{2}{3}$; $x = 240°$, l'angle du secteur est 240°.

On aurait pu appliquer la formule (p. 268) : $x = \dfrac{r}{\ell} \times 360°$.

3. Pour un angle de 360°, l'aire est $\pi r^2 = 56{,}25\pi$;

pour un angle de 240° ou $\dfrac{2}{3}$ de 360°, l'aire est $\dfrac{2}{3}$ de $56{,}25\pi$, soit environ 177,8 cm^2.

On aurait pu appliquer la formule de l'aire latérale d'un cône (p. 265).

36 – $x = \dfrac{r}{\ell} \times 360° = \dfrac{3}{6} \times 360°$; $x = 180°$; le patron de la surface latérale du cône est un demi-disque de 6 cm de rayon.

L'aire latérale est l'aire du demi-disque :

$\dfrac{1}{2}\pi \times 6^2 = 18\pi$, soit environ 56,5 cm^2.

Problèmes

37 – **1.** La hauteur de la pyramide est [EA], sa base est le triangle ADB rectangle et isocèle en A.

Volume de EADB $= \dfrac{1}{3} \times$ Aire de ADB $\times$ EA $= 36$ cm^3.

Remarque : on aurait pu choisir [AB] comme hauteur et EAD comme base, ou [AD] comme hauteur et AEB comme base.

2. On calcule EB dans le triangle rectangle EAB en utilisant la propriété de Pythagore : EB$^2 = 36 + 36 = 72$; EB $= \sqrt{72}$ cm; EB $\approx 8{,}5$ cm.

EB = ED = DB (diagonales de faces du cube) ; le triangle EDB est équilatéral. I étant le milieu de [BD], (EI) $\perp$ (DB) et IB = DB : 2 .

On calcule EI dans le triangle rectangle EIB, EI ≈ 7,4 cm.

Aire de EDB = $\frac{1}{2}$EI × DB ; Aire de EDB ≈ 31 cm^2.

Aire de EAB = Aire de EDA = Aire de ADB = 18 cm^2.
Aire totale ≈ 85 cm^2.

38 – 1. La hauteur de la pyramide est [OO′] ; OO′ = EA = 3 cm.

Volume de la pyramide = $\frac{1}{3}AB^2 \times OO' = \frac{1}{3} \times 3^3 = 9$ cm^3 ;
le volume de la pyramide est le tiers de celui du cube.

2. La pyramide est régulière, ses arêtes latérales ont la même longueur.
[AC] est une diagonale du carré ABCD ; AC ≈ 4,2 cm ;
AO = AC : 2 ; AO ≈ 2,1 cm.
Dans le triangle AOO′ rectangle en O, $O'A^2 = OO'^2 + AO^2$;
O′A ≈ 3,7 cm.
La longueur des arêtes latérales est environ 3,7 cm.

39 – Rayon de la base du cône : $r = 50 : 2\pi$; $r \approx 8$ cm.
Longueur des génératrices : $g^2 = h^2 + r^2$; $g \approx 22$ cm.

Angle du secteur circulaire : $x = \frac{r}{g} \times 360°$; $x \approx 130°$.
Le patron du chapeau est un secteur circulaire de 8 cm de rayon, dont l'angle mesure 130°.

40 – 1. Hauteur de la partie cylindrique : 22 m.
Volume de la partie cylindrique : 4 423 m^3 environ.
Volume de la partie conique : 536 m^3 environ.
Volume de la tour : environ 4 959 m^3.

2. Longueur des génératrices du clocheton : 11,3 m environ.
Aire de la surface à couvrir : environ 284 m^2.

41 – 1. Pour $d = 6$ cm, $V = 18\pi$ cm^3.

Pour $d = 8$ cm, $V = \frac{128\pi}{3}$ cm^3.

Pour $d = 9$ cm, $V = \frac{243\pi}{4}$ cm^3.

2. En fonction de d, $V = \frac{\pi d^3}{12}$. En remplaçant d par 6, par 8 et par 9 dans cette formule, on retrouve les résultats de la première question.

INDEX

Les numéros indiqués renvoient aux numéros de chapitre.